普通高等教育“十三五”规划教材
电工电子基础课程规划教材

通信电子线路

陈美君　黄寒华　主　编

石　华　杨舜尧　副主编

電子工業出版社
Publishing House of Electronics Industry
北京·BEIJING

内 容 简 介

本书以教育部教学指导委员会制定的教学基本要求为依据，结合卓越工程师培养目标，弱化烦琐数学推导，强调概念理解和实际应用，系统地介绍了通信电子线路的基本原理。全书共 9 章，主要内容包括：绪论、选频网络、高频小信号放大器、正弦波振荡器、频谱搬移电路、角度调制与解调电路、高频功率放大器、反馈控制电路、数字调制与解调等。

在内容的编排上，思路清晰、由简到繁、便于自学。注重理论与实践结合，电路紧密结合无线通信系统中的接收设备和发送设备，从信号传输与电路实现的角度，将各功能电路的分析及它们之间的关系有机结合。本书理论部分均对应实验内容，实验电路图均为实际实验箱制作原理图。本书配套实验箱，完成与理论章节对应的实验，两台实验箱也可以组成信号的无线收发系统，使读者建立整机的概念。本书提供配套电子课件、实验指导材料等丰富教学资料。

本书可以作为通信工程、电子信息工程等专业的本科生教材，也可以作为高职高专的教材和相关工程技术人员的参考资料。

图书在版编目 (CIP) 数据

通信电子线路 / 陈美君，黄寒华主编. —北京：电子工业出版社，2018.1（2025.12 重印）
电工电子基础课程规划教材
ISBN 978-7-121-32689-9

I. ①通… II. ①陈… ②黄… III. ①通信系统－电子电路－高等学校－教材 IV. ①TN91

中国版本图书馆 CIP 数据核字（2017）第 221829 号

策划编辑：王晓庆
责任编辑：王晓庆
印　　刷：涿州市般润文化传播有限公司
装　　订：涿州市般润文化传播有限公司
出版发行：电子工业出版社
北京市海淀区万寿路 173 信箱　　邮编：100036
开　　本：787×1092　1/16　印张：14.25　字数：365 千字
版　　次：2018 年 1 月第 1 版
印　　次：2025 年 12月第 12 次印刷
定　　价：42.00 元

凡所购买电子工业出版社图书有缺损问题，请向购买书店调换。若书店售缺，请与本社发行部联系，联系及邮购电话：(010) 88254888，88258888。

质量投诉请发邮件至 zlts@phei.com.cn，盗版侵权举报请发邮件至 dbqq@phei.com.cn。

本书咨询联系方式：(010) 88254113，wangxq@phei.com.cn。

前　言

“通信电子线路”是本科电子信息类专业重要的专业基础课，主要内容涵盖教育部教学指导委员会制定的《电子信息科学与电气信息类“电子线路（Ⅱ）”课程教学基本要求》，本书重点介绍了通信电子线路基本原理和典型应用。

“通信电子线路”也称为“高频电子线路”、“电子线路（Ⅱ）”、“非线性电子线路”，是一门理论性、工程性与实践性很强的课程，且应用广泛。考虑应用型人才培养的特点，本书内容以模拟通信系统为主要研究对象，在介绍通信电子线路的各功能单元电路原理后，分析了发送、接收设备的典型电路，在讲述器件和电路原理的同时，重点介绍典型实际电路，使理论与实践相结合，电路紧密围绕通信系统，使学生在学习理论的同时建立整机的概念。

本书特点如下：

（1）以理解概念、实现功能为主，简化数学推导，强调应用；

（2）电路围绕无线通信系统，配有与本书一致的实验箱，力求使学生在学习完“通信电子线路”课程后，能够理论与实践结合，建立整机的概念。

全书共 9 章，参考理论学时为 72～96 学时。

第 1 章绪论介绍通信系统的基本组成和工作原理。

第 2 章介绍通信系统中选频与滤波网络，主要介绍谐振回路的基本特性、各种形式的滤波器、窄带无源阻抗变换网络和传输线变压器等。

第 3 章为高频小信号放大器，重点介绍小信号谐振放大器的工作原理，对集成放大器进行简单介绍。

第 4 章为正弦波振荡器，主要介绍反馈振荡器原理，重点分析 LC 振荡器、晶体振荡器的频率稳定性，最后对负阻振荡器简单介绍，对 RC 振荡器简单复习。

第 5 章为频谱搬移电路，重点介绍振幅调制、解调和混频的原理；能够实现频谱搬移的相乘器电路；最后对各种实用的调幅、检波、混频电路的工作原理、性能特点、质量指标进行简单的分析。

第 6 章为角度调制与解调电路，重点介绍角度调制与解调的框图及其典型电路的工作原理，并对角度调制与解调电路的性能指标与特点进行分析。

第 7 章为高频功率放大器，对丙类谐振功率放大器原理详细介绍，并分析典型丙类谐振功率放大器电路图。

*第 8 章为反馈控制电路，介绍三类反馈控制电路的原理（AGC、AFC、PLL），简单介绍锁相环及其应用。

*第 9 章为数字调制与解调，简单介绍数字通信系统的基本概念，为后续的通信原理课程学习做好铺垫。

书中第 8 章和第 9 章内容为选学内容，前 7 章建议理论学时为 72 学时，加上选学内容，建议理论学时为 96 学时。

本书在内容的编排上，思路清晰、由简到繁、便于自学。注重理论与实践结合，电路紧密结合无线通信系统中的接收设备和发送设备，从信号传输与电路实现的角度，将各功能电路的分析及它们之间的关系有机结合。本书理论部分均对应实验内容，实验电路图均为实际实验箱制作原理图。本书配套实验箱和实验指导教程，完成与理论章节对应的实验，两台实验箱也可以组成信号的无线收发系统，使读者建立整机的概念。

本书提供配套电子课件、实验指导材料等丰富教学资料，供选用本书作为教材的任课教师使用，请联系作者邮箱(cmj@jit.edu.cn)索取。

本书由陈美君、黄寒华主编，陈美君老师编写了第 1、2、3、4、8 章，黄寒华老师编写了第 7、9 章，杨舜尧老师编写了第 5、6 章，石华老师进行了全文的校对。在编写本书过程中，作者参考了大量的文献成果和资料，在此谨向各参考文献的作者表示衷心的感谢。同时感谢电子工业出版社对本书出版所给予的支持。

鉴于编者水平有限，书中难免有疏漏、错误和不妥之处，恳请广大读者不吝指正，作者邮箱：cmj@jit.edu.cn。

作　者

2017 年 12 月

目　录

第1章

绪　论

1.1　无线电通信概述

通信的任务是传递信息，信息可以是语音、音乐、文字、图像或数据。

人类目前对语音等信息的处理尚不成熟，而对电信号的控制技术已经日趋完善，所以，传递信息，首先是将它们通过输入变换器变成电信号，这个输入变换器也就是俗称的传感器，它把不同类的信息变成称为基带信号的电信号。

为了有效地进行远距离传输，在无线通信中还必须把基带信号变成高频已调信号，这个过程称为调制，调制的主要原因有如下三个。

（1）为了有效地把信号用电磁波辐射出去。

代表信息的基带信号的频率较低（如语音信号频谱分布范围为300～3000Hz），与要传递的原来信息的频率一致，能量较低，在空气中的传播速度也慢，衰减很快，不能远距离传播。

（2）在实际产品中方便实现。

我们知道，无线电波是以光速传播的，与信号周期 T 对应的一个参数是波长，它们之间的关系为

$$\lambda = c \times T \tag{1.1.1}$$

式中，c 为光速（$c=3\times10^8$m/s），λ 的单位为 m。为了有效地将信号的能量辐射到空间，根据电磁波传播理论，欲使交变电能以电磁波的形式有效地从天线上辐射出去，要求天线的长度和信号的波长可比拟（天线的长度为信号 λ 的0.1～1倍）。而基带信号一般是低频信号，如语音的频率可以认为在300～3400Hz范围内，如果直接辐射语音信号，就要求天线长度达300km以上，这是不方便实现的。因此为了有效地辐射，发射信号的频率必须是高频。

（3）为了有效利用频带。

一般要传送的基带信号的频率范围都差不多，比如广播电台要广播的音乐节目的频率范围集中在100Hz～10kHz，如果每个电台都直接发射这些信号，就会互相干扰，令接收机无法区分。只有将不同电台的节目调制到该电台对应的不同频率的载波上，变成中心频率不同的频带信号，接收机才能任意选择所需要的电台而抑制其余不需要的电台和干扰。

调制好比人类行走速度较慢，为了快速到达目的地，人们借助飞机、火车等交通工具。不同的交通工具有不同的特点，同样调制的方式也有多种。

调制是指：携带信息的基带信号控制高频振荡信号的某一参数，使之按照该基带信号的变化规律而变化。

调制信号如为模拟信号（模拟信号指电信号的某一参量的取值范围是连续的），称为模拟调制（Analog Modulation）；如为数字信号（数字信号是指电信号的某一参量携带离散信息，其取值是有限个数值），则称为数字调制（Digital Modulation）。采用不同调制方式的通信系统的性能和技术难度都是不同的，数字调制的原理和应用将在通信原理中讲述，本书重点阐述模拟调制。

模拟调制分为三种：振幅调制，频率调制，相位调制，下面分别介绍。

携带信息的基带信号也称为调制信号，是由原始信息变换后的低频电信号，通常用$V_{\Omega}(t)$表示。未调制的高频振荡信号称为载波信号，它可以是正弦波，也可以是非正弦波，如方波、三角波、锯齿波等，但都是周期性信号，一般用符号$V_c(t)$表示。载波信号的频率称为载频（或射频）。经过调制后的高频振荡信号称为已调波信号。

正弦载波有三个参数：振幅、频率和相位。若受控的参数是振幅，则这种调制称为振幅调制（Amplitude Modulation，AM），简称为调幅，相应的已调波信号称为调幅波信号；如果受控的参数是高频振荡的频率或相位，则这种调制称为频率调制（Frequency Modulation，FM）或相位调制（Phase Modulation，PM），简称为调频或调相，并统称为调角，相应的已调波信号分别称为调频波信号或调相波信号，也统称为调角波信号。

- 调幅：调制信号控制高频振荡的振幅。
- 调频：调制信号控制高频振荡的频率。
- 调相：调制信号控制高频振荡的相位。

这三种调制方式的波形示意图如图 1.1.1 所示。

无线通信的理论基础是英国物理学家麦克斯韦提出的电磁波理论，1861 年，Maxwell 从理论上预言了电磁波的存在，1887 年，德国物理学家赫兹（Hertz）的火花放电实验证明了麦克斯韦预言的正确性。由于电磁波是横波，电磁场的磁场、电场及其行进方向三者互相垂直，振幅沿传播方向的垂直方向作周期性交变，其强度与距离的平方呈反比，电磁波本身带动能量，任何位置的能量功率与振幅的平方呈正比，其传输不需要介质。电磁波频率低时，主要借由有形的导电体才能传递，原因是在低频的电振荡中，磁电之间的相互变化比较缓慢，其能量几乎全部返回原电路而没有辐射出去。电磁波频率高时，既可以在自由空间内传递，也可以束缚在有形的导电体内传递。在自由空间内传递的原因是在高频率的电振荡中，磁电互变甚快，能量不可能全部返回原振荡电路，于是电能、磁能随着电场与磁场的周期变化以电磁波的形式向空间传播出去，不需要介质也能向外传递能量，这就是一种辐射。举例来说，太阳与地球之间的距离非常遥远，但在户外时，我们仍然能感受到和煦阳光的光与热，这与“电磁辐射借由辐射现象传递能量”的原理一样。

所以，许多国家的科学家都在努力研究如何利用电磁波传输信息的问题，即无线电通信。从 1896 年马可尼（Marconi）的无线通信实验开始，出现了无线通信技术，并逐步涉及陆地、海洋、航空、航天等固定和移动无线通信领域。现在的无线通信技术已相当成熟，并还在继续发展。

本书主要讨论用于通信电子设备中的电路，它们的一个共同特点就是利用高频信号来传递信息，电路常常工作在非线性状态。尽管它们在所传递信息的形式、工作方式及设备组成等方面有很大不同，但设备中产生、接收、处理高频信号的原理电路及系统架构大都是相同的。

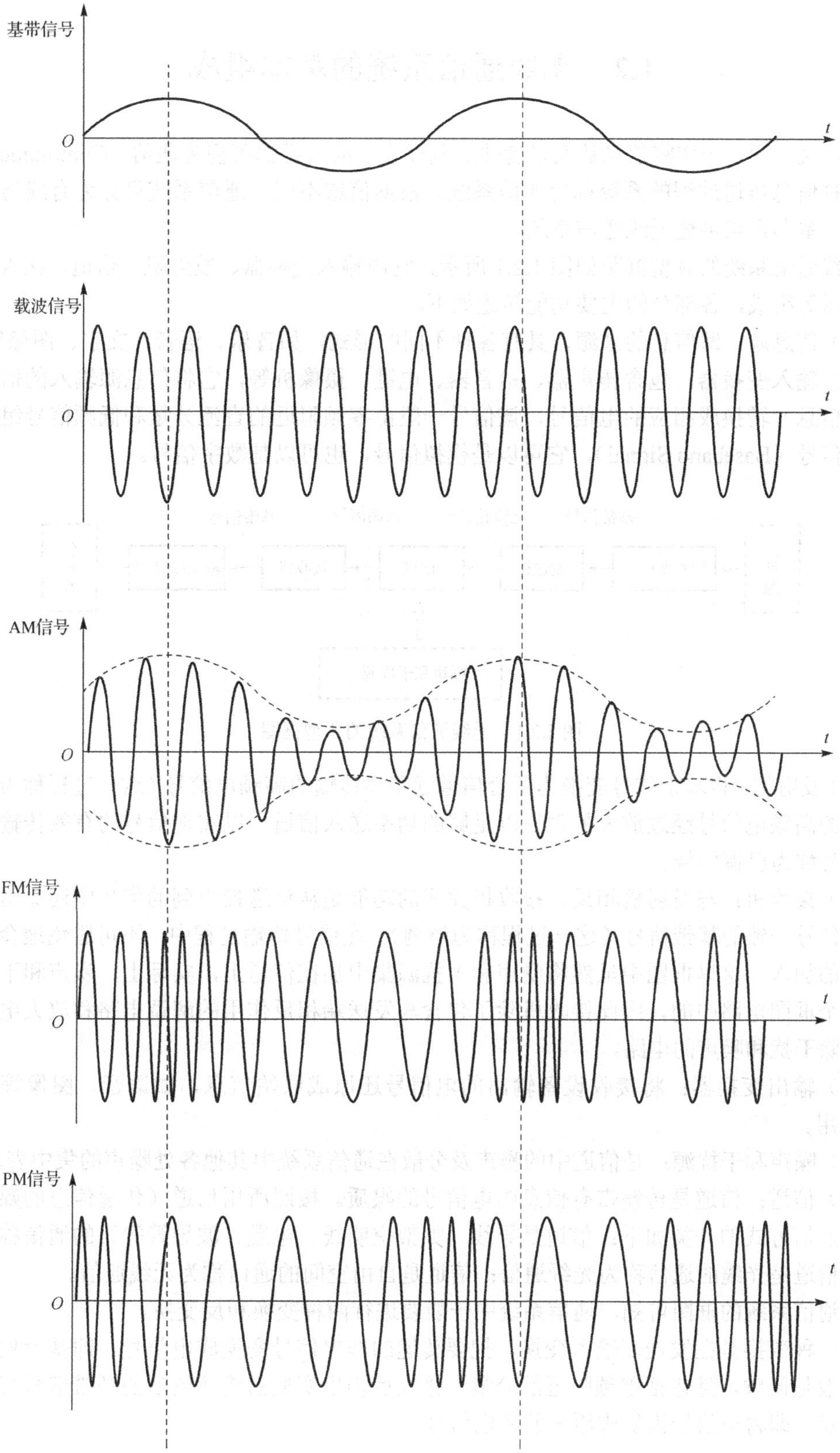

图 1.1.1 三种模拟调制波形

1.2 无线通信系统的基本组成

从广义上说，一切将信息从发送者传送到接收者的过程都可视为通信（Communication），实现这种信息传送过程的系统称为通信系统。根据信道不同，通信系统可分为有线通信和无线通信，本书重点讲述无线通信系统。

无线通信系统的典型框图如图 1.2.1 所示，它由输入变换器、发射机、信道、接收机、输出变换器等组成，各部分的主要功能简述如下。

（1）信息源：即信息的来源，具有各种不同的形式，如音乐、语音、文字、图像等。

（2）输入变换器：包含传声器、拾音器、电键、摄像机等，它将信息源输入的信息（待传送的信息）转换成相应的电信号，该信号一般由零频附近的直流分量和低频信号组成，称为基带信号（Baseband Signal），它可以是模拟信号，也可以是数字信号。

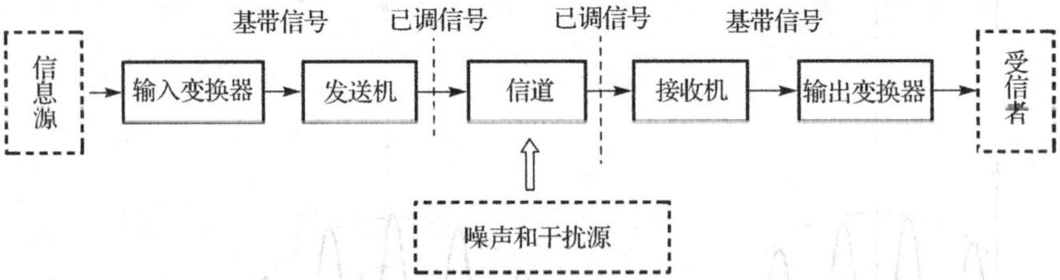

图 1.2.1 无线通信系统的典型框图

（3）发射机：将基带信号变换为适合信道远距离传输的高频电信号（这一过程称为调制），变换后的高频电信号经过放大处理后以足够的功率送入信道，以实现信号的有效传输。变换后的信号称为已调信号。

（4）接收机：与发射机相反，接收机完成的功能是从信道接收到的信号中还原出与发射机输入信号一致的基带信号（这一过程称为解调）。在信号传输过程中，不可避免地会有噪声和干扰的加入，这里框图中虽然将噪声和干扰源集中加在信道上，实际上，噪声和干扰是分布于各个框图电路中的，因此接收机除了包含与发送端相反作用的解调电路和放大电路外，还有滤除干扰和噪声的电路。

（5）输出变换器：将接收设备输出的电信号还原成原始信息，如语音、图像等，供受信者利用。

（6）噪声和干扰源：是信道中的噪声及分散在通信系统中其他各处噪声的集中表示。

（7）信道：信道是传输带有信息的电信号的媒质。按照所用信道（传递信息的媒质）的不同，通信方式的分类如下：信道是导线（如架空明线、电缆、波导管等）的通信称为有线通信；信道是光缆的通信称为光纤通信；信道是自由空间的通信称为无线通信。

由通信系统的框图可知，通信系统中一般要进行两种变换和反变换。

第一种变换是在发送端输入变换，把要传递的非电信号变换成电信号，即基带信号，该信号一般是低频，且包括零频附近的分量。接收后输出变换器将解调后的基带信号变换为相应的信息，即将电信号恢复成原来的非电信号。

第二种变换是发射机将基带信号变换成适合在信道中有效传播的高频信号形式，并送入信道，这种变换称为调制（Modulation）。在接收端，接收机与发射机的功能相反，它从信道中选取欲接收的已调波并将其变换为基带信号，此变换称为解调（Demodulation）。

无线通信的类型很多，可以按传输手段、频率范围、用途等进行分类。按传输手段分类，有短波通信、超短波通信、微波中继通信和卫星通信等；按传送信息的类型分类，有模拟通信和数字通信；按用途分类，有地面移动通信、航空通信和舰船通信等。各种不同的通信系统，其设备的组成、复杂程度都有很大不同，但其实现无线通信的关键设备——发射机和接收机基本组成不变。下面重点介绍典型的无线通信发射机和超外差接收机框图。

1.3　无线通信发射机框图

图 1.3.1 为采用调幅方式的中波广播调幅发射机框图。

在发射机中由高频振荡器（Oscillator）产生的高频信号称为载波，载波本身并不携带要发射的信息，用携有信息的基带信号去控制高频载波的某一个参数，使该参数按照基带信号的规律而变化，从而使载波携带信息，该过程称为调制，这是发射机的核心。

根据图 1.3.1 中各方框之间所示的波形，图中各方框的功能一目了然。

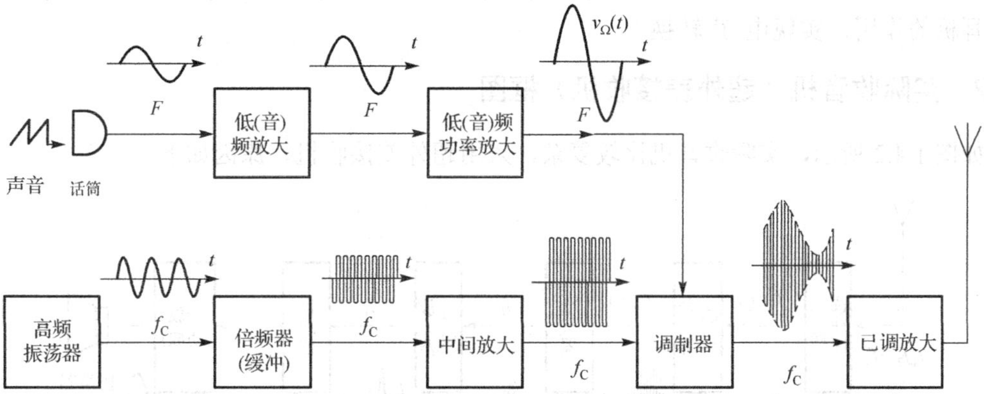

图 1.3.1　中波广播调幅发射机框图

话筒是将语音变为电信号的变换器，低频放大器是小信号放大器，用来放大话筒输出的电信号，低频功率放大器用来提供足够功率的调制信号。

振荡器用来产生频率为 f_{osc} 的高频振荡信号，其频率一般在几十 kHz 以上，有时载波频率较高，而第一级振荡器频率不宜太高，需加倍频器逐级增大载波频率，以便将振荡频率提高到所需的载频频率。另外为了提高频率稳定度，需在它后面加缓冲级，以削弱后级对振荡器的影响。中间放大器由多级带有谐振系统的谐振放大器组成，用来放大振荡器产生的振荡信号。

调制器完成调制的作用，利用高频载波的幅度来携带信息。调幅波信号经放大后加到发射天线上通过天线有效辐射出去。

发射机工作原理小结：一路产生等幅的高频载波信号，另一路产生低频调制信号，载波信号被基带信号调制（调频、调相或调幅），产生高频已调信号，最后经放大器放大，获得足够的发射功率，通过天线转换成电磁波发送到空间。

1.4 无线通信接收机框图

1.4.1 简单收音机（接收机）框图

如图 1.4.1 所示，简单收音机的电路框图包含以下几部分。其中，天线的作用是将接收到的电磁波转换为已调波信号。

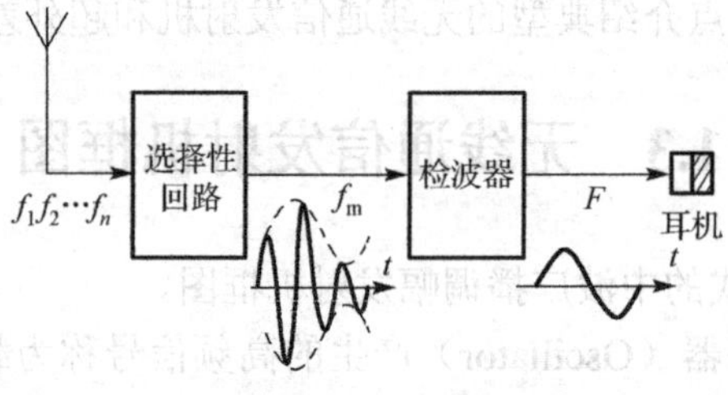

图 1.4.1 简单收音机（接收机）框图

选择性回路的作用：对需要的频率信号放大，将不需要的频率信号滤除。

检波器的作用：调制的逆过程，将已调波电压变换为原来的音频电压（基带信号）。

耳机的作用：实现电-声转换。

1.4.2 实际收音机（超外差接收机）框图

如图 1.4.2 所示，实际收音机比较复杂，采用超外差接收机，原因如下。

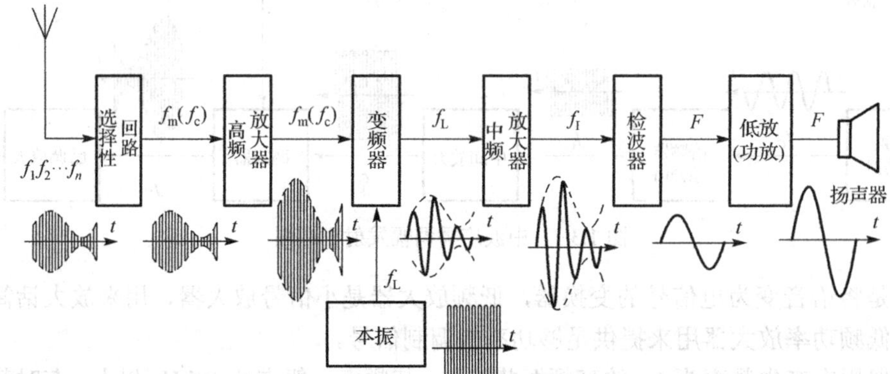

图 1.4.2 实际收音机（超外差接收机）框图

一是天线接收的高频无线电信号非常弱，只有几十 μV 至几 mV，所以应加高频放大器。

二是各电台的载波不同，用同一接收机接收不同电台的信号时，兼顾高低频段放大倍数的调谐困难（当频率范围较广时，放大器的放大倍数不太一致），所以应加混频器（有时也称变频器）。将接收到的不同载频的电信号转变成为固定的中频信号，即所谓的外差作用。

三是检波器需要较高的推动电压（约 500mV），所以应加中频放大器。

四是检波器输出只有几十 mV，而推动扬声器需要大功率，因此应加低频放大器（低频功率放大器）。

超外差接收机工作原理小结：天线上感应的信号由选择性回路选出中心频率为 f_c 的已调信号，经高频放大器放大后，与本地振荡产生的频率为 f_L 的本振信号进行混频。变频器（混频器）产生的中频已调信号经中频放大器放大后进入检波器，从中频已调信号中恢复出能反映所传送信息的调制信号，实现解调功能。低频放大器放大调制信号，并经扬声器将基带调制信号转换成声音。

变频器（混频器）是超外差接收机的核心，其作用是将载波频率变化的高频已调信号（载波频率一般用 f_c 表示）不失真地变换为载波频率为固定频率的中频信号（中频信号频率一般用 f_I 表示，本地振荡器频率用 f_L 表示），中频信号频率一般为差频频率（$f_I=f_L-f_c$），少部分场合为和频频率（$f_I=f_L+f_c$）。调幅广播接收机的固定中频 f_I 为 465kHz。其中 f_c 随接收信号的不同而不同，本地振荡器频率 $f_L=f_I+f_c$ 是可调的，设计电路时要求与 f_c 同步变化，以保证 f_I 是固定值。

超外差接收机的主要特点是加了变频电路，并由频率固定的中频放大器来完成对后续接收信号的选择和放大。当接收信号频率改变时，只要相应地改变本地振荡信号频率，即可使中频放大器的输入频率不变，电路目的是兼顾高、低频段的放大特性并降低成本。

应该指出，实际的通信设备通常比上面所画框图复杂得多。况且还可采用调频等其他方式的无线通信，但无论采用何种调制方式，发射机和接收机都必须包括上述的组成方框，区别在于调制和解调的方式不同。例如，采用调频方式的通信系统中，调制器称为频率调制器，解调器称为鉴频器（或频率检波器）。再如，在宽频段工作的电台中，发射机的振荡器和接收机的本地振荡器就可能由更复杂的组件——频率合成器来代替，它可能产生多个可供选择的、频率稳定的信号。

1.5 无线电信号的频谱及传播特性

1.5.1 无线电信号的频谱

任何信号都具有一定的频率或波长。无线电波只是一种波长比较长的电磁波，电磁波波谱（频段和波段图）如图 1.5.1 所示。

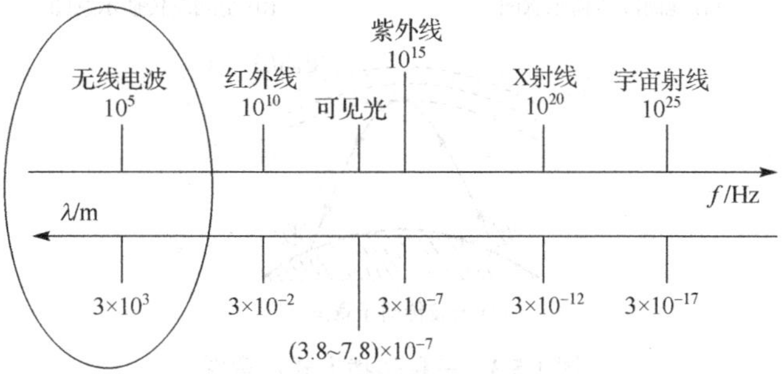

图 1.5.1 电磁波波谱

无线电波的频率范围为 10kHz～1000GHz；根据波长与频率公式 $c=f\lambda$，无线电波在空间传播的速度 $c=3\times10^8$m/s，可知波长为 0.3mm～30km。

无线通信系统使用的频率范围很宽阔，习惯上按电磁波的频率范围划分为若干区段，称为频段，也可以按波段进行划分，如图 1.5.2 所示。电磁波的波长（或频率）范围不同，电磁波在自由空间的传播方式也不同。

无线电波划分为：
- 超长波10～30km
- 长波1～10km
- 中波100m～1km
- 短波10～100m
- 超短波0.3mm～10m

图 1.5.2 无线电波波谱

一般电视信号传输占用 48.5～951.25MHz（38MHz）（CH 间隔 8MHz）；

收音机信号传输分三种方式：

（1）调频收音机：88～108MHz（10.7MHz）（CH 间隔 0.1MHz）；

（2）调幅收音机：530～1600kHz（465kHz）（CH 间隔 9kHz）；

（3）短波收音机：1.6～30MHz，世界上许多国家利用短波频率来进行世界范围的广播传输。

一般手机无线通信占用的频率范围为：800MHz/900MHz/1800MHz/1900MHz/2300MHz/2500MHz/2600MHz。

1.5.2 无线电信号的传播特性

和光波一样，无线电波传输也具有直射、反射、折射等现象，它的传播方式有三种。

三种传播方式：
- 地面波 } 地波
- 空间波 } 地波
- 天波

无线电波的传播方式主要有：地面波、空间波（视距传播）、天波（电离层传播）三种，图 1.5.3 所示为这几种传播方式的示意图。

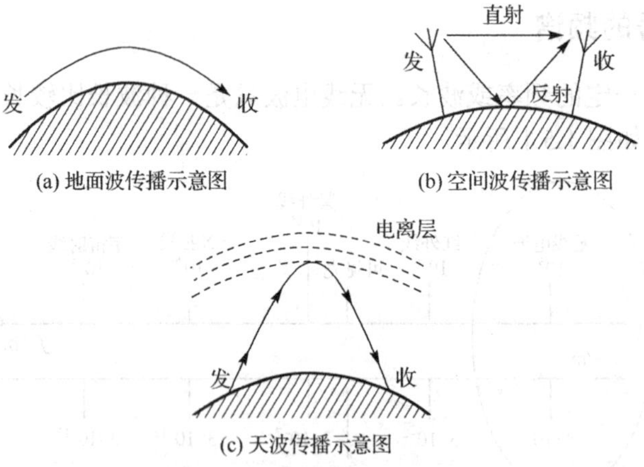

(a) 地面波传播示意图

(b) 空间波传播示意图

(c) 天波传播示意图

图 1.5.3 三种传播方式示意图

地面波、天波、空间波特点分析如下。

地面波沿地球弯曲表面传播，适用于波长为 200m 以上的中、长波。地面传播的优点是地面的电特性不会在短时间有大的变化，所以地面波的传播较稳定。但由于大地表面是导体，当电磁波在其表面传播时，一部分能量将被损耗掉，且频率越高，趋肤效应越强，损耗越大，故频率更高的电磁波不宜沿地面传播，而主要靠电离层。

天波利用电离层的折射与反射，使电磁波到达电离层后，一部分能量被吸收，一部分被反射、折射到地面。电离层的特性，如电离层的高度、离子浓度等与太阳、白天和气候有关，所以，这种通信稳定性较差。当频率升高时，电磁波被电离层吸收的能量增大，当频率升高超过一定值时，电磁波将会穿过电离层，不再返回地面。所以天波适用于波长为 10～200m 的短波。

对于频率更高的电磁波（$\lambda \leqslant 10$m），不适用地面波传播，也不适用电离层传播，需用空间波形式传播。空间波沿空间直线传播，即利用直射和反射实现电磁波的传播，它只限于较短距离有效，所以需要中继站层层中转。通常，50m 高的天线通信距离约 50km。

从以上简述的三种传播方式来看，低频信号（长波）适宜于用地面波传播，较高频率信号（短波）适宜于用天波传播，超高频信号则一般利用空间波传播，由于地球表面是个曲面，天线的高度将影响传播的距离，为了覆盖更多通信终端，通信站要建在高处且信号要层层中转（建立足够的中继站），目前常用的卫星通信是用卫星作为转发器来增加传输距离的。

不同的波段通常有最适宜的传播方式，而传播方式又决定了传播性能，最终导致应用不同，表 1.5.1 列出了三种传播方式的特点与应用。

表 1.5.1　三种传播方式的特点与应用

传播方式	优　点	缺　点	典型应用
地面波传播	受干扰小，稳定	频率上升时或有高大阻碍物时衰减大，传播距离不远	低中频：调幅收音机（中长波）、海洋通信
天波传播	传播距离远	受电离层干扰	中高频：短波广播、军事通信
空间波传播	信号好	会中断，需要中转	高频、超高频：电视、手机通信（超短波通信）

表 1.5.2 列出了无线电波的波段（频段）划分、主要传播方式和用途，其中关于传播方式和用途的划分都是相对而言的。

表 1.5.2　无线电波的波段（频段）划分、主要传播方式和用途

波段名称	波长范围	频率范围	频段名称	主要传播方式和用途
超长波波段	104～108m	3～30kHz	VLF（甚低频）	地波；音频、电话等
长波波段	1000～10000m	30～300kHz	LF（低频）	地波；远距离通信
中波波段	100～1000m	300～3000kHz	MF（中频）	地波、天波；广播、通信、导航
短波波段	10～100m	3～30MHz	HF（高频）	地波、天波；短波广播、移动电话
超短波波段	1～10m	30～300MHz	VHF（甚高频）	视距传播、对流层散射；通信、电视广播、调频广播、雷达
分米波波段	10～100cm	300～3000MHz	UHF（超高频）	视距传播、对流层散射；中继通信、卫星通信、雷达、电视广播、移动通信
厘米波波段	1～10cm	3000～30000MHz	SHF（特高频）	视距传播；中继通信、卫星通信、雷达
毫米波波段	1～10mm	30～300GHz	EHF（极高频）	视距传播；微波通信、雷达、射电天文学

1.6　本书主要内容

由上面的分析可以总结出无线通信系统的基本组成部分如下。

（1）高频振荡器——产生高频信号；

（2）放大器（含选频）——放大需要频率的高频信号，包含小信号放大和功率放大；

（3）混频或变频——将已调信号变为固定频率的中频信号；

（4）调制——便于远距离有效发射信号；

（5）解调——将高频已调信号变换回低频的基带信号。

其中，混频、调制和解调是本课程所讨论的重点。另外，包括自动增益控制、自动频率控制和自动相位控制（锁相环）在内的反馈控制电路也是通信电子线路所研究的重要对象，因为这是通信系统中必不可少的辅助部分。这些基本单元电路的组成、原理及有关技术问题，就是本书研究的主要内容。

上述单元电路按其功能也可以归纳为放大、振荡和频率变换电路。

需要强调的是，通信电子线路一般工作频率较高，而且电路复杂，在理论分析时往往是在忽略一些实际问题的情况下进行一定的归纳和抽象，有许多实际问题需要通过实践环节进行学习理解。同时通信电子线路的调试技术要比低频模拟电子线路复杂得多，因此加强实践训练是十分重要的。

思考题与习题

1.1 无线通信为什么要进行调制？模拟调制共有几种调制和解调的方式？

1.2 无线通信为什么要用载波信号？“射频”信号一般指的是什么？

1.3 在无线通信系统中，为了实现以无线电形式传输信号，对于原始信息要进行何种形式的变换？每种变换的目的是什么？

1.4 画出无线通信系统的框图，并简述各部分的功用。

1.5 无线电信号的频段或波段是如何划分的（写出低频、中频和高频三个频段大概范围）？按三个频段写出对应的传播方式和传播特点。

1.6 简述无线通信系统中5种信号概念——原始信号，基带信号，载波信号，已调波信号（射频信号），中频信号。

1.7 画出无线电发送设备的原理框图，说明各部分的作用。

1.8 画出超外差式调幅收音机电路的组成框图、对应波形示意图，并简单分析与直接式接收机的区别。

1.9 我国常用民用频段知识（收音机、电视机、手机等）。

第2章

选 频 网 络

选频网络的功能是对需要的信号（指一定频率范围信号）选出放大，对不需要的信号不放大甚至抑制。选频网络在通信电子线路中应用广泛，在高频放大器、振荡器、调制器与解调器中均有应用，这些电路中选频网络的频率范围不同，实际电路也都各具特色，但功能都是选出需要的频率信号，滤除不需要的频率信号，选频网络可以说是各种高频电路的基础。因此我们将选频网络放在本书功能电路的第一部分。

本章将分高频电路中的元器件、基本选频网络和改进的选频网络三大部分介绍。高频电路中的元器件主要讲述电阻 R、电感 L、电容 C 在高频电路中的特点；基本选频网络包括最简单的串联 LC 谐振回路和并联 LC 谐振回路；改进的选频网络包含阻抗变换网络、滤波器、双调谐回路、参差调谐回路。

2.1 高频电路中的元器件

高频电路中使用的元器件与低频电路中使用的元器件基本相同，但要注意它们在高频使用时的高频特性。

2.1.1 电阻

一个实际的电阻器，在低频时主要表现为电阻特性，但在高频使用时不仅表现有电阻特性的一面，而且还表现有电抗特性的一面。电阻器的电抗特性反映的就是其高频特性。一个电阻 R 的高频等效电路如图 2.1.1 所示，其中，C_R 为分布电容，L_R 为引线电感，R 为电阻。分布电容和引线电感越小，高频特性越好。一般来说，电阻的高频特性与电阻的材料、尺寸大小、封装形式有密切关系，表面贴装电阻的高频特性比引线电阻的高频特性好，频率越高，电阻的电抗特性越明显，在使用时要尽量减少其影响，使它表现为纯电阻特性。

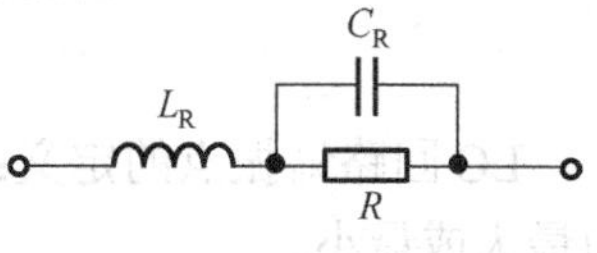

图 2.1.1 电阻的高频等效电路

2.1.2 电容

由介质隔开的两导体即构成电容。电容的高频等效电路如图 2.1.2(a)所示。理想电容的阻抗为 $1/(\mathrm{j}\omega C)$，如图 2.1.2(b)虚线所示，实际电容的阻抗要考虑其 L_C 的影响，其中，f 为工作频率，$\omega=2\pi f$。

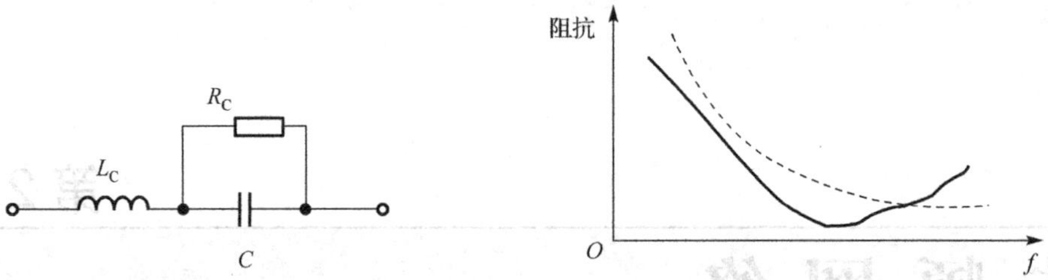

(a) 电容的高频等效电路图 (b) 电容的阻抗特性示意图

图 2.1.2 电容的高频等效电路和阻抗特性

2.1.3 电感

高频电子线路中的电感线圈除表现出电感特性外，还表现出一定的损耗电阻和分布电容特性，但在一般的高频电路中可以忽略分布电容影响，微波时不能忽略，所以一般高频电路中等效为电感 L 和损耗电阻 r 的串联，等效电路如图 2.1.3 所示。

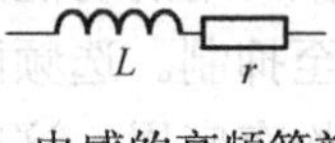

图 2.1.3 电感的高频等效电路图

2.2 基本选频网络

2.2.1 基本选频网络组成和分类

用电感 L 和电容 C 组成的串、并联回路是高频电路中应用最为广泛的基本选频网络，它们除构成选频功能外，还可以进行阻抗变换等。

基本选频网络分成串联谐振回路和并联谐振回路两种，基本选频网络的接线示意图如图 2.2.1 所示。

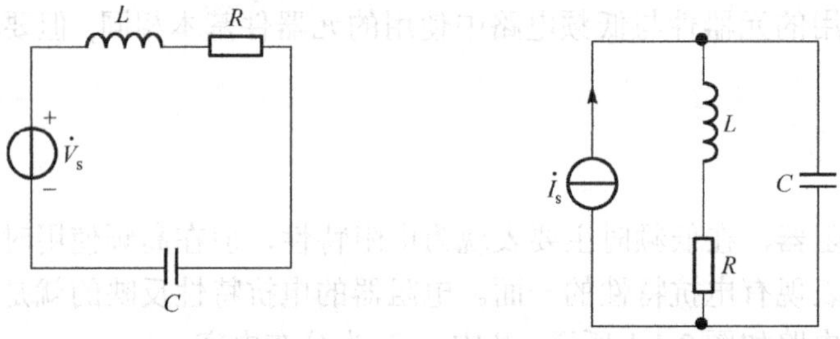

(a) LC串联谐振回路 (b) LC并联谐振回路

图 2.2.1 基本选频网络的接线示意图

LC 回路谐振点的定义：回路的电抗 X=0 时，定义此频率点（f_0）为谐振频率，此时阻抗为最大或最小。

LC 回路谐振时的特点：当信号频率等于 f_0 时，输出电压或电流最大，因而，此频率信号被选出。

下节，先分析 LC 串联谐振回路的选频特性，后分析 LC 并联谐振回路的选频特性。

2.2.2 串联谐振回路

1．串联谐振回路的阻抗特性

标准的串联回路由无损耗的电感 L、电容 C 和电阻 r 串联而成，并由电压源 V_s 激励，如图 2.2.2 所示。

由 A、B 两点向回路内看入的回路等效阻抗为

$$Z_s = R + jX = r + j\left(\omega L - \frac{1}{\omega C}\right) \quad (2.2.1)$$

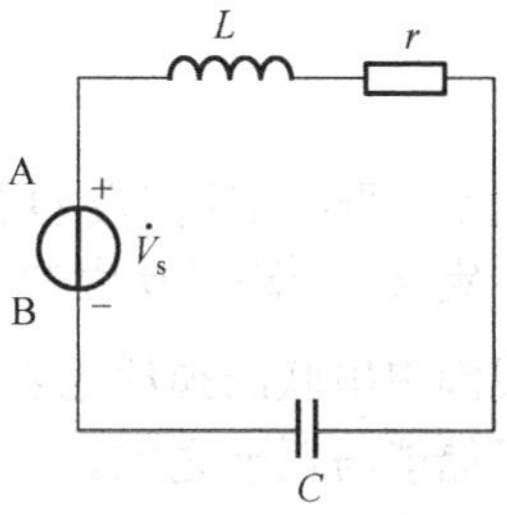

图 2.2.2　标准 LC 串联回路

由式（2.2.1）知，等效阻抗随信号频率的改变而改变，当 X=0 时，阻抗为最小，即

$$X = \omega_0 L - \frac{1}{\omega_0 C} = 0 \quad (2.2.2)$$

$$\omega_0 = 2\pi f_0 = \frac{1}{\sqrt{LC}} \quad (2.2.3)$$

当信号源 V_s 的频率使电感的感抗与电容的容抗相等时，即信号源的频率为 ω_0，回路的阻抗值最小，且为纯电阻，即 $Z_{smin}=r$，称此时回路发生串联谐振，由于回路谐振时 $\omega_0 L=1/(\omega_0 C)$，于是可得到回路的串联谐振频率为

$$f_0 = \frac{1}{2\pi\sqrt{LC}} \quad (2.2.4)$$

结论：串联谐振时，信号频率为 f_0，回路阻抗值最小，$Z_s=r$；当信号源为电压源时，回路电流最大，$I_o=U/r$。

频率偏离 f_0 越远，Z_s 越大，电流越小，电路具有带通选频特性（对不同的频率信号，阻抗不同，选频电路放大倍数不同），其电流和阻抗曲线示意图如图 2.2.3 所示。

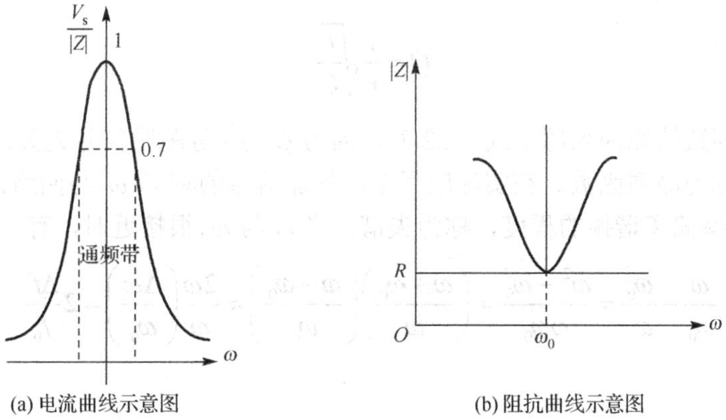

图 2.2.3　电流和阻抗曲线示意图

串联谐振回路的输出电流 I 随输入信号频率的变化而变化的特性称为回路的选频特性。在任意频率下的回路电流 I 与谐振电流 I_0 之比为

$$\frac{\dot{I}}{\dot{I}_0} = \frac{\dfrac{\dot{U}}{Z_s}}{\dfrac{\dot{U}}{r}} = \frac{r}{Z_s} = \frac{1}{1 + j\dfrac{\omega L - \dfrac{1}{\omega C}}{r}} = \frac{1}{1 + j\dfrac{\omega_0 L}{r}\left(\dfrac{\omega}{\omega_0} - \dfrac{\omega_0}{\omega}\right)} = \frac{1}{1 + jQ\left(\dfrac{\omega}{\omega_0} - \dfrac{\omega_0}{\omega}\right)} \quad (2.2.5)$$

式中，Q 为品质因数

$$Q=\frac{\omega_0 L}{r} \tag{2.2.6}$$

※ 回路品质因数 Q 值的定义、推导和含义如下。

定义：回路品质因数 $Q=P_{无功}/P_{有功}$；$P_{无功}$ 指串联回路谐振时的感抗或容抗消耗功率，$P_{有功}$ 指线圈中串联的损耗电阻 r 的消耗功率，它们之比定义为回路的品质因数，用 Q_0 表示，它描述了储能与耗能之比。

推导：以电感为例

$$P_{无功L}=I\times U=I\times I\times\omega_0 L=I^2\times\omega_0 L$$

$$P_{有功}=I\times U=I\times I\times r=I^2\times r$$

$$Q=P_{无功L}/P_{有功}=\omega_0 L/r$$

谐振时，$\omega_0 L=\frac{1}{\omega_0 C}$，所以，$Q=\frac{\omega_0 L}{r}=\frac{1}{\omega_0 Cr}$。

含义：在谐振时，L 或 C 上的电压信号是信号源的 Q 倍。

推导：

电感两端的电压为 $\dot{V}_{L0}=\dot{I}_0 j\omega_0 L$，谐振时 $\dot{I}_0=\dot{V}_s/r$，则 $\dot{V}_{L0}=\frac{\dot{V}_s}{r}j\omega_0 L=j\frac{\omega_0 L}{r}\dot{V}_s-jQ\dot{V}_s$；电容两端的电压 $\dot{V}_{C0}=\dot{I}_0\frac{1}{j\omega_0 C}=\frac{\dot{V}_s}{r}\frac{1}{j\omega_0 C}=-j\frac{1}{\omega_0 Cr}\dot{V}_s=-jQ\dot{V}_s$。

结论：串联谐振时，只要合理设置 Q 值，就能使 L 或 C 上的信号（电压）成为信号源的很多倍（几百甚至几千，取决于 Q 值）。

由式（2.2.6）和式（2.2.3）可以推导出

$$Q=\frac{1}{r}\sqrt{\frac{L}{C}} \tag{2.2.7}$$

Q 称为品质因数的原因来源于式（2.2.7），因为 Q 与 f 等激励信号无关，只与电路的自身参数有关，所以称为品质因数。在实际应用中，外加信号的频率 ω 与回路谐振频率 ω_0 之差 $\Delta\omega=\omega-\omega_0$ 表示频率偏离谐振的程度，称为失谐。当 ω 与 ω_0 很接近时，有

$$\frac{\omega}{\omega_0}-\frac{\omega_0}{\omega}=\frac{\omega^2-\omega_0^2}{\omega\omega_0}=\left(\frac{\omega+\omega_0}{\omega}\right)\left(\frac{\omega-\omega_0}{\omega_0}\right)\approx\frac{2\omega}{\omega}\left(\frac{\Delta\omega}{\omega_0}\right)=2\frac{\Delta f}{f_0} \tag{2.2.8}$$

因此有

$$\frac{\dot{I}}{\dot{I}_0}=\frac{1}{1+jQ\left(\frac{\omega}{\omega_0}-\frac{\omega_0}{\omega}\right)}=\frac{1}{1+jQ\frac{2\Delta f}{f_0}} \tag{2.2.9}$$

为了衡量回路对于不同频率信号的通过能力，通常定义 $N(f)$ 为归一化幅频特性：

$$N(f)=\frac{\dot{I}}{\dot{I}_0}=\frac{1}{1+jQ\frac{2\Delta f}{f_0}} \tag{2.2.10}$$

为了衡量回路对于具体频率信号的通过能力，又定义单位谐振曲线上 $N(f)=I/I_0\geqslant 0.707$

时所包含的频率范围为回路的通频带，一般用 $BW_{0.7}$ 表示。$BW_{0.7}=f_2-f_1=2\Delta f$，$\Delta f$ 为 f_2-f_0 或 f_0-f_1。即，当保持外加信号的幅值不变而改变其频率时，将回路电流值下降为谐振值的 $1/\sqrt{2}$ 时对应的频率范围称为回路的通频带，也称回路带宽，有时也用 B 或 BW 来表示。通频带示意图如图 2.2.4 和图 2.2.5 所示。

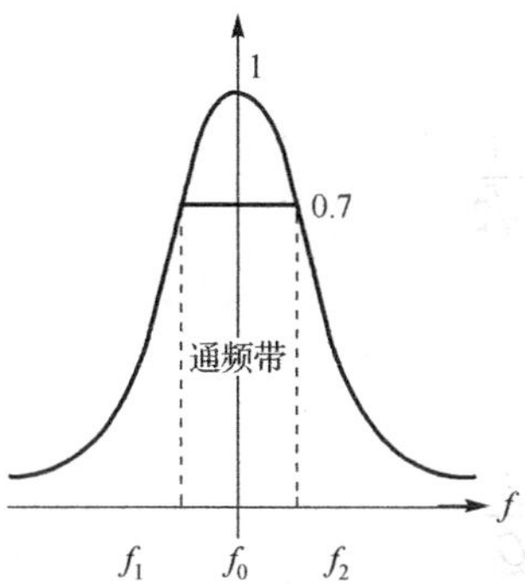

图 2.2.4　回路的通频带示意图

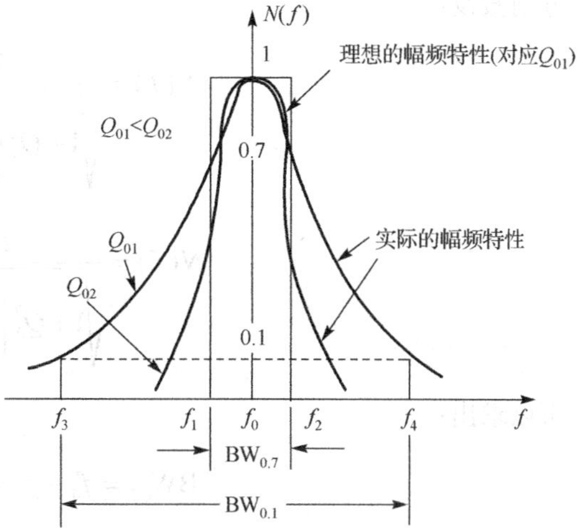

图 2.2.5　不同回路的幅频特性示意图

当式（2.2.10）等于 $1/\sqrt{2}$ 时，则可推得带宽为

$$B=2\Delta f=\frac{f_0}{Q} \tag{2.2.11}$$

由式（2.2.11）和图 2.2.5 可以看出，回路 Q 值越高，选择性越好（对想要的频率信号通过，对不想要的频率信号抑制），但通频带越窄。二者互相矛盾，具体设计电路时必须兼顾。

结论： 通频带与回路 Q 值呈反比。也就是说，通频带与回路 Q 值（选择性）是互相矛盾的两个性能指标。选择性是指谐振回路对不需要信号的抑制能力，即要求在通频带之外，谐振曲线 $N(f)$ 应陡峭下降。所以，Q 值越高，谐振曲线越陡峭，选择性越好，但通频带越窄。一个理想的谐振回路，其幅频特性曲线应该是通频带内完全平坦，信号可以无衰减通过，而在通频带以外则为零，信号完全通不过，如图 2.2.5 所示为宽度为 $BW_{0.7}$、高度为 1 的矩形。

为了衡量实际幅频特性曲线接近理想幅频特性曲线的程度，提出了“矩形系数”这个性能指标。

矩形系数 $Kr_{0.1}$ 定义为单位谐振曲线 $N(f)$ 值下降到 0.1 时的频带范围 $BW_{0.1}$ 与通频带 $BW_{0.7}$ 之比，即

$$Kr_{0.1}=\frac{BW_{0.1}}{BW_{0.7}} \tag{2.2.12}$$

由定义可知，理想情况下 $Kr_{0.1}$ 等于 1，一般 $Kr_{0.1}$ 是一个大于 1 的数，其数值越小（越接近 1），则对应的幅频特性越理想。

【例 2.2.1】 求一般单谐振回路的矩形系数。

解：

思路：设单位谐振曲线 $N(f)$ 值下降到 0.1 时，求出阻带频带范围 $BW_{0.1}$，再设单位谐振曲线 $N(f)$ 值下降到 0.7 时，求出通频带范围 $BW_{0.7}$，二者相比，求出阻带频带范围 $BW_{0.1}$ 与通频带 $BW_{0.7}$ 之比。

分别假设：

$$N(f)=\frac{1}{\sqrt{1+Q_0^2\left(\frac{2\Delta f}{f_0}\right)^2}}=\frac{1}{10}$$

$$N(f)=\frac{1}{\sqrt{1+Q_0^2\left(\frac{2\Delta f}{f_0}\right)^2}}=\frac{1}{\sqrt{2}}$$

可以求出：

$$BW_{0.1}=f_4-f_3=\sqrt{10^2-1}\frac{f_0}{Q_0}$$

$$BW_{0.7}=2\Delta f_{0.7}=\frac{f_0}{Q_0}$$

$$Kr_{0.1}=\frac{BW_{0.1}}{BW_{0.7}}=\sqrt{10^2-1}\approx 9.95$$

小结：由例 2.2.1 可知，一个单谐振回路的矩形系数基本是一个定值，与其回路 Q 值和谐振频率无关，且这个数值较大，接近 10，说明单谐振回路的幅频特性不大理想（理想的 $Kr_{0.1}$ 为 1）。

现在知道，串联谐振回路具有选频特性，在谐振频率时，放大倍数大，近似为 Q，偏离谐振频率越远，放大倍数越小，绝对失谐 Δf 越大。因为不同回路的 Q 值不同，放大倍数下降的程度也不同，有时定义 ξ 为广义失谐，ξ 的大小客观反映了特定频率点放大倍数或电流下降的程度，它由 Q 和绝对失谐 Δf 共同决定，Δf 或 Q 越大，ξ 越大，$N(f)$ 越小（当自变量为角频率时，$N(f)$ 也表示为 $N(\omega)$）。

$$\xi=Q_0\frac{2\Delta f}{f_0} \tag{2.2.13}$$

$$N(\omega)=\frac{1}{\sqrt{1+\left(Q_0\frac{2\Delta\omega}{\omega_0}\right)^2}}=\frac{1}{\sqrt{1+\xi^2}} \tag{2.2.14}$$

由以上公式可以得到图 2.2.6 所示的单位谐振曲线 $N(f)$ 与广义失谐 ξ 的关系示意图。

因为阻抗 $Z_s=R+jX=r+j\left(\omega L-\frac{1}{\omega C}\right)$，所以相频特性

$$\varphi_z = \arctan\frac{X}{r} = \arctan\frac{\omega L - \dfrac{1}{\omega C}}{r} \qquad (2.2.15)$$

根据式（2.2.15）可以画出图 2.2.7 所示的串联谐振回路相频特性曲线。

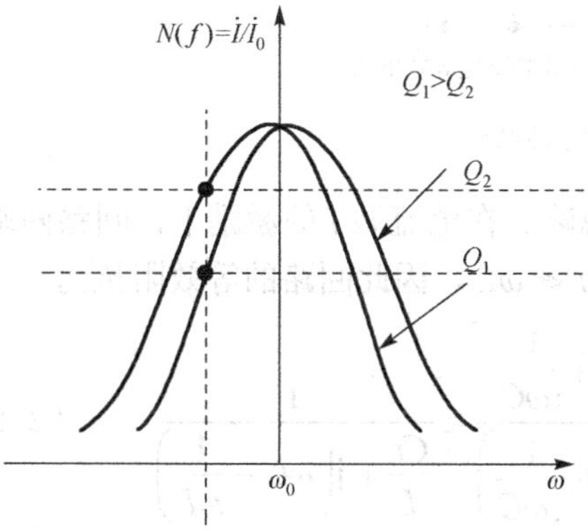

图 2.2.6 $N(f)$与 ξ 的关系示意图

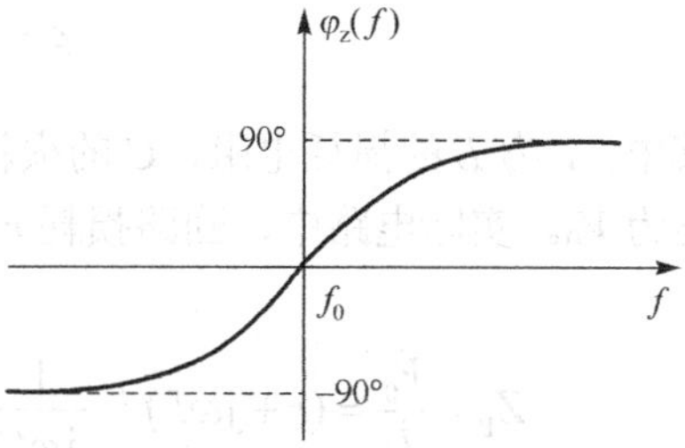

图 2.2.7 串联谐振回路相频特性曲线

图中相频特性曲线斜率为正，即

$$\left.\frac{d\varphi_z}{d\omega}\right|_{\omega=\omega_0} = \frac{2Q_0}{\omega_0} > 0 \qquad (2.2.16)$$

2. 串联谐振回路的特点

由阻抗曲线示意图和相频特性曲线可知，串联回路谐振时具有以下特点。

（1）阻抗特性。回路谐振时，回路的感抗与容抗相等，互相抵消，回路阻抗最小（$Z_{smin}=r$）且为纯电阻。

（2）回路失谐（$\omega \neq \omega_0$）时，串联回路阻抗增大，相移值增大。当 $\omega>\omega_0$ 时，$\varphi(\omega)>0$，串联回路阻抗呈感性；当 $\omega<\omega_0$ 时，$\varphi(\omega)<0$，串联回路阻抗呈容性。

（3）相频特性曲线为正斜率。

（4）电压特性。在谐振时，L 或 C 上的电压信号是信号源的 Q 倍，且 U_L 与 U_C 相位相反。

（5）选择性。选择性是指回路从含有各种不同频率信号的总和中选出有用信号，抑制干扰信号的能力。

谐振回路具有的谐振特性使它具有选择有用信号的能力，回路的 Q_0 值越高，曲线越尖锐，对无用信号的抑制能力越强，选择性越好，即对同一失谐频率，Q_0 值越大的回路输出电压越小。正常使用时，谐振回路的谐振频率应调谐在所需信号的中心频率上。理想的矩形系数为 1，一般单回路矩形系数为 9.96，即它对宽的通频带和高的选择性这对矛盾不能兼顾。

2.2.3 并联谐振回路

1. 并联谐振回路的阻抗特性

简单 LC 并联谐振回路为一个由有耗的空心线圈和电容组成的回路，如图 2.2.8 所示。

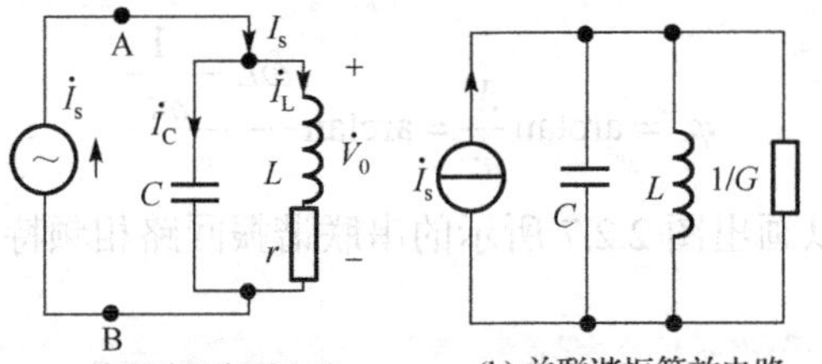

(a) 并联谐振实际电路 (b) 并联谐振等效电路

图 2.2.8 LC 并联谐振回路

其中，r 为 L 的损耗电阻，C 的损耗很小，可忽略。在电流源 I 的激励下，回路两端得到的输出为 V_0。实际电路中，回路损耗 r 很小，满足 $r \ll \omega L$，因此回路的等效阻抗为

$$Z_P = \frac{\dot{V}_0}{\dot{I}_s} = (r + j\omega L)//\frac{1}{j\omega C} = \frac{(r + j\omega L)\frac{1}{j\omega C}}{\left(r + j\omega L + \frac{1}{j\omega C}\right)} \cong \frac{1}{\frac{Cr}{L} + j\left(\omega C - \frac{1}{\omega L}\right)} \tag{2.2.17}$$

由式（2.2.17）可进一步得到回路的等效导纳公式：

$$Y_P = \frac{1}{Z_P} = \frac{Cr}{L} + j\left(\omega C - \frac{1}{\omega L}\right) = g_{e0} + j\left(\omega C - \frac{1}{\omega L}\right) \tag{2.2.18}$$

式中，R_{e0} 为电路固有谐振回路阻抗，并联谐振时也常写为 R_P，即

$$R_{e0} = \frac{1}{g_{e0}} = \frac{L}{Cr} \tag{2.2.19}$$

则简单并联谐振可以等效为并联谐振回路，如图 2.2.8(b)所示。

由式（2.2.17）可知，回路阻抗值与输入信号角频率 ω 有关，其中，当电感的感抗与电容的容抗相等（$\omega C = 1/\omega L$）时，回路产生谐振。并联谐振回路在谐振时，回路等效阻抗最大且为纯电阻 R_{e0}，即

$$Z_{P\max} = R_{e0} = \frac{L}{Cr} \tag{2.2.20}$$

同串联谐振一样，回路谐振时的角频率定义为回路的并联谐振角频率 ω_0 或谐振频率 f_0，二者关系为

$$\omega_0 = 2\pi f_0 = \frac{1}{\sqrt{LC}} \tag{2.2.21}$$

阻抗特性：回路谐振时，回路的感抗与容抗相等，互相抵消，回路阻抗最大。通常将回路谐振时的容抗或感抗称为回路的特性阻抗，用 ρ 表示，即

$$\rho = \omega_0 L = \frac{1}{\omega_0 C} \tag{2.2.22}$$

※ 回路品质因数 Q 值的定义、推导和含义如下。

定义：与串联回路一样，品质因数描述了回路的储能与耗能之比，回路品质因数 $Q = P_{无功}/P_{有功}$；$P_{无功}$ 指并联回路谐振时的感抗或容抗消耗功率，$P_{有功}$ 指线圈中并联的损耗电阻 R 的消

耗功率（这里 R 为等效电路中的电阻 R_{e0}，R_{e0} 的值为 $\dfrac{L}{Cr}$，可视为回路的等效损耗），它们之比定义为回路的品质因数，用 Q_0 表示，它描述了储能与耗能之比。

推导：以电感为例

$$P_{无功L}=I\times U=U\times U/\omega_0 L=U^2/\omega_0 L$$

$$P_{有功}=I\times U=U\times U/R_{e0}=U^2/R_{e0}$$

$$Q=P_{无功L}/P_{有功}=R_{e0}/\omega_0 L$$

以 R_{e0} 的值为 $\dfrac{L}{Cr}$ 代入公式 Q，得：$Q=1/\omega_0 Cr$。

谐振时，$\omega_0 L=\dfrac{1}{\omega_0 C}$，所以，$Q=\dfrac{\omega_0 L}{r}=\dfrac{1}{\omega_0 Cr}$。

含义：在谐振时，L 或 C 上的电流信号是信号源的 Q 倍。

推导：谐振时

$$\dot{I}_{CP}=j\omega_0 C\cdot\dot{V}_0==j\dot{I}_s\cdot R_{e0}\omega_0 C=jQ\dot{I}_s$$

$$\dot{I}_{LP}=\dot{I}_s R_{e0}/j\omega_0 L=-jQ\dot{I}_s$$

结论：并联谐振时，只要合理设置 Q 值，就能使 L 或 C 上的信号（电流）成为信号源的很多倍，一个由有耗的空心线圈和电容组成的回路的 Q_0 值大约为几十到几百。

$$Q_0=\frac{R_{e0}}{\omega_0 L}=\frac{\omega_0 L}{r}=\frac{1}{r\omega_0 C}=\frac{1}{r}\sqrt{\frac{L}{C}} \tag{2.2.23}$$

与串联回路一样，为了衡量回路对于不同频率信号的通过能力，通常定义 $N(f)$为归一化幅频特性，公式结果同串联谐振回路，但推导时，是一般频率时输出电压与谐振频率输出电压之比，而不是电流之比。

$$N(j\omega)=\frac{V_P}{V_{P0}}=\frac{1}{1+jQ_0\dfrac{2\Delta\omega}{\omega_0}}=\frac{1}{1+j\xi} \tag{2.2.24}$$

$N(f)$推导如下：并联谐振回路的阻抗公式为

$$Z_P=\frac{1}{\dfrac{1}{R_{e0}}+j\left(\omega C-\dfrac{1}{\omega L}\right)}=\frac{R_{e0}}{1+jR_{e0}\omega_0 C\left(\dfrac{\omega}{\omega_0}-\dfrac{\omega_0}{\omega}\right)}=\frac{R_{e0}}{1+jQ_0\dfrac{2\Delta\omega}{\omega}} \tag{2.2.25}$$

$$V_P=Z_P\times I_s \tag{2.2.26}$$

$$V_{P0}=R_{e0}\times I_s \tag{2.2.27}$$

将式（2.2.26）与式（2.2.27）二者相比，得式（2.2.24）。

结论：当维持信号源电流 I 的幅值不变的情况下，由上式可以看出，当输入信号频率变化时，输出电压的幅度和相位都将产生变化。下面具体分析回路的选频特性。

由谐振回路的归一化选频特性，得到阻抗幅频特性为

$$Z_P\approx\frac{R_{e0}}{\sqrt{1+\left(Q_0\dfrac{2\Delta\omega}{\omega_0}\right)^2}}=\frac{R_{e0}}{\sqrt{1+\xi^2}} \tag{2.2.28}$$

相频特性：

$$\varphi = -\arctan\left(Q_0 \frac{2\Delta\omega}{\omega_0}\right) = -\arctan\xi \qquad (2.2.29)$$

并联谐振回路的选频特性与其阻抗频率特性相似。或者说，并联谐振回路在激励电流源幅值不变的情况下，并联回路两端电压 V 的频率特性与回路阻抗 Z_P 的频率特性相似。由式（2.2.28）和式（2.2.29）可以分别画出归一化选频特性曲线和相频特性曲线，如图 2.2.9 所示。

图 2.2.9(b)中，相频特性曲线为负斜率，即

$$\left.\frac{d\varphi_z}{d\omega}\right|_{\omega=\omega_0} = -\frac{2Q_0}{\omega_0} < 0 \qquad (2.2.30)$$

相频特性呈线性关系的频率范围与 Q 呈反比。

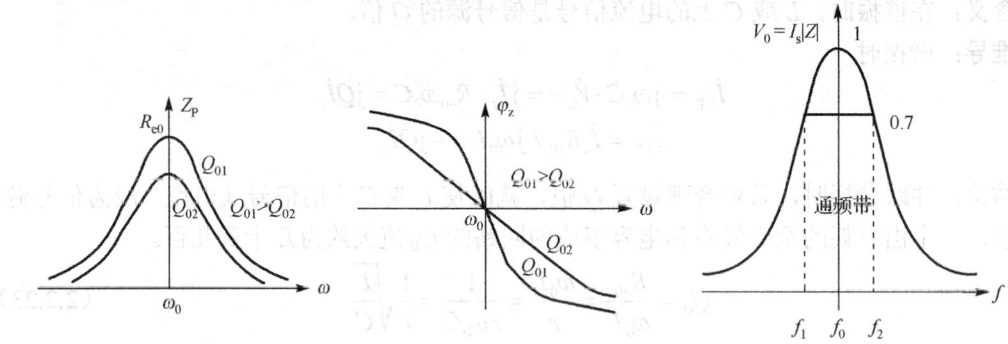

(a) Z_P频率特性　(b) 相频特性　(c) 归一化选频特性曲线

图 2.2.9　归一化选频特性曲线和相频特性曲线

并联谐振电路中，通频带、理想的矩形幅频特性、通频带与回路 Q 值关系、广义失谐 ξ、矩形系数 $Kr_{0.1}$ 等概念同串联谐振回路中一样，这里不再重复。

小结：并联谐振回路具有选频特性，在谐振频率时，放大倍数大，近似为 Q，偏离谐振频率越远，放大倍数越小。

2．并联谐振回路的特点

（1）阻抗特性。回路谐振时，回路的感抗与容抗相等，互相抵消，回路阻抗最大（$Z_{Pmax}=R_{e0}$），且为纯电阻。

（2）回路失谐（$\omega \neq \omega_0$）时，并联回路阻抗减小，相移值增大。当 $\omega>\omega_0$ 时，$\varphi(\omega)<0$，串联回路阻抗呈容性；当 $\omega<\omega_0$ 时，$\varphi(\omega)>0$，串联回路阻抗呈感性。

（3）相频特性曲线为负斜率，且 Q_0 越高，斜率越大，曲线越陡。相频特性呈线性关系的频率范围与 Q 呈反比。

（4）电流特性。由式（2.2.23）知，并联回路谐振时的谐振电阻 R_{e0} 为 $\omega_0 L$ 或 $\dfrac{1}{\omega_0 C}$ 的 Q_0 倍，同时并联回路各支路电流大小与阻抗呈反比，因此电感和电容中电流大小与阻抗呈反比，谐振时电感和电容中电流的大小为外部电流的 Q_0 倍，即有

$$I_L = I_C = Q_0 I_s$$

且 I_L 与 I_C 相位相反。

（5）选择性等同串联选频回路，不再赘述。

2.2.4　串、并联谐振回路特性比较

（1）电路图不同，要理解电压源和电流源的实际含义，本质是信号源内阻不同，恒流源相当于并联大内阻的电流源，恒压源相当于串联小内阻的电压源。

$$Q_{串}=\frac{X_s}{R_s},\quad Q_{并}=\frac{R_p}{X_p}$$

（2）为了提高 Q 值——R_s 应该小，R_p 应该大。

由于一般选频电路作为负载，接在放大电路后端，放大电路输出电阻相对较大（如晶体三极管等效为恒流源），所以并联谐振回路应用场合比串联谐振回路多，故后面分析多基于并联谐振回路。

（3）LC 并联谐振回路与串联谐振回路的参数在谐振时具有以下对偶关系，如表 2.2.1 所示。

表 2.2.1　串、并联谐振回路参数比较

电　路	适应场合	阻抗 Z	导纳 Y	输出电压	输出电流
并联	R_p 大	最大	最小	最大	$V_o=I_S Z$
串联	R_s 小	最小	最大	$I=\frac{V_S}{\lvert Z\rvert}$	最大

（4）串、并联谐振回路特性图比较。

串、并联谐振回路选频特性（图 2.2.10）看上去没有区别，只是实际纵坐标参数不同，串联纵坐标参数为电流，谐振时电流最大；并联纵坐标参数为电压，谐振时电压最大。

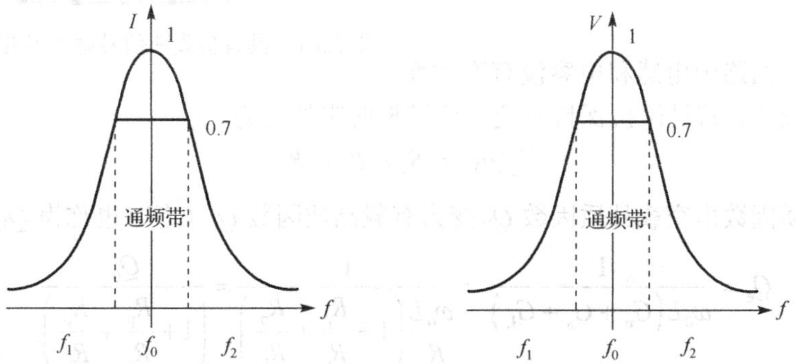

图 2.2.10　串、并联谐振回路选频特性

（5）串、并联谐振回路公式比较如表 2.2.2 所示。

表 2.2.2　串、并联谐振回路公式比较

串　联	并　联
$Z=R+\mathrm{j}X=R+\mathrm{j}\left(\omega L-\frac{1}{\omega C}\right)$	$Y=G+\mathrm{j}B=\frac{Cr}{L}+\mathrm{j}\left(\omega C-\frac{1}{\omega L}\right)$
$\varphi=\arctan\frac{\omega L-\frac{1}{\omega c}}{R}$，相频正斜率	$\varphi=-\arctan\frac{\omega c-\frac{1}{\omega L}}{G}$，相频负斜率
$U_{L0}=U_{C0}=QU$，串联谐振也称为电压谐振	$I_{L0}=I_{C0}=QI_s$，并联谐振也称为电流谐振

续表

串　联	并　联
$N(f)=\dfrac{1}{\sqrt{1+Q_0^2\left(\dfrac{2\Delta f}{f_0}\right)^2}}$	同左
$f_0=\dfrac{1}{2\pi\sqrt{LC}}$	同左
$\text{Kr}_{0.1}=\dfrac{\text{BW}_{0.1}}{\text{BW}_{0.7}}$	同左
$\text{BW}_{0.7}=2\Delta f_{0.7}=\dfrac{f_0}{Q}$	同左
$Q_{串}=\dfrac{X_s}{R_s}=\dfrac{\omega L}{R_s}$	$Q_{并}=\dfrac{R_p}{X_p}=\dfrac{R_p}{\omega L}$

2.3　改进的选频网络

改进的选频网络包含阻抗变换网络、滤波器、双调谐回路、参差调谐回路。

2.3.1　阻抗变换网络

1．负载和信号源内阻对并联谐振回路的影响

当一个具有品质因数 Q_0 的并联谐振回路接有负载电阻 R_L 和内阻为 R_s 的信号源时，如图 2.3.1 所示，回路的特性将如何变化？其中 $R_p=Q_0\omega_0L=Q_0\ (1/\omega_0C)$，为并联谐振回路的固有谐振电阻。

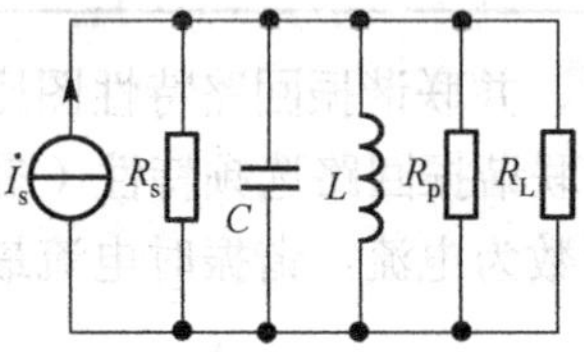

图 2.3.1　具有负载和信号源内阻的并联谐振回路

由图可知，回路中电感和电容没有产生变化，故谐振角频率、特性阻抗保持不变，而谐振时阻抗变为

$$Z_p(\omega_0)=R_s\ //\ R_p\ //\ R_L \tag{2.3.1}$$

同时，品质因数由空载品质因数 Q_0 变为有载品质因数 Q_e（有时也称为 Q_L）。

$$Q_e=\frac{1}{\omega_0L\left(G_p+G_s+G_L\right)}=\frac{1}{\dfrac{\omega_0L}{R_p}\left(1+\dfrac{R_p}{R_s}+\dfrac{R_p}{R_L}\right)}=\frac{Q_0}{\left(1+\dfrac{R_p}{R_s}+\dfrac{R_p}{R_L}\right)} \tag{2.3.2}$$

由式（2.3.2）知道，$Q_e<Q_0$，且并联接入的 R_s 和 R_L 越小，Q_e 越小，回路选择性越差。当品质因数 Q_e 变小时，回路的 3dB 带宽变大，为

$$\text{BW}_{0.7}=\frac{f_0}{Q_e} \tag{2.3.3}$$

【例 2.3.1】 设一放大器以简单并联谐振回路为负载，信号中心频率 f=10MHz，回路电容 C =50pF，试计算所需的线圈电感值。又若线圈品质因数为 Q_0 =100，试计算回路谐振电阻及回路带宽。若放大器所需的带宽为 0.5MHz，则应在回路上并联多大的电阻才能满足放大器所需带宽要求？

解：（1）计算 L 值。

$$L=\frac{1}{\omega_0^2 C}=\frac{1}{(2\pi)^2 f_0^2 C}$$

将已知条件代入，得 L=5.07μH。

（2）回路谐振电阻和带宽

一般线圈品质因数就是回路空载品质因数，将已知条件代入，得谐振电阻为

$$R_p = Q_0\,(1/\omega_0 C)=31.8\text{k}\Omega$$

空载回路带宽为

$$\text{BW}_{0.7}=\frac{f_0}{Q_0}=100\text{kHz}$$

（3）求满足 0.5MHz 带宽的并联电阻

空载时带宽为 100kHz，现在带宽为 500kHz，显然是并联了负载电阻，设回路上并联的电阻为 R_L，并联后的总电阻为 $R_e=R_L // R_p$，回路的有载品质因数为 Q_e，由带宽公式得

$$Q_e=\frac{f_0}{\text{BW}_{0.7}}=\frac{10}{0.5}=20$$

回路总电阻为

$$R\Sigma \;=R_L//R_p=\frac{R_p R_L}{R_p+R_L}=Q_e\omega_0 L=20\times 2\pi\times 10^7\times 5.07\times 10^{-6}\Omega=6.37\text{k}\Omega$$

需要并联的电阻为

$$R_L=\frac{6.37\text{k}\Omega\times R_p}{R_p-6.36\text{k}\Omega}=7.97\text{k}\Omega$$

小结：由于负载电阻和信号源内阻的影响，回路的品质因数下降，通频带展宽，选择性变差。R_L 和 R_s 越小，Q_e 下降越多，影响也就越严重。实际应用中为了保证回路有较高的选择性，应采取必要的措施减小信号源的内阻及负载电阻的影响，使 R_L 和 R_s 的影响较小，为此引出下节阻抗变换网络。

2. 具体阻抗变换网络

在并联谐振回路中，为了减少负载 R_L 和信号源内阻 R_s 对选频电路的影响，保证回路有高的 Q 值，除了增大负载值 R_L 和信号源内阻 R_s 外，还可以采用部分接入阻抗变换网络。

部分接入阻抗变换网络常用电路形式如图 2.3.2 所示。

由图 2.3.2 中看出，信号源或负载接于谐振回路元件 L 或 C 的部分，故称为部分接入阻抗变换网络，以下分别对变压器耦合连接形式阻抗变换网络、自耦变压器形式阻抗变换网络和电容分压形式阻抗变压网络进行原理分析。

（1）变压器耦合连接形式阻抗变换网络

如图 2.3.3 所示，变压器耦合连接形式阻抗变换等效公式

$$R_L'=\left(\frac{N_1}{N_2}\right)^2 R_L=\frac{1}{n^2}R_L \tag{2.3.4}$$

式中，n 为接入系数

$$n=\frac{V_2}{V_1}=\frac{N_2}{N_1}<1 \tag{2.3.5}$$

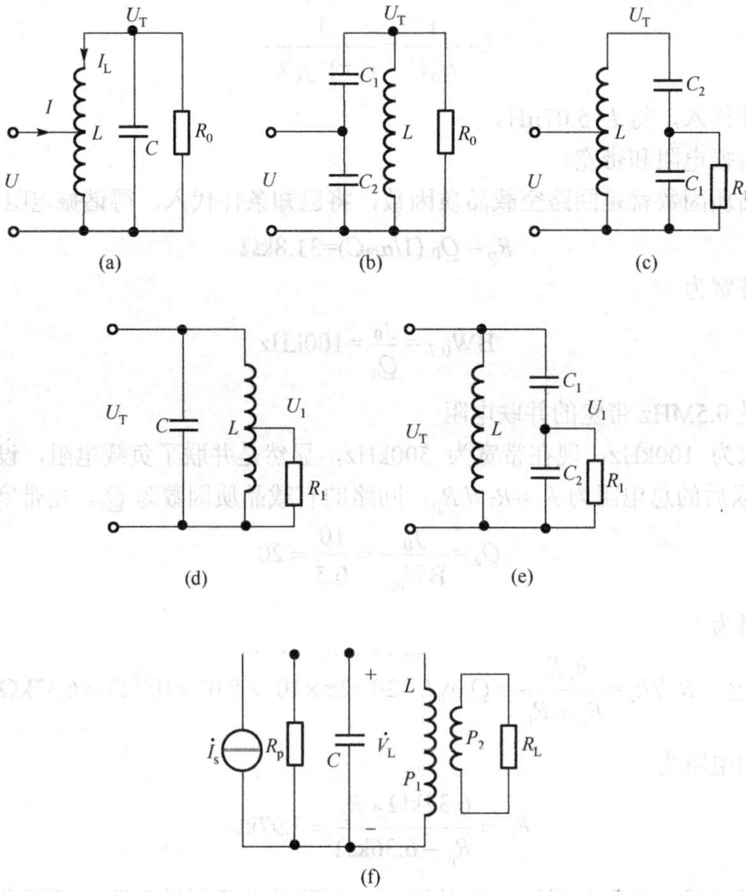

图 2.3.2 部分接入阻抗变换网络常用电路

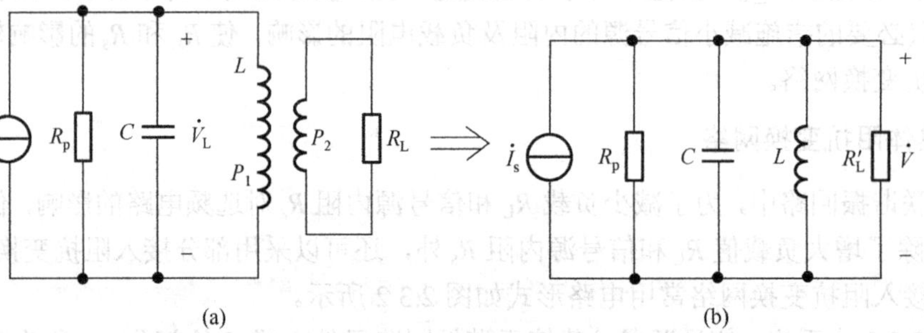

图 2.3.3 变压器耦合连接形式阻抗变换网络实际图与等效图

※推导如下（P 为参数平均功率）：

$$P_1 = \frac{V_1^2}{R_L'}, \quad P_2 = \frac{V_2^2}{R_L}$$

因为等效前后功率守恒，即 $P_1 = P_2$，则

$$R_L' = \left(\frac{V_1}{V_2}\right)^2 R_L = \left(\frac{N_1}{N_2}\right)^2 R_L = \frac{1}{n^2} R_L$$

只有在 n 小于 1 时，才有 R_L' 大于 R_L，即实际连接 R_L 的（次级）线圈匝数小于初级线圈匝数时，才具有使等效阻抗变大的功能。所以变压器形式也可以看成一种部分接入式阻抗变换电路。

（2）自耦变压器形式阻抗变换网络

如图 2.3.4 所示，与普通变压器形式相同，自耦变压器形式变换网络也具有阻抗变换公式（2.3.4），而且 n 自动小于 1，不用人为控制匝数比。

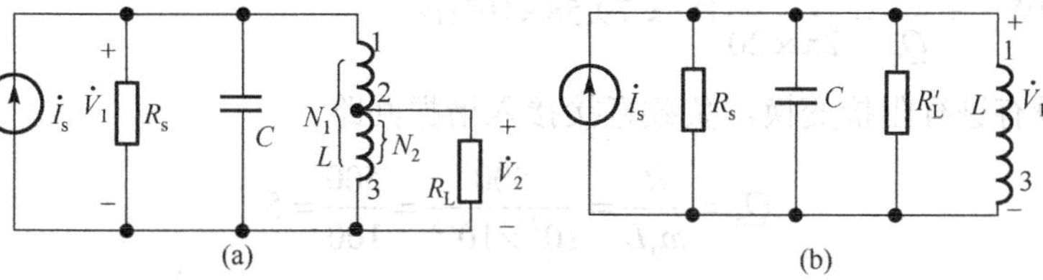

图 2.3.4　自耦变压器形式阻抗变换网络实际图与等效图

（3）电容分压形式阻抗变换网络

如图 2.3.5 所示，电容分压形式变换网络阻抗公式如下：

$$R_L' = \frac{1}{\left(\dfrac{C_1}{C_1 + C_2}\right)^2} R_L = \frac{1}{n^2} R_L \tag{2.3.6}$$

式中，n 自动小于 1，但要注意，n 的公式是 $\dfrac{C_1}{C_1 + C_2}$，不是 $\dfrac{C_2}{C_1 + C_2}$，这里 C_1 不是与 R_L 并联的电容。

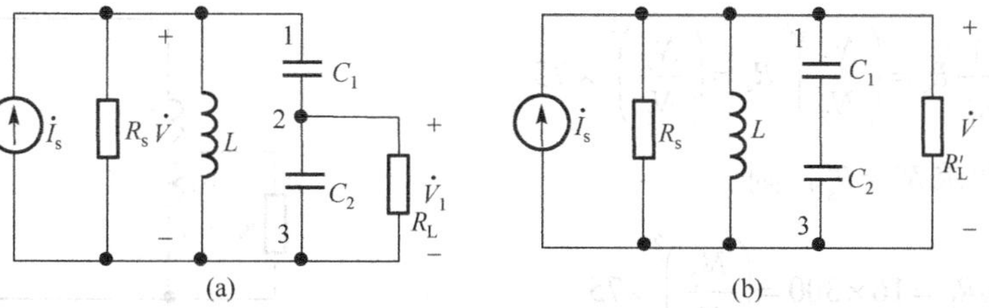

图 2.3.5　电容分压形式阻抗变换网络实际图与等效图

【例 2.3.2】 电路如图 2.3.6 所示，试求输出电压 $V_1(t)$ 的表达式及回路的 Q_e' 和带宽（忽略回路本身的固有损耗）；另外，假设没有进行阻抗变换，负载直接接入谐振回路，求 Q_e。

解：（1）设回路满足高 Q 的条件，由图知，回路电容为

$$C = \frac{C_1 C_2}{C_1 + C_2} = \frac{2000 \times 2000}{2000 + 2000} \text{pF} = 1000\text{pF}$$

谐振角频率为 $\omega_0 = \dfrac{1}{\sqrt{LC}} = 10^7 \text{rad/s}$。

电阻接入系数 $n = \dfrac{C_1}{C_1 + C_2} = \dfrac{2000}{2000 + 2000} = \dfrac{1}{2}$。

等效到回路两端的电阻为 $R' = \dfrac{1}{n^2} R_1 = \dfrac{500}{1/4} \Omega = 2000\Omega$。

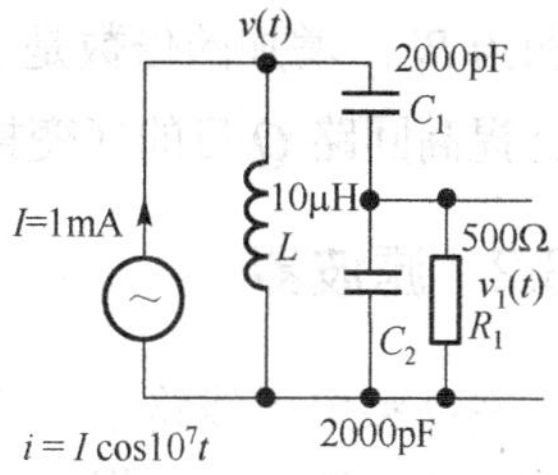

图 2.3.6　例 2.3.2 电路

回路谐振时，两端的电压 $V(t)$ 与 $i(t)$ 同相，电压振幅为 $V=IR'=10^{-3}\times 2000\text{V}=2\text{V}$，所以回路两端的电压为 $V(t)=iR'=1\text{mA}\times\cos 10^7 t\times 2\text{k}\Omega$。

输出电压 $V_1(t)=nV(t)=\dfrac{1}{2}\times 2\cos 10^7 t\text{V}=\ \ \cos 10^7 t\text{V}$。

回路品质因数 $Q_\text{e}'=\dfrac{R'}{\omega_0 L}=\dfrac{2000}{10^7\times 10^{-5}}=\dfrac{2000}{100}=20$。

回路带宽 $\text{BW}_{0.7}=\dfrac{f_0}{Q_0}=\dfrac{10^7}{2\pi\times 20}\text{Hz}\approx 79.58\times 10^3\text{Hz}$。

（2）假设没有进行阻抗变换，负载直接接入谐振回路

$$Q_\text{e}=\frac{R}{\omega_0 L}=\frac{500}{10^7\times 10^{-5}}=\frac{500}{100}=5$$

通过计算表明：进行阻抗变换后，回路品质因素提高，使变换后的 Q_e' 更接近 Q_0。

【例 2.3.3】 某接收机输入回路的简化电路如图 2.3.7 所示。已知 C_1=5pF，C_2=15 pF，R_s=75Ω，R_L=300 Ω。为了使电路匹配，即负载 R_L 等效到 LC 回路输入端的电阻 $R_\text{L}'=R_\text{s}$，线圈初、次级匝数比 N_1/N_2 应该是多少？

解： 由图可见，这是自耦变压器形式电路与电容分压形式电路的级联。

R_L 等效到谐振回路的电阻 R_L' 为

$$R_\text{L}'=\frac{1}{n_2^2}R_\text{L}=\left(\frac{C_1+C_2}{C_1}\right)^2 R_\text{L}=16R_\text{L}$$

R_s 等效到输入端的电阻 R_s' 为

$$R_\text{s}'=\frac{1}{n_1^2}R_\text{s}=\left(\frac{N_2}{N_1}\right)^2 R_\text{s}=\left(\frac{N_2}{N_1}\right)^2\times 75$$

根据题意要求 $R_\text{L}'=R_\text{s}'$，则

$$16R_\text{L}=16\times 300=\left(\frac{N_2}{N_1}\right)^2\times 75$$

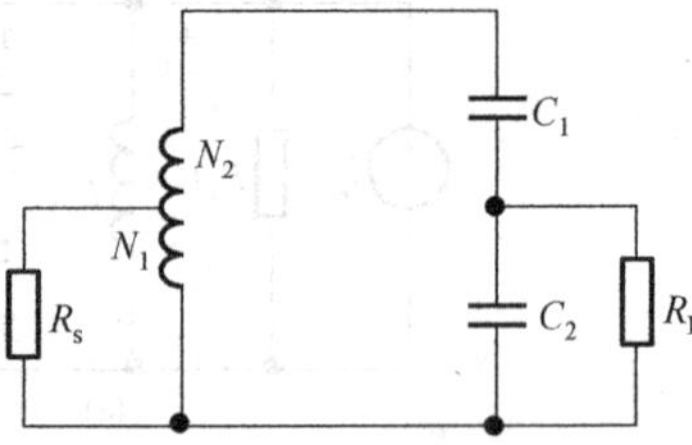

图 2.3.7　例 2.3.3 电路

所以

$$\frac{N_1}{N_2}=\sqrt{\frac{R_\text{s}}{16R_\text{L}}}=0.125$$

由以上分析可以看出，采用三种部分接入方式，阻抗从部分向整体转换时，等效阻抗将增加为 R_L'，增加的倍数是 $1/n^2$。此时，合理选择抽头位置或电容比、匝数比，可达到阻抗匹配、提高回路 Q 目的（变换后的 Q_e 更接近 Q_0）。

2.3.2　滤波器

在高频电子线路中，改进的选频电路除应用阻抗变换的选频网络外，目前还广泛应用各种滤波器。滤波器特指一种器件，它具备选频功能，往往用特殊的材料由专业的企业事先制

作和封装完成，具有特定的选频频率（频率在实际使用时不可调），如石英晶体滤波器、陶瓷滤波器、声表面滤波器等。下面分别介绍几种常用滤波器的各种原理和特性。

1. 石英晶体滤波器

随着现代无线电技术的不断发展，对滤波器性能的要求也愈来愈高，要求其各种频率高度稳定，阻带衰减特性陡峭。要满足这样的条件，就要求滤波器元件具有高的品质因数。对前面讨论的LC谐振电路，由于电感的品质因数较低（一般在100～200范围内），不能满足要求，而用特殊方式切割的石英晶体片构成的石英晶体谐振器，其品质因数很高，可达几万，因此，用石英晶体谐振器组成滤波器元件来代替LC电路，能得到工作频率稳定度很高、阻带衰减特性陡峭、通带衰减很小的滤波器，所以应用日益广泛。在高频电路中，石英晶体谐振器广泛应用于高稳定性的高频振荡器中，也用做高性能的窄带滤波器。

（1）石英晶体的物理特性

石英是一种矿物质硅石，化学成分是SiO_2，形状为结晶的六角椎体。图2.3.8所示为石英晶体的形状、切割面图和符号，根据石英晶体的物理特性，在石英晶体内画出三种几何对称轴，连接两个角椎顶点的一根轴Z，称为光轴；沿对角线的三条X轴，称为电轴；与电轴相垂直的三条Y轴，称为机械轴。

石英晶体谐振器由石英晶体切片而成，各种晶片按与各轴不同角度切割而成。图2.3.9所示为石英晶体的外形和内部结构，晶体经切割制作后引出金属电极，安放于支架上并封装成为晶体谐振器，通常在晶体谐振器的表面会标出谐振频率和相关参数。

石英晶体之所以能成为电谐振器，是利用了它所特有的正、反两种压电效应。所谓正压电效应，就是当沿晶体的电轴或机械轴施以张力或压力时，在垂直于电轴的两面上产生正、负电荷，呈现出相应电压，即力变换为电；负压电效应是指当在垂直于电轴的两面上加交变电压时，晶体将会沿电轴或机械轴产生弹性形变（伸张或压缩），称为机械振动，即电变换为力。

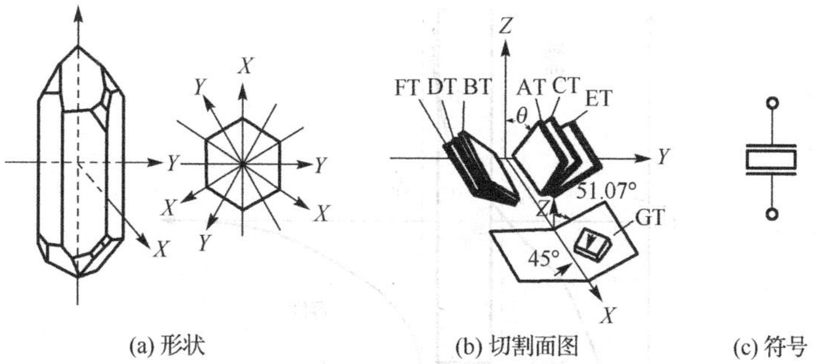

(a) 形状　　(b) 切割面图　　(c) 符号

图2.3.8　石英晶体的形状、切割面图和符号

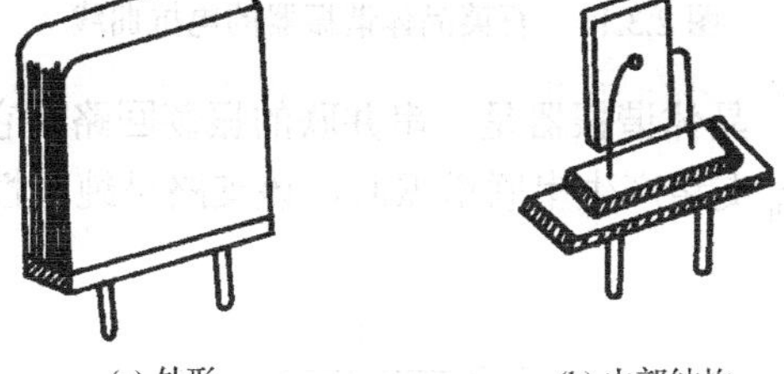

(a) 外形　　(b) 内部结构

图2.3.9　石英晶体的外形和内部结构

因为石英晶体和其他弹性体一样，具有弹性和惯性，因而存在着固有振动频率。当外加电信号频率在此自然频率附近时，就会发生谐振现象。

通常，压电效应并不明显。但是，当交变电场的频率为某一特定值时发生谐振，机械振动和交变电场的振幅骤然增大，产生共振，称之为压电振荡。谐振振荡时有很大的电流流过晶体，产生电能和机械能的转换。晶体的谐振频率与晶体的几何尺寸及振动方式有关（取决于切片方式、角度等），谐振频率与厚度呈反比，所以用于高频的晶体切片，晶片厚度一般很薄，由于机械强度和加工的限制，晶片厚度不能太薄，因此晶体频率不能太高。

（2）晶体滤波器的等效电路及阻抗特性

通常把利用晶体基频谐振的滤波器称为基频滤波器，利用晶体谐波共振的谐振器称为泛音谐振器。通常能利用的是 3、5、7 之类的奇次泛音。同一晶体，泛音工作时的频率是基频工作时频率的 3、5、7 倍，另由于是机械振动时的谐波频率，它们的电谐振频率之间并不是准确的 3、5、7 倍的整数关系。由于机械强度和加工的限制，通常基频谐振器的最高频率为几十 MHz，而泛音谐振器最高工作频率可达 100MHz 以上。图 2.3.10 所示为晶体滤波器的等效电路及符号，图（a）是考虑基频及各次泛音的等效电路。由于各谐振频率相隔较远，相互影响很小，对于某一具体应用（频率确定），只须考虑此频率附近的电路特性，因此可以用图（b）等效。图（c）是晶体滤波器的符号。图 2.3.11 所示为石英晶体谐振器的电抗曲线。

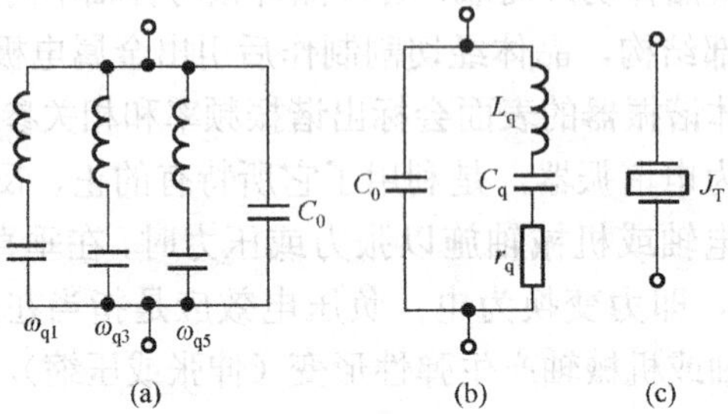

图 2.3.10 晶体滤波器的等效电路及符号

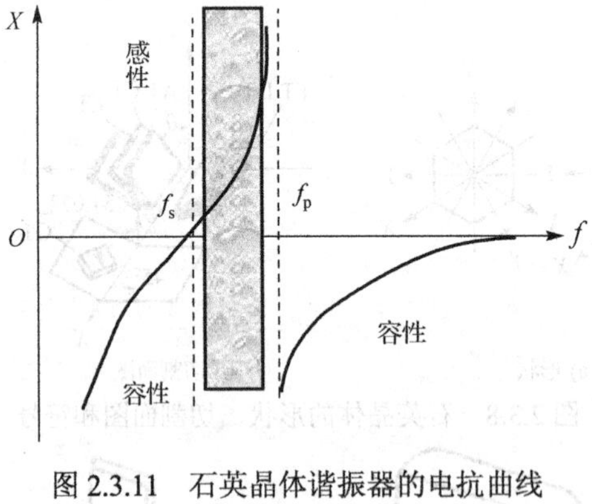

图 2.3.11 石英晶体谐振器的电抗曲线

由图 2.3.10 可以看出，晶体谐振器是一串并联的振荡回路，它具有串、并联谐振频率。当等效电路中的 L_q、C_q、r_q 支路产生串联谐振时，该支路呈纯阻性，等效电阻较小，为 r_q，谐振频率为

$$f_s = \frac{1}{2\pi\sqrt{L_q C_q}} \tag{2.3.7}$$

当 $f>f_s$ 时，L_q、C_q、r_q 支路呈感性，频率继续增大，在某一频率与 C_0 产生并联谐振，石英晶体又呈纯阻性，只是电阻较大，谐振频率

$$f_p=\frac{1}{2\pi\sqrt{L_q\dfrac{C_qC_0}{C_q+C_0}}}=f_s\sqrt{1+\frac{C_q}{C_0}} \tag{2.3.8}$$

当 $f>f_p$ 时，C_0 容抗最大，起主导作用，石英晶体又呈容性。

晶体的主要特点是它的等效电感特别大，而等效电容特别小。晶体谐振器的品质因数为

$$Q_q=\frac{\omega L_q}{r_q}$$

所以，石英晶体的品质因数非常高，一般为几万甚至几百万，这是普通 LC 谐振电路无法比拟的，而且，晶体的材料物理特性非常稳定，不随外界时间、温度等变化。

晶体的 $C_0\gg C_q$，它的接入系数 $n\approx C_q/C_0$ 很小，大大减小了加到晶体两端的外部电路元件对晶体的影响，外部电路元件与晶体连接示意图如图 2.3.12 所示。

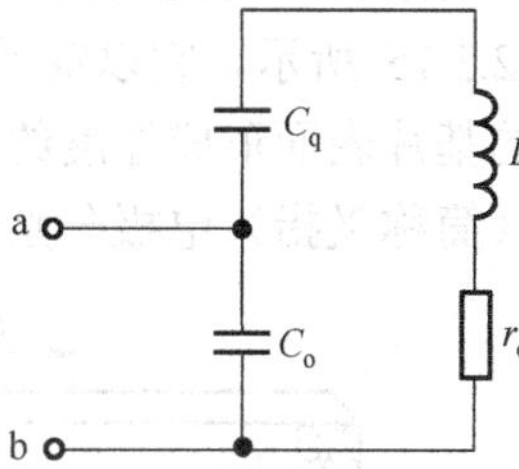

图 2.3.12　外部电路元件与晶体连接示意图

小结：

（1）由电抗曲线图，当 $\omega>\omega_p$ 或 $\omega<\omega_s$ 时，电抗呈容性；当 $\omega_s<\omega<\omega_p$ 时，电抗呈感性。

（2）晶体谐振器与一般谐振回路比较，有以下几个明显的特点：

- 晶体的谐振频率非常稳定。这是因为晶体特性取决于晶体的物理特性和尺寸工艺，它们受外界因素（如温度、振动等）的影响小，接入系数小，使负载等影响也小。
- 有非常高（能达到几万）的品质因数，而普通 LC 谐振回路的 Q 值只能到几百。
- 在工作频率附近阻抗变化率大，具有较低的串联谐振阻抗和很高的并联谐振阻抗。

2. 陶瓷滤波器

利用某些陶瓷材料的压电效应构成的滤波器，称为陶瓷滤波器。常用的陶瓷滤波器是由锆钛酸铅（Pb(ZrTi)）压电陶瓷材料（简称 PZT）制成的。在制造时，陶瓷片的两面涂以银浆（一种氧化银），加高温后还原成银，且牢固地附着在陶瓷片上，形成两个电极。再经过直流高压极化之后，具有和石英晶体类似的压电效应。因此，它可以代替石英晶体作滤波器用。与其他滤波器相比，陶瓷统一焙烧，可制成各种形状，适合滤波器的小型化；而且耐热性耐湿性好，很少受外界条件的影响。它的等效品质因数 Q 值为几百，比 LC 谐振滤波器的高，却比石英晶体滤波器的低。因此，用做滤波器时，通带没有石英晶体的那样窄，选择性也比石英晶体滤波器的差。

目前陶瓷滤波器由于价格便宜和性价比高，广泛应用于接收机和其他仪器中。

单片陶瓷滤波器（又称为单端口陶瓷滤波器）的等效电路和表示符号如图 2.3.13 所示。

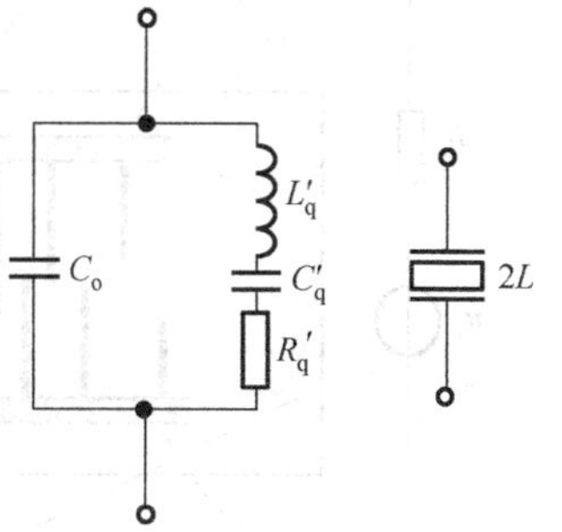

(a) 等效电路　(b) 表示符号

图 2.3.13　单片陶瓷滤波器的等效电路和表示符号

如将陶瓷滤波器连成图 2.3.14 所示的形式，即为四端陶瓷滤波器，也称为双端口陶瓷滤波器，谐振子数目越多，滤波器的性能越好。

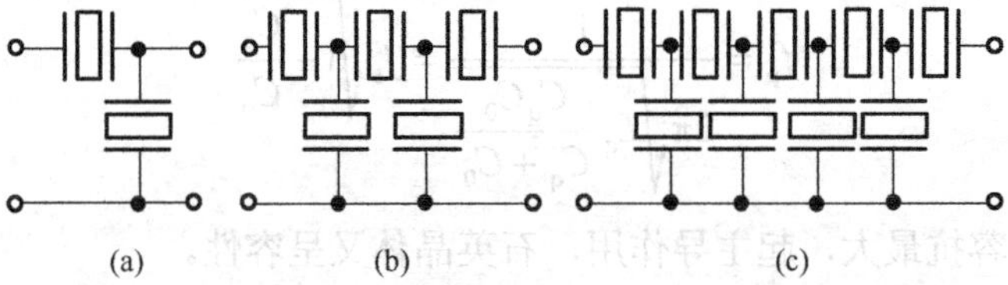

图 2.3.14 四端陶瓷滤波器组成示意图

3．声表面波滤波器

声表面波滤波器制作的选频电路具有体积小、质量小、中心频率可做得很高、相对带宽较宽、矩形系数接近于 1 等特点。并且，这种滤波器可采用与集成电路工艺相同的平面加工工艺，制造简单、成本低、重复性和设计灵活性高，可大量生产，是一种应用日益广泛的滤波器。

声表面波是利用局部扰动产生一种通过固体介质内或沿表面传送的波，声表面波滤波器是一种以铌酸锂、石英或锆钛酸铅等压电材料为衬底（基体）的电声换能元件，其结构示意图如图 2.3.15 所示。它以铌酸锂、锆钛酸铅或石英等压电材料为基片，利用真空蒸镀法，在抛光过的基片表面形成厚度约 10μm 的铝膜或金膜电极，称其为叉指电极。图中左、右两对交叉指形（简称叉指）电极分别称为发端换能器和收端换能器。

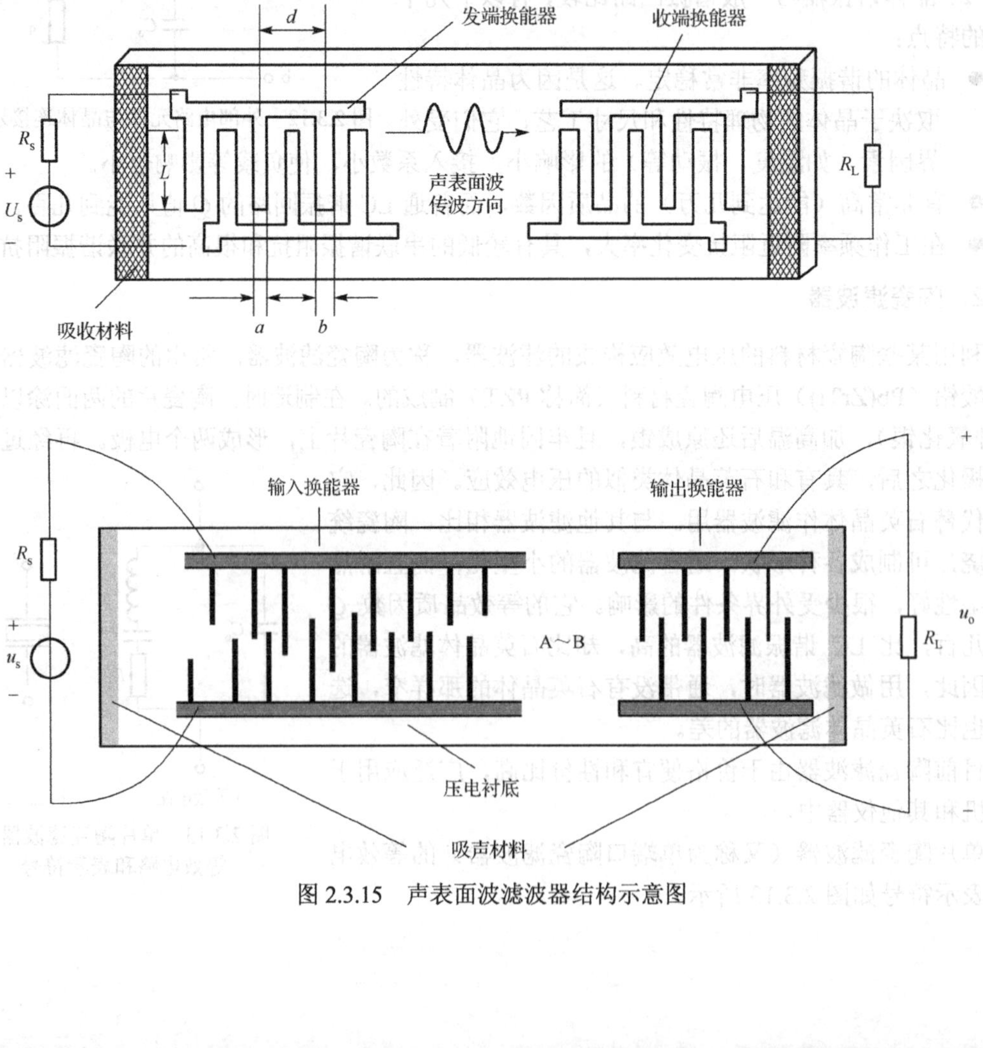

图 2.3.15 声表面波滤波器结构示意图

原理分析如下。

一个时变信号（交流信号源供给）输入，引起压电衬底振动，并沿其表面产生声波。严格地说，传输的声波有表面波和体波，但主要是声波。在压电衬底的另一端可用第二个叉指形换能器将声波转换成电信号。即信号传输过程是：在发端，电信号由叉指形换能器转换成声波，声波沿表面传输，在收端，声波再转换成电信号。之所以将能量形式转换，是因为声音的传播速度小，能使叉指 d 的尺寸变小，声音在大理石或半导体中速度为 3×10^3m/s，电磁波在真空中速度为 3×10^8m/s。

由于一对叉指的等效谐振条件是 d=0.5λ 到 d=λ，只有叉指的 d 与 λ 近似时，信号才被最大程度传输，如直接传输电信号，f 为 30MHz 时，$\lambda=c/f\approx 10$m，叉指 d 需要 5m；而传输声波信号，f 为 30MHz 时，$\lambda=c/f\approx10^{-4}$m=0.1mm，$d$=0.05mm，一块小基片上可以做多对叉指，相当于多级 LC 谐振回路选频，所以指标较好。

目前声表面滤波器的中心频率可在 10MHz～1GHz 之间，相对带宽为 0.5%～50%，插入损耗最低仅几个 dB，矩形系数可达 1.2。

但声表面波滤波器由于经过多次转换，会有回波干扰，图 2.3.16 所示为典型的声表面波滤波器的特性。

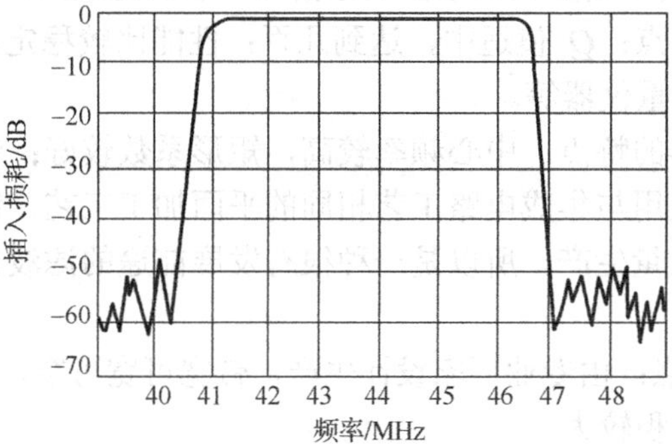

图 2.3.16 典型声表面波滤波器特性

4. LC 滤波器

有时也由专业厂家将一定的 LC 电路组合并封装，生成一个选频网络，其基本原理分析如下。

从谐振时阻抗的大小可以分析图 2.3.17 所示的原理电路，上面电路对 f_0 信号是否通过。图(a)、(c)电路对 f_0 信号能通过，图(b)、(d)电路对 f_0 信号不能通过。

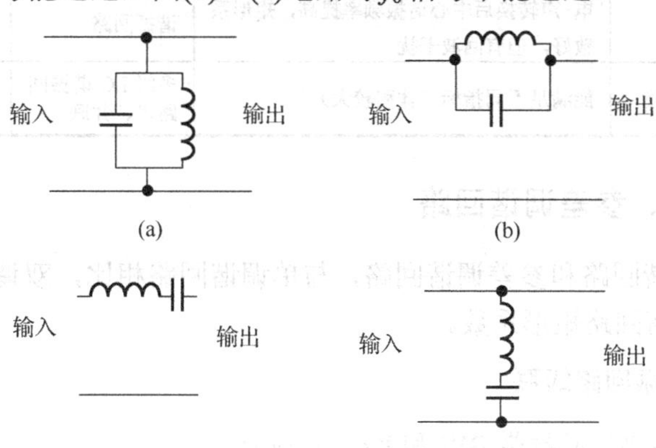

图 2.3.17 基本 LC 选频支路的原理电路

图 2.3.18 电路是一个典型的 LC 带通滤波器，通过合理设置 L、C 参数，能使 f_1～f_2 的信号顺利通过，且矩形系数较小，是较标准的 LC 选频电路。

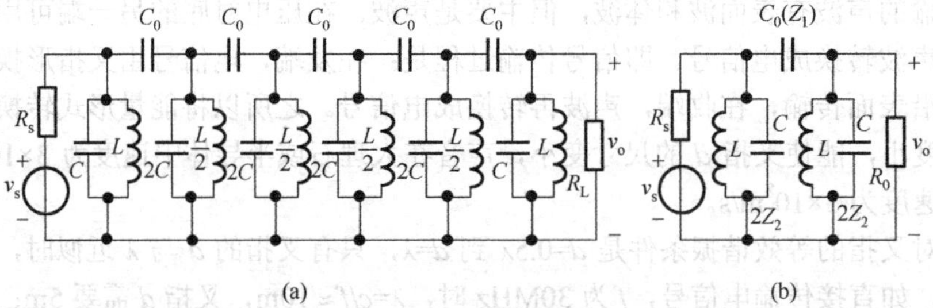

图 2.3.18　典型 LC 带通滤波器

5．不同滤波器的特点

上述介绍的比较常用的晶体、陶瓷和声表面波及 LC 滤波器有以下特点。

（1）石英晶体谐振器的特点：Q 值很高，能达到几万；性能稳定；通频带很窄（因为 f_p 和 f_s 很窄、很接近），常用于高放大倍数但其他指标一般的滤波回路。

（2）陶瓷滤波器的特点：Q 值适中，达到几百；性能比较稳定；通频带比较宽，价格便宜，频率较低，常用于测量仪器等。

（3）声表面波滤波器的特点：中心频率较高，矩形系数较好；性能稳定；通频带较宽，但有回波干扰。它可以采用与集成电路工艺相同的平面加工工艺，制造简单、成本低、重复性和设计灵活性高，可大量生产，所以是一种很有发展前途的滤波器。常用于要求较高或频率较高的回路。

（4）LC 滤波器的特点：由专业厂家设计生产，带宽可宽可窄，设计比较方便，但 Q 值、稳定性等不如石英等且体积较大。

几种滤波器性能和原理如表 2.3.1 所示。

表 2.3.1　几种滤波器性能和原理描述

序号	滤波器名称	性　能	原　理	
1	石英晶体滤波器	Q 值很高，能达到几万，通频带很窄	固有压电效应，相当于多级 LC 谐振回路	指标由材料和工艺决定
2	陶瓷滤波器	Q 值等指标中等，价格便宜		指标由材料和工艺决定
3	声表面波滤波器	电-声转换后中心谐振频率提高，矩形系数好，但有回波干扰		指标由材料和叉指形状决定
4	普通 LC 集中滤波电路	能满足不同指标（体积较大）	多级 LC 谐振回路串、并联	能按照不同指标设计 LC 电路

2.3.3　双调谐回路、参差调谐回路

本节将介绍双调谐回路和参差调谐回路，与单调谐回路相比，双调谐回路和参差调谐回路的优势在于可以提高回路矩形系数。

1．多个 LC 单谐振回路级联

多个 LC 单谐振回路的通频带 BW 和 $Kr_{0.1}$ 分别为

$$\text{BW}=\sqrt{2^{\frac{1}{n}}-1}\frac{f_0}{Q}$$

$$\text{Kr}_{0.1}=\frac{2\Delta f_{0.1}}{2\Delta f_{0.7}}=\frac{2\Delta\omega_{0.1}}{2\Delta\omega_{0.7}}=\frac{\sqrt{10^{\frac{2}{n}}-1}}{\sqrt{2^{\frac{1}{n}}-1}} \tag{2.3.9}$$

采用多个单谐振回路级联的方式称为参差调谐，多个谐振回路的谐振频率不同（偏离 f_0 不多，如图 2.3.19 所示，通过互补以提高矩形系数）。采用多级单谐振回路参差调谐可望改善矩形系数，但效果有限。

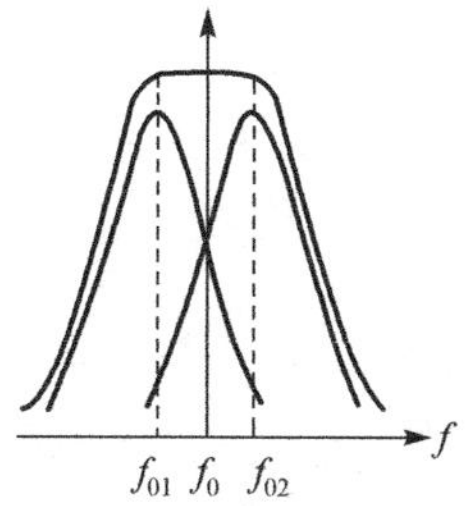

图 2.3.19 多个 LC 单谐振回路级联的幅频特性曲线

图 2.3.19 所示为参差调谐的频率特性曲线，此时矩形系数为 4.8，改善有限。

矩形系数与级数 n 的关系公式见式(2.3.9)，关系如表 2.3.2 所示。

表 2.3.2 矩形系数与级数 n 的关系

n	1	2	3	4	5	6	7	8	9	10	∞
$\text{Kr}_{0.1}$	9.95	4.8	3.75	3.4	3.2	3.1	3.0	2.94	2.92	2.9	2.56

2. 双耦合回路

有时采用双耦合回路，矩形系数可以达到 1.5。

双耦合回路即两个单谐振回路通过互感或电容耦合而构成。常用双耦合回路的电路如图 2.3.20 所示。

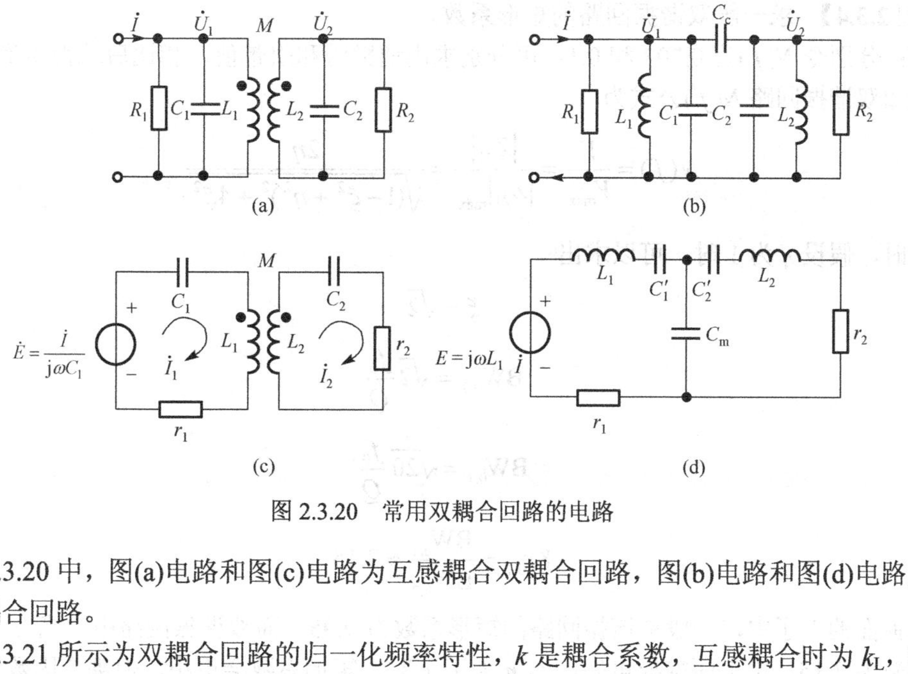

图 2.3.20 常用双耦合回路的电路

图 2.3.20 中，图(a)电路和图(c)电路为互感耦合双耦合回路，图(b)电路和图(d)电路为电容耦合双耦合回路。

图 2.3.21 所示为双耦合回路的归一化频率特性，k 是耦合系数，互感耦合时为 k_L，电容耦合时为 k_C。

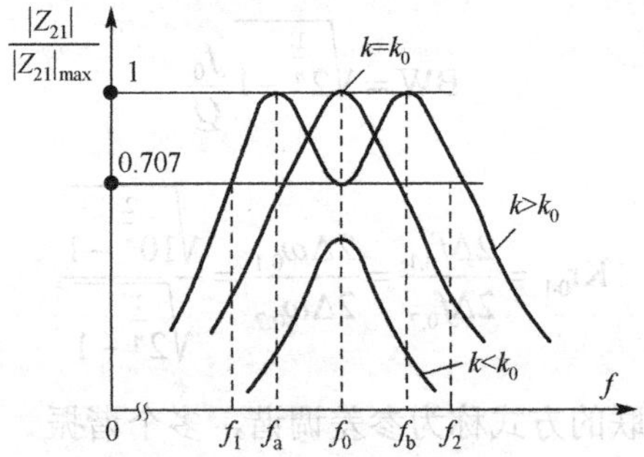

图 2.3.21　双耦合回路的归一化频率特性

$$k_L = \frac{M}{\sqrt{L_1 L_2}} = \frac{M}{L}$$

$$k_C = \frac{C_M}{\sqrt{(C_1 + C_M)(C_2 + C_M)}} = \frac{C_M}{C + C_M} \quad (2.3.10)$$

$$N(f) = \frac{V}{V_{max}} = \frac{|Z_{21}|}{|Z_{21}|_{max}} = \frac{2\eta}{\sqrt{(1-\xi^2+\eta^2)^2+4\xi^2}} \quad (2.3.11)$$

$$\xi = Q\left(\frac{\omega}{\omega_0} - \frac{\omega_0}{\omega}\right) = Q\frac{2\Delta f}{f_0} \quad \text{相对失谐}$$

$$\eta = kQ \quad \text{耦合因数} \quad (2.3.12)$$

强耦合时，$\eta>1$，$k>k_0$，矩形系数较小；临界耦合时，$\eta=1$，矩形系数为 3.15；弱耦合时，$\eta<1$。最佳是强耦合的 η 略大于 1 时，矩形系数可以达到 1.5 或更小。

【例 2.3.4】 求一般双谐振回路的矩形系数。

解： 分别令 $N(f)$为 0.707 和 0.1，可分别求出通频带和阻带值，相比后求得矩形系数。

已知双谐振回路 $N(f)$公式为

$$N(f) = \frac{V}{V_{max}} = \frac{|Z_{21}|}{|Z_{21}|_{max}} = \frac{2\eta}{\sqrt{(1-\xi^2+\eta^2)^2+4\xi^2}}$$

此时，假设 η 为 1 时，可以求出

$$\xi = \sqrt{2}$$

$$BW_{0.7} = \sqrt{2}\frac{f_0}{Q}$$

$$BW_{0.1} = \sqrt{20}\frac{f_0}{Q}$$

$$Kr_{0.1} = \frac{BW_{0.1}}{BW_{0.7}} \approx 3.15$$

在前面的例子中，一般单谐振回路的矩形系数为 9.95，而双谐振回路中，当 η 为 1 时，矩形系数为 3.15。由上面推导可知，当 η 大于 1 时，矩形系数会更小，但耦合因数 η 越大，

谐振频率处的输出越小，为兼顾放大倍数和通频带，一般取 η 略大于 1。

小结： 参差调谐回路和双耦合回路电路兼顾了 Q 和通频带，改善了矩形系数，双参差调谐回路电路的矩形系数从单耦合回路的 9.95 改善到 4.6；双耦合回路电路的矩形系数从单耦合回路的 9.95 改善到 3.15 或更小。

思考题与习题

2.1　已知LC串联谐振回路的 $C = 100\text{pF}$，$f_0 = 1.5\text{MHz}$，谐振时的电阻 $r = 5\Omega$，试求 L 和 Q_0。

2.2　对于收音机的中频放大器，其中心频率 f_0=465kHz，$\text{BW}_{0.7}$=8kHz，回路电容 C=200pF，试计算回路电感 L 和 Q_e 的值。若电感线圈的 Q_0=100，问在回路上应并联多大的电阻才能满足要求？

2.3　有一并联回路在某频段内工作，频段最低频率为 535kHz，最高频率为 1605kHz。现有两个可变电容器，一个电容器的最小电容量为 12pF，最大电容量为 100pF；另一个电容器的最小电容量为 15pF，最大电容量为 450pF。试问：

（1）应采用哪一个可变电容器？为什么？

（2）回路电感应等于多少？

（3）绘出实际的并联回路图。

2.4　给定并联谐振回路的 f_0=5MHz，C=50pF，通频带 $\text{BW}_{0.7}$=150kHz。试求电感 L、品质因数 Q_0 及对信号源频率为 5.5MHz 时的失调。若把 $\text{BW}_{0.7}$ 加宽至 300kHz，应在回路两端再并联上一个阻值多大的电阻？

2.5　电路如题 2.5 图所示。给定参数为 $f_0 = 30\text{MHz}$，$C = 20\text{pF}$，$R = 10\text{k}\Omega$，$R_g = 2.5\,\text{k}\Omega$，$R_L = 830\Omega$，$C_g = 9\text{pF}$，$C_L = 12\text{pF}$。线圈 L_{13} 的空载品质因数 $Q_0 = 60$，线圈匝数为 $N_{12} = 6$，$N_{23} = 4$，$N_{45} = 3$，求 L_{13}、Q_e。

2.6　如题 2.6 图所示。已知 $L = 0.8\mu\text{H}$，$Q_0 = 100$，$C_1 = C_2 = 20\text{pF}$，$C_i = 5\text{pF}$，R_i=10kΩ，$C_o = 20\text{pF}$，R_o= 5kΩ。试计算回路谐振频率、谐振阻抗（不计 R_o 和 R_i 时）、有载 Q_e 值和通频带。

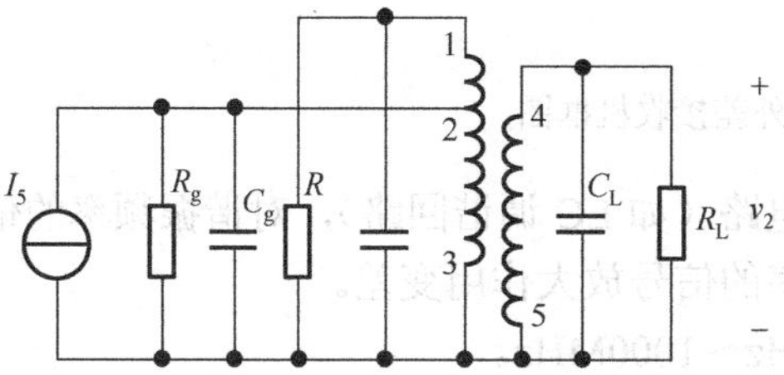

题 2.5 图

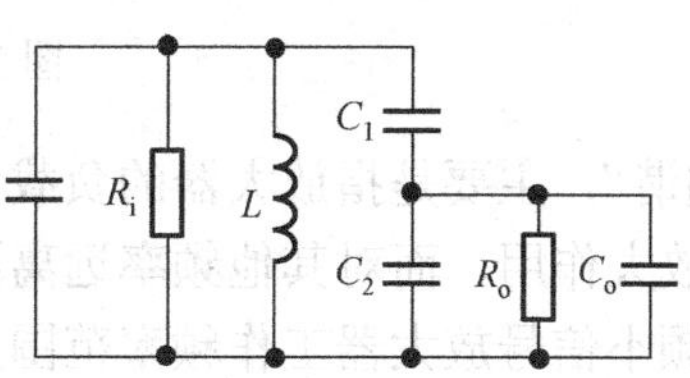

题 2.6 图

2.7　石英晶体有何特点？为什么用它制作的振荡器的频率稳定度较高？

2.8　一个 5kHz 的基音石英晶体谐振器，C_0=6pF，C_q=2.4×10^{-2} pF，r_q=15Ω。求此谐振器的品质因数 Q 值和串、并联谐振频率。

2.9　基本概念题：

基本选频电路基本形式与分析，改进的选频电路类型、原理、目的和手段（部分接入电路的典型电路与分析、滤波器的典型电路与分析、双调谐电路的典型电路与分析）。

第 3 章

高频小信号放大器

3.1 概　述

在无线电技术中，经常会遇到这样一个问题——所接收到的信号很弱，而这样的信号又往往是与干扰信号同时进入接收机的。我们希望将有用的信号进行放大，而把其他无用的干扰信号抑制掉。借助于选频放大器，便可达到此目的。高频小信号放大器就是这样一种最常用的选频放大器，对需要频率的信号进行放大，对不需要频率的信号进行抑制。

高频放大器的分类可以按信号大小分为高频功率放大器（大信号，通常用于发射机中）和高频小信号放大器（接收机前端的主要部分）。所谓“小信号”，通常指电压在微伏至毫伏级的输入信号，此时放大器工作在线性范围内。

本书的高频小信号放大器的重点是高频小信号调谐放大器，即图 3.1.1 所示的超外差接收机框图中的高放和中放部分。

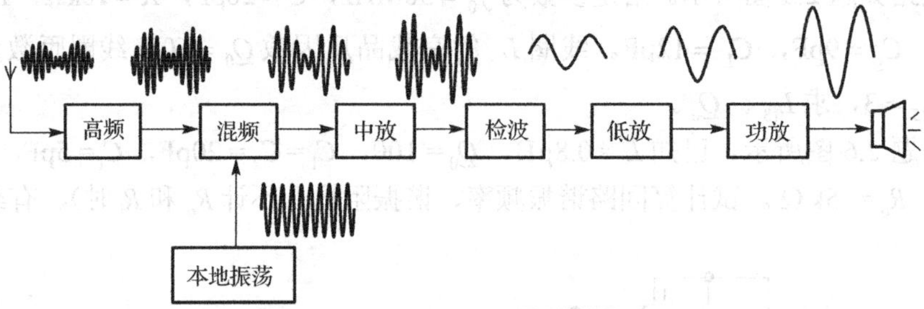

图 3.1.1　超外差接收机框图

“调谐”，主要是指放大器的负载为选频电路（如 LC 调谐回路），对谐振频率的信号具有最强的放大作用，而对其他频率远离谐振频率的信号放大作用变差。

高频小信号放大器工作频率范围为 300kHz～1000MHz。

3.2　高频小信号调谐放大器的主要质量指标

通常，高频小信号放大器是接收机前端的主要部分。因此对它的主要要求是：第一，它的噪声越小越好；第二，增益要高，也就是放大量要大，但为了防止产生非线性失真，它的增益又不宜过大；第三，放大器应该与前端和后端有良好的匹配，以达到功率最大传输或最稳定的输出；第四，应具有一定的选频功能，抑制不需要频率信号干扰。

高频放大器的作用是用以放大微弱的高频小信号，其主要要求及指标包括：

（1）选择需要的信号并加以放大——通频带、增益；

（2）抑制不需要的信号——选择性。

但这两个指标互相矛盾。

理想的选频特性曲线在通频带内是一条水平线，带外是一条与水平线垂直的直线，表示通频带内输出信号增益不变，带外输出信号为 0，如图 3.2.1 所示。

根据以上分析知，高频小信号调谐放大器的具体质量指标如下。

（1）增益

放大器的输出电压（或输出功率）与输入电压（或输入功率）之比，称为放大器的增益或放大倍数，用 A_V（或 A_P）表示（有时以 dB 数计算）。

电压增益和功率增益及分贝表示：

$$A_V = \frac{V_o}{V_i} \tag{3.2.1}$$

$$A_P = \frac{P_o}{P_i} \tag{3.2.2}$$

$$A_V(\text{dB}) = 20\lg\frac{V_o}{V_i} \tag{3.2.3}$$

$$A_P(\text{dB}) = 10\lg\frac{P_o}{P_i} \tag{3.2.4}$$

（2）通频带

通频带也称为 3dB 带宽，是指放大电路的电压增益比中心频率处的增益下降 3dB 时的上、下限频率之间的频带，用 BW 表示。此指标表示放大器的增益不是一成不变的，增益与频率关系典型曲线如图 3.2.2 所示，中心频率为 f_0，在 f_0 处具有最大增益 A_{V0}，其他频率处增益减小。

$$\text{BW}_{0.7} = f_2 - f_1 = 2\Delta f_{0.7} \tag{3.2.5}$$

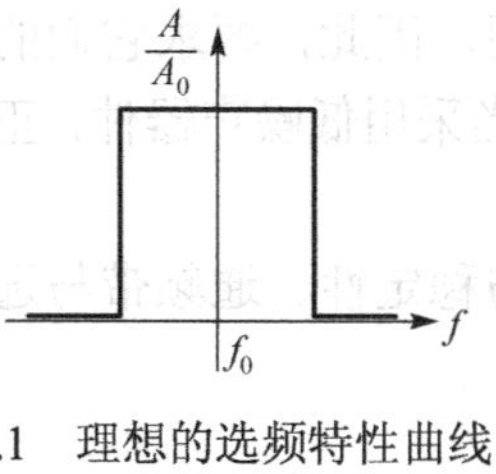

图 3.2.1　理想的选频特性曲线

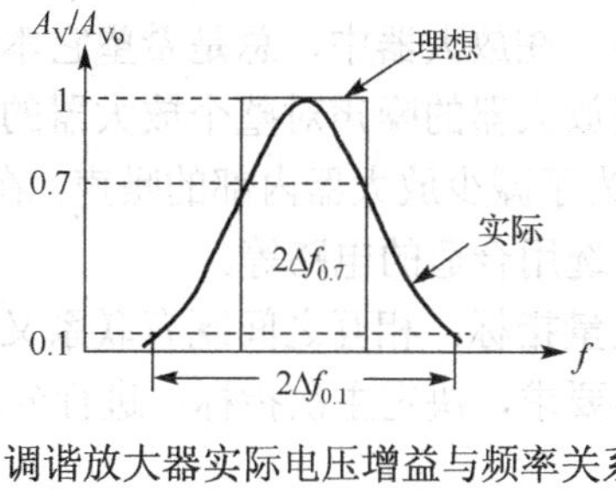

图 3.2.2　调谐放大器实际电压增益与频率关系曲线

（3）选择性

从各种不同频率信号的总和（有用信号和干扰信号）中选出有用信号、抑制干扰信号的能力称为放大器的选择性。选择性常采用矩形系数和抑制比来表示。

S 表示放大电路从各种干扰信号中选择有用信号、抑制干扰信号的能力，等于在中心频率上的电压放大倍数与某个特定干扰信号 f_n 的放大倍数的比值，即

$$S=\frac{A_{v0}}{A_{vn}} \tag{3.2.6}$$

显然，S 值越大，表明选择性越好。实际中，也可用矩形系数来衡量频率特性与理想矩形的接近程度，用 $Kr_{0.1}$ 表示，定义为

$$Kr_{0.1}=\frac{BW_{0.1}}{BW_{0.7}} \tag{3.2.7}$$

式中，$BW_{0.1}$ 为放大电路增益下降到最大值的 0.1 时的失谐宽度，如图 3.2.2 所示。$Kr_{0.1}$ 值是大于 1 的数，显然越接近于 1，实际频率特性曲线越接近理想矩形特性，放大电路在满足通频带的要求下的选择性就越好。

（4）工作稳定性

工作稳定性是指放大器的工作状态（直流偏置）、晶体管参数、电路元件参数等发生可能的变化时，放大器的主要特性的稳定程度。一般的不稳定现象是增益的变化、中心频率偏移、通频带变窄、谐振曲线变形等。不稳定状态的极端情况是放大器自激，以致放大器完全不能工作。为了使放大器稳定工作，必须采取稳定措施，如限制每级增益，选择内反馈小的晶体管，应用中和法或失配法，采取必要的工艺措施（元件排列、接地、屏蔽等），以使放大器不自激或者远离自激，且在工作过程中主要特性的变化不超出允许范围。

（5）噪声系数

在电路某一指定点处的信号功率 P_s 与噪声功率 P_n 之比，称为信号噪声比，简称信噪比，以 P_s/P_n 表示放大器的噪声性能可用噪声系数来表示，噪声系数的定义是放大器的输入信噪比（输入端的信号功率与噪声功率之比）与输出信噪比之比，通常用 F_n 表示。

$$F_n=\frac{P_{si}/P_{ni}}{P_{so}/P_{no}}=\frac{\text{输入端信噪比}}{\text{输出端信噪比}}=\frac{P_{no}/P_{ni}}{P_{so}/P_{si}} \tag{3.2.8}$$

$$F_n=\frac{(P_{ni}A+S)/P_{ni}}{AP_{si}\ /P_{si}}=\frac{A+S/P_{ni}}{A}=1+\frac{S/P_{ni}}{A}=1+S' \tag{3.2.9}$$

显然，由于存在放大电路本身产生的噪声 S，F_n 是大于 1 的。F_n 越接近于 1，放大器的输出噪声越小。在放大器中，总是希望它本身产生的噪声越小越好。在多级放大器中，最前面的一、二级放大器的噪声对整个放大器的噪声起决定性作用，因此，要求它们的噪声系数尽量接近 1。为了减少放大器内部的噪声，在设计与制作时应当采用低噪声器件，正确地选择工作点电流，选用合适的电路等。

以上质量指标，相互之间既有联系又有矛盾，如增益与稳定性、通频带与选择性等。实际中应根据要求，决定主次指标，进行分析与讨论。

3.3 高频小信号放大器的分类

按频带宽度划分，高频小信号放大器可以分为窄带放大器和宽带放大器。

宽带非谐振放大器是对几 MHz 至几百 MHz 较宽频带内的微弱信号不失真地放大，一般采用无选频作用的高频变压器或传输变压器作负载，或用集成宽带放大电路设计完成，其相对带宽较大，在一定的频率范围内近似认为增益不变。

窄带放大器的作用是对窄频带的微弱信号不失真地线性放大，窄带信号的中心频率范围为几百 kHz 到几百 MHz，频谱宽度范围为几 kHz 到几十 MHz。显然窄带信号的频带宽度小于或远小于其中心频率，其相对带宽一般为百分之几，甚至更低。窄带放大器是以各种选频电路作为负载，负载为具有阻抗变换和选频滤波功能的 LC 振荡回路或各种滤波器。窄带放大器不但有一定的电压增益，而且具有选频能力。本书重点讲述窄带放大器电路，窄带放大器电路一般有两种形式，两种形式窄带放大器的电路框图如图 3.3.1 所示。

形式 1 窄带放大器是多级以分立元件为主的高频放大器加选频电路，由于单个晶体管的最高工作频率可以很高，线路也较简单，目前应用很广泛。这种放大器通常以振荡回路等调谐电路作负载，也称为调谐放大器或谐振放大器，它也是其他高频电路，如振荡器、混频器的基础。形式 2 窄带放大器是以高频宽带集成放大器和选频电路（一般是集中滤波器）组成的，为满足一定放大器指标，宽带非谐振放大器可以由多级集成放大器构成，它具有增益高、性能稳定、调整简单等优点，它一般用在中放电路中，其放大信号的频率由滤波器决定，一般是不可以调的，随着集成电路技术的发展，形式 2 窄带放大器在高频放大电路中应用得也越来越多。

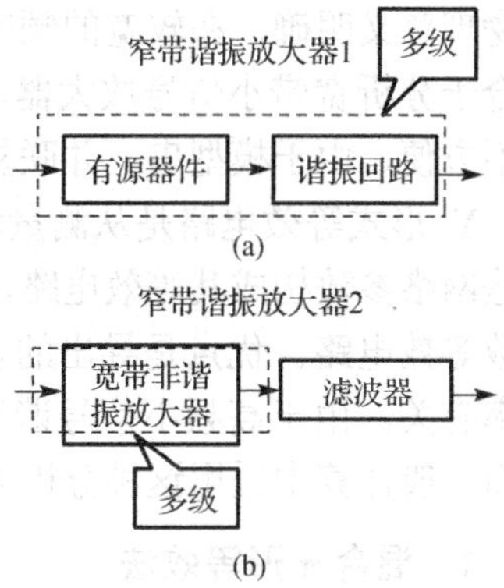

图 3.3.1　两种窄带放大器电路框图

本书重点讨论形式 1 窄带放大器的内容。

3.4　高频小信号调谐放大器原理与计算

高频小信号调谐放大器主要由放大器件和调谐回路两部分组成，不仅有放大作用，而且还有选频作用。本章讨论的高频小信号放大器一般工作在甲类状态，其作用是将微弱的有用信号进行线性放大，并滤除不需要的噪声和干扰信号。下面仅分析由晶体管和 LC 谐振回路组成的调谐放大器。

3.4.1　高频小信号调谐放大器典型电路

高频小信号调谐放大器电路由放大和选频两部分组成，其典型电路如图 3.4.1 所示。图中，C_1、R_1、R_2、VT_1、R_3、C_2 组成谐振放大器的放大电路，L、C 组成选频回路。

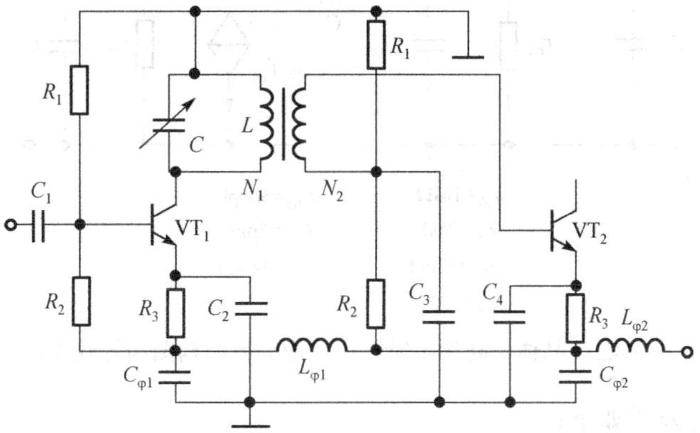

图 3.4.1　高频小信号调谐放大器典型电路

3.4.2 晶体管高频等效电路

小信号调谐放大器一般认为工作于线性状态，晶体管在高频线性运用时常采用两种等效电路进行分析：一种是物理模拟等效电路（混合π形等效电路法），另一种是形式等效电路（Y参数等效电路）。

前者是从模拟晶体管的物理特征出发，用集中参数元件 R，C 和受控源来表示管内的复杂关系，混合 π 形等效电路是高频电路中采用最多的物理模拟等效电路。优点是各元器件参数物理意义明确，在较宽的频带内元件值基本上与频率无关，因而混合 π 形等效电路法比较适合于分析宽带小信号放大器。缺点是等效模型参数随器件的不同而有不少差别，分析和测量不方便，由于模型串、并联复杂，计算不方便。

Y 形式等效电路是从测量和使用的角度出发，把晶体管作为一个有源线性双口网络，用一些网络参数构成其等效电路，因为高频放大器的负载为 LC 并联谐振回路，所以多采用 Y 参数等效电路。优点是导出的表达式具有普遍性意义，分析和测量方便。缺点是网络参数与频率有关。由于高频小信号谐振放大器相对频带较窄，一般仅需考虑谐振频率附近的特性，因而一般计算中采用这种分析方法较为合适。

1．混合 π 形等效法

图 3.4.2 是晶体管高频共射混合 π 形等效结构图和等效模型，图中各元器件名称及典型值范围如下。

$r_{bb'}$：基区体电阻，15～50Ω；

$r_{b'e}$：发射结电阻 r_e 折合到基极回路的等效电阻，几十 Ω 到几千 MΩ；

$r_{b'c}$：集电结电阻，10Ω～10kΩ；

R_{ce}：集电极-发射极电阻，几十 Ω 以上；

$C_{b'e}$：发射结电容，10pF 到几百 pF；

$C_{b'c}$：集电结电容，约几 pF；

G_m：晶体管跨导，几十 mS 以下。

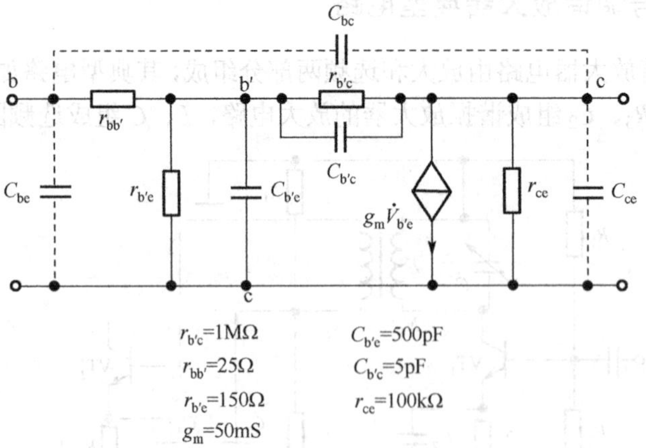

图 3.4.2 晶体管高频共射混合 π 形等效结构图和等效模型

与各参数有关的公式如下：

$$g_m = \frac{1}{r_e} \qquad r_e = \frac{kT}{qI_{EQ}} \approx \frac{26}{I_{EQ}}$$

$$r_{b'e} = (1+\beta_0) r_e \qquad C_{b'e} + C_{b'c} = \frac{1}{2\pi f_T r_e} \tag{3.4.1}$$

式中，k 是玻耳兹曼常数；T 是电阻温度（以热力学温度单位 K 计量）；I 是发射极静态电流（单位为 mA）；β_0 是晶体管低频短路电流放大系数；f_T 是晶体管特征频率。

确定晶体管混合 π 形参数可以先查阅手册，晶体管手册中一般给出电阻和电容等参数，然后根据式（3.4.1）可以计算出其他参数。注意各参数均与静态工作点有关，由于模型中电阻、电容串、并联连接，计算时较复杂，所以一般计算中采用 Y 参数等效法。

2. Y 参数等效法

（1）Y 参数等效模型

Y 参数等效法也称双口网络法，即把晶体管等效为一个具有两个端口的网络，如图 3.4.3 所示。所谓端口是指一对端钮，流入其中一个端钮的电流总是等于流出另一个端钮的电流。

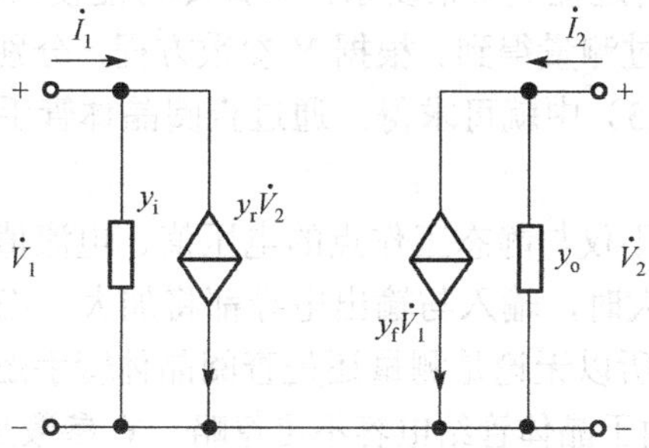

图 3.4.3　晶体管双口网络（Y 参数等效）模型

对于双口网络，在其每一个端口都只有一个电流变量和一个电压变量，因此共有 4 个端口变量。如设其中任意两个为自变量，其余两个为因变量，则共有 6 种组合方式，也就是有 6 组可能的方程用以表明双口网络端口变量之间的相互关系。Y 参数方程就是其中的一组，它是选取各端口的电压为自变量，电流为应变量（当选取端口的电流为自变量，电压为应变量时，称为 Z 参数方程，其他依此类推）。

（2）Y 参数方程

描述晶体管双端口网络的 Y 参数方程如下：

$$\begin{aligned} \dot{I}_1 &= y_{11}\dot{V}_1 + y_{12}\dot{V}_2 \\ \dot{I}_2 &= y_{21}\dot{V}_1 + y_{22}\dot{V}_2 \end{aligned} \tag{3.4.2}$$

式中，y_{11} 对应 y_i，y_{21} 对应 y_f，y_{12} 对应 y_r，y_{22} 对应 y_o，4 个参量均具有导纳量纲，且

$$\begin{aligned} y_{11} &= \left.\frac{\dot{I}_1}{\dot{V}_1}\right|_{\dot{V}_2=0} \qquad y_{21} = \left.\frac{\dot{I}_2}{\dot{V}_1}\right|_{\dot{V}_2=0} \\ y_{12} &= \left.\frac{\dot{I}_1}{\dot{V}_2}\right|_{\dot{V}_1=0} \qquad y_{22} = \left.\frac{\dot{I}_2}{\dot{V}_2}\right|_{\dot{V}_1=0} \end{aligned} \tag{3.4.3}$$

所以 Y 参数又称为短路导纳参数，即确定这 4 个参数时必须使某一个端口电压为零，也就是使该端口交流短路。现以共发射极接法的晶体管为例（共射接法时，Y 参数加下标 e），将其视为一个双口网络，如图 3.4.3 所示，相应的 Y 参数方程为

$$\begin{aligned}\dot{I}_b &= y_{ie}\dot{V}_{be} + y_{re}\dot{V}_{ce} \\ \dot{I}_c &= y_{fe}\dot{V}_{be} + y_{oe}\dot{V}_{ce}\end{aligned} \tag{3.4.4}$$

$$\begin{aligned} y_{ie} &= \left.\frac{\dot{I}_b}{\dot{V}_{be}}\right|_{\dot{V}_{ce}=0} \quad & y_{fe} &= \left.\frac{\dot{I}_c}{\dot{V}_{be}}\right|_{\dot{V}_{ce}=0} \\ y_{re} &= \left.\frac{\dot{I}_b}{\dot{V}_{ce}}\right|_{\dot{V}_{be}=0} \quad & y_{oe} &= \left.\frac{\dot{I}_c}{\dot{V}_{ce}}\right|_{\dot{V}_{be}=0}\end{aligned} \tag{3.4.5}$$

式中，y_{ie}、y_{re}、y_{fe}、y_{oe} 分别称为输入导纳、反向传输导纳、正向传输导纳和输出导纳。

图 3.4.3 中，受控源 $y_{re}V_2$ 表示输出电压对输入电流的控制作用（反向控制），$y_{fe}V_1$ 表示输入电压对输出电流的控制作用。y_{fe} 越大，表示晶体管的放大能力越强；y_{re} 越大，表示晶体管的内部反馈越强。反向传输导纳 y_{re} 的存在对实际工作带来很大危害，是谐振放大器不稳定甚至自激的根源，同时也使分析过程变得很复杂，因此尽可能使其减小或削弱它的影响。

晶体管的 Y 参数可以通过测量得到。根据 Y 参数方程，分别将输出端或输入端的交流电压和交流电流，代入式（3.4.5）中就可求得。通过查阅晶体管手册，也可得到各种型号的晶体管的 Y 参数。

需要注意的是，Y 参数不仅与静态工作点的电压值、电流值有关，而且是工作频率的函数。例如，当发射极电流增大时，输入与输出电导都将加大。当工作频率较低时，电容效应的影响逐渐减弱，y_{re} 较小。所以无论是测量还是查阅晶体管手册，都应注意工作条件和工作频率。显然，在高频工作时由于晶体管结电容不可忽略，Y 参数是一个复数，它是结电容等存在影响的结果，实际应用中，已知 π 模型的电容等参数，可以求出 Y 模型的参数，反之亦可。

由上面分析，高、低频模型本质区别如下。

（1）高频的 π 结构等效模型与低频小信号微变模型相比（低频小信号模型如图 3.4.4 所示），π 结构等效模型多了 PN 结结电容和结电阻变量，因为高频时其影响不能忽略；

（2）高频的 Y 参数等效模型与低频小信号微变模型相比，多了一个 y_{re} 参数，此参数代表晶体管高频工作时，不仅输入对输出有控制，输出也会使输入参数受到影响并改变。

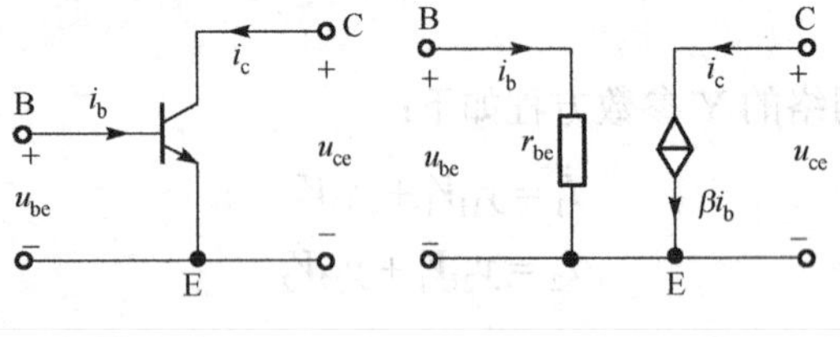

(a) 三极管　　(b) 三极管的微变等效电路

图 3.4.4　低频小信号模型

3.4.3　晶体管高频小信号电路参数计算

一般计算中，我们都采用 Y 参数等效模型，用 Y 参数等效的电路分析与计算如下，图 3.4.5 是共发射极接法的晶体管高频小信号放大器电路和等效通路。

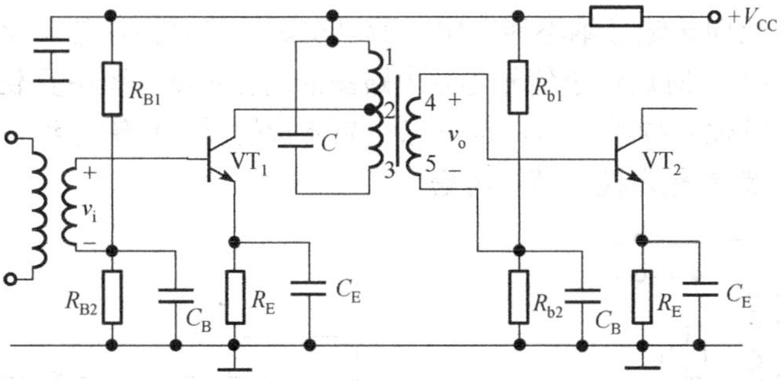

(a) 典型原理电路　　(b) 单节交流等效通路

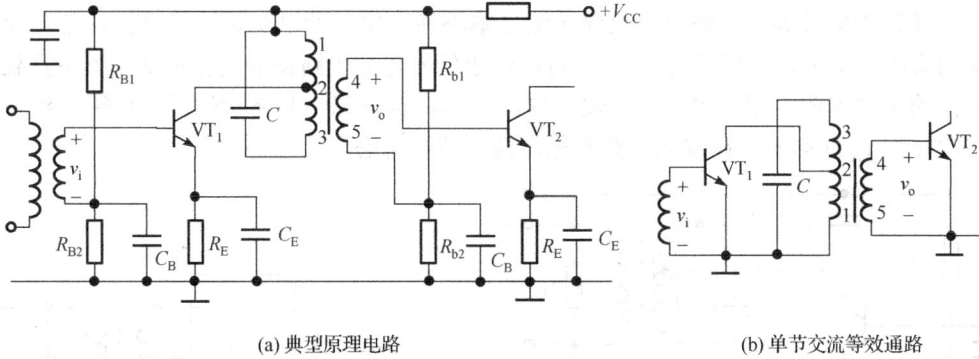

图 3.4.5　共发射极接法的晶体管高频小信号放大电路和等效通路

图 3.4.5(a)是一典型的高频调谐放大器的实际电路图，其直流偏置电路与低频放大器的电路完全相同，在模拟电路中已经讲述，这里简单复习。R_{B1}、R_{B2} 构成晶体管的分压式直流偏置电路，以保证晶体管工作在甲类状态；C_B 电容对高频旁路，电容值比低频放大器中小得多；部分接入的抽头振荡回路作为晶体管放大器的负载，为放大器提供阻抗变换的选频回路，此回路对输入信号 f_0 频率调谐，f_0 取决于选频回路 LC 参数，输入信号等于谐振频率 f_0 时，负载呈现大的阻抗，输入信号频率的电压最大程度地放大，而对其他频率的输入信号负载阻抗很小，因而其他频率信号受到抑制；振荡回路采用抽头连接，可以实现阻抗匹配，以提供晶体管集电极所需要的负载电阻，从而在负载（下一级晶体管的输入）上得到最大的电压输出。所以，选频回路的作用是实现选频滤波及阻抗匹配。

晶体管高频小信号放大电路参数计算步骤如下。

（1）高频小信号等效电路及简化

在小信号条件下，将处于放大区的晶体管用 Y 参数等效电路取代，如图 3.4.6 所示，得到小信号 Y 参数等效电路，由于计算时一般用 Y 参数模型等效，所以图 3.4.6 就称为高频小信号等效电路，不再加 Y 参数字样。

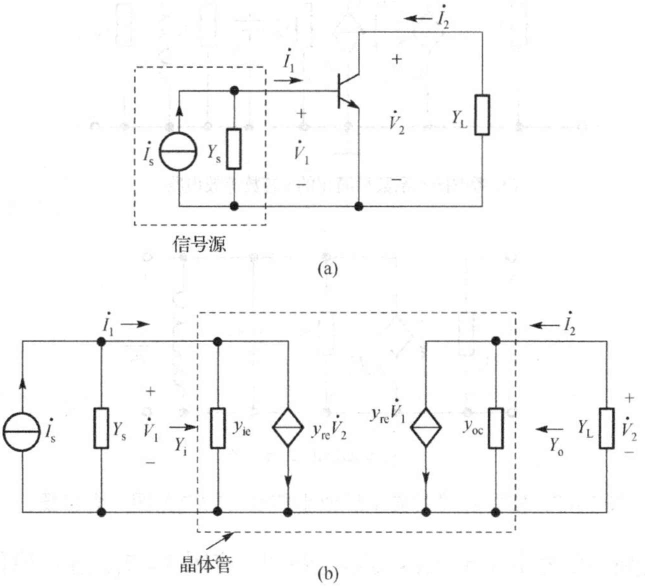

图 3.4.6　高频小信号等效电路

以上高频小信号等效电路中，反向传输导纳不能确定，所以实际计算时往往忽略反向传输导纳的影响。图 3.4.7 所示为实际计算时近似小信号等效电路图的简化步骤，图中负载为下一级相同的单调谐放大器，用晶体管输入导纳表示，这里忽略晶体管的反向传输导纳，具体反向传输导纳 y_{re} 的影响，在放大电路的稳定性一节再考虑。

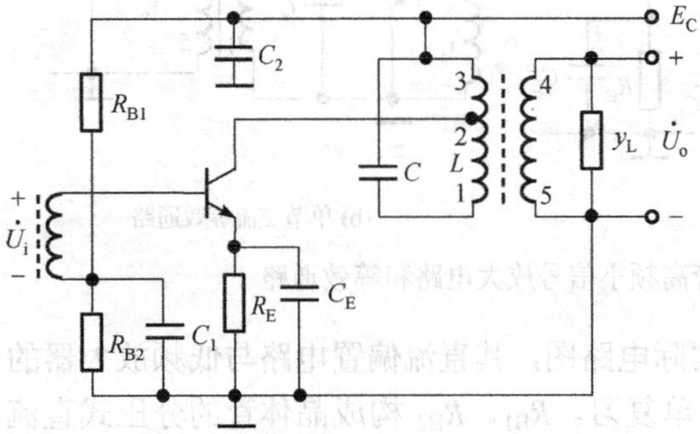

(a) 共射单调谐放大器

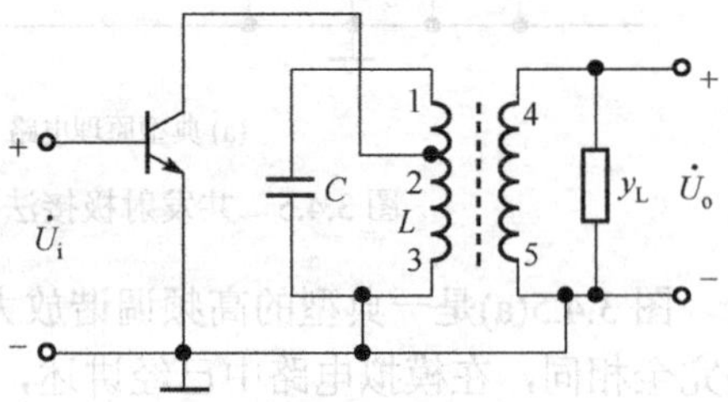

(b) 调谐放大器交流等效电路

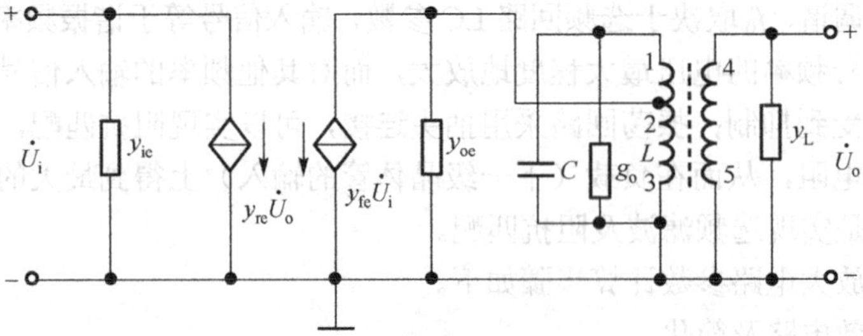

(c) 调谐放大器的Y参数等效电路

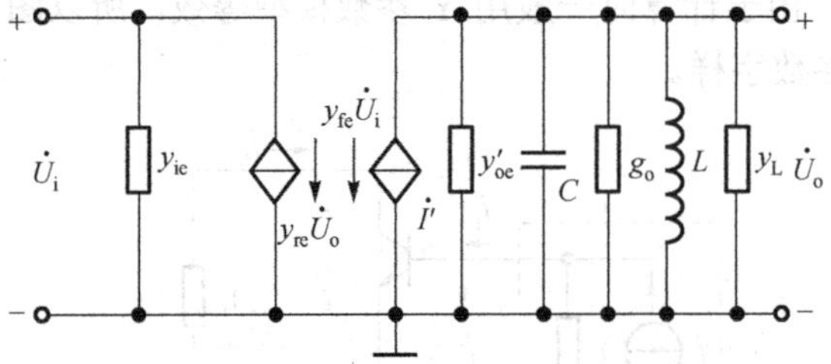

(d) 考虑接入系数后简化的Y参数等效电路

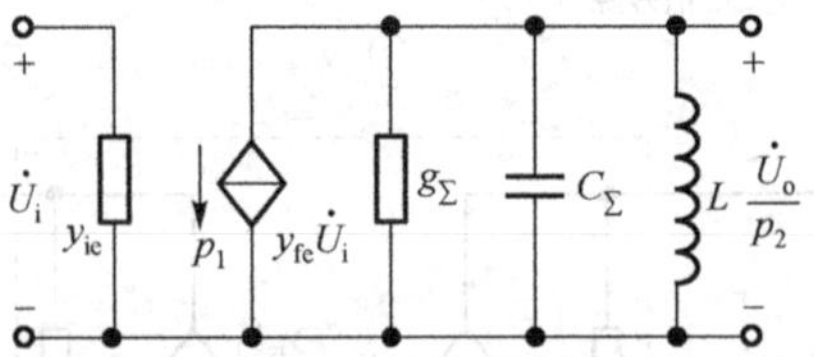

(e) 并项后的等效电路

图 3.4.7　实际计算时典型近似小信号等效电路图（含步骤）

图 3.4.7(a)为高频小信号调谐放大器实际电路图。将图 3.4.7(a)进行简化，得到其对应的交流通路电路图，如图 3.4.7(b)所示。借助 3.4.2 节介绍的晶体管 Y 参数等效模型，将图 3.4.7(b)

电路中的晶体管等效为 Y 参数双端口网络，得到高频小信号调谐放大电路的 Y 参数等效电路，如图 3.4.7(c)所示。利用部分接入情况下阻抗变换与电源变换关系，可以进一步将图 3.4.7(c)电路简化为图 3.4.7(d)电路，其中 R_{e0}（g_{e0}）为 LC 回路的固有谐振电阻（电导）。因为负载的接入系数为 $n_2=\dfrac{N_2}{N}$，晶体管的接入系数为 $n_1=\dfrac{N_1}{N}$，其中 N、N_1、N_2 分别为一次线圈（1、3 两端）的匝数，一次线圈中抽头 1、2 间的匝数，二次线圈的匝数，所以负载等效到回路两端的导纳为 $n_2^2 y_{ie}$，故

$$(y_{fe}\dot{V}_i)'=n_1 y_{fe}\dot{V}_i$$

$$y'_{oe}=n_1^2 y_{oe}=n_1^2 g_{oe}+j\omega n_1^2 C_{oe}$$

$$y'_{ie}=n_2^2 y_{ie}=n_2^2 g_{ie}+j\omega n_2^2 C_{ie}$$

$$\dot{V}'_o=\frac{1}{n_2}\dot{V}_o$$

（2）高频小信号放大电路指标分析

由图 3.4.7(b)可知

$$\dot{V}'_o=-(y_{fe}\dot{V}_i)'/y_\Sigma$$

式中，y_Σ 为负载 LC 回路的总导纳

$$\begin{aligned}y_\Sigma&=y'_{oe}+y'_{ie}+g_{e0}+j\omega C+\frac{1}{j\omega L}\\&=n_1^2 g_{oe}+j\omega n_1^2 C_{oe}+n_2^2 g_{ie}+j\omega n_2^2 C_{ie}+g_{e0}+j\omega C+\frac{1}{j\omega L}\\&=g_\Sigma+j\left(\omega C_\Sigma-\frac{1}{\omega L}\right)\end{aligned}$$

式中，$g_{e0}=\dfrac{1}{R_{e0}}=\dfrac{1}{Q_0}\sqrt{\dfrac{C}{L}}=\dfrac{1}{Q_0\omega_0 L}$ 为 LC 并联谐振回路的固有谐振电阻。

负载 LC 回路的总电导为

$$g_\Sigma=n_1^2 g_{oe}+n_2^2 g_{ie}+g_{e0} \tag{3.4.6}$$

负载 LC 回路的总电容为

$$C_\Sigma=n_1^2 C_{oe}\,//\,n_2^2 C_{ie}\,//\,C=n_1^2 C_{oe}+n_2^2 C_{ie}+C \tag{3.4.7}$$

因为 $\dot{V}_0=n_2\dot{V}'_0=-n_2 n_1 y_{fe}\dot{V}_i/y_\Sigma$

电压增益为

$$\dot{A}_v=\frac{\dot{V}_o}{\dot{V}_i}=\frac{-n_2 n_1 y_{fe}}{g_\Sigma+j\left(\omega C_\Sigma-\dfrac{1}{\omega L}\right)} \tag{3.4.8}$$

同时，整个 LC 回路的有载品质因数为

$$Q_e=\frac{\omega_0 C_\Sigma}{g_\Sigma}=\frac{1}{g_\Sigma\omega_0 L} \tag{3.4.9}$$

回路的谐振频率为

$$f_0=\frac{1}{2\pi\sqrt{LC_{\Sigma}}} \tag{3.4.10}$$

下面讨论电压增益的频率特性。当工作频率 f 在谐振频率附近时，式（3.4.8）可写成

$$\dot{A}_{\rm v}=\frac{\dot{V}_{\rm o}}{\dot{V}_{\rm i}}=\frac{-n_2n_1y_{\rm fe}}{g_{\Sigma}\left(1+{\rm j}Q_{\rm e}\dfrac{2\Delta f}{f_0}\right)} \tag{3.4.11}$$

式中，$2\Delta f$ 是工作频率对谐振频率的失谐。

谐振频率处，放大器的电压增益称为谐振电压增益，为

$$\dot{A}_{\rm v0}=\frac{\dot{V}_{\rm o}}{\dot{V}_{\rm i}}=\frac{-n_2n_1y_{\rm fe}}{g_{\Sigma}} \tag{3.4.12}$$

该电压增益的振幅值为

$$A_{\rm v0}=\frac{n_2n_1|y_{\rm fe}|}{g_{\Sigma}} \tag{3.4.13}$$

式（3.4.12）中的负号表示 180° 相位差。

结论：电压增益振幅值与晶体管参数、负载电导、接入系数及回路是否谐振有关，为了增大电压增益，应选 $y_{\rm fe}$ 大、g 小的晶体管。为使负载电导小，往往采用阻抗变换电路。由于品质因数、通频带等互相影响，所以设计电路时应全面考虑，选取最佳值。

实际放大器的设计要在满足通频带和选择性的前提下，尽可能提高电压增益。放大器的增益带宽积公式如下：

$$A_{\rm v0}{\rm BW}_{0.7}=\frac{n_1n_2y_{\rm fe}}{2\pi C_{\Sigma}} \tag{3.4.14}$$

下面将对增益带宽积进行推导。

与选频回路一样，选频放大器具有频率特性，放大器电压增益的归一化表达式称为单位谐振函数，表示为

$$N({\rm j}f)=\frac{\dot{A}_{\rm v}}{\dot{A}_{\rm v0}}=\frac{1}{1+{\rm j}Q_{\rm e}\dfrac{2\Delta f}{f_0}}$$

其中幅频特性表达式为

$$N(f)=\frac{1}{\sqrt{1+\left(Q_{\rm e}\dfrac{2\Delta f}{f_0}\right)^2}}$$

放大器的通频带公式为

$${\rm BW}_{0.7}=2\Delta f_{0.7}=\frac{f_0}{Q_{\rm e}}$$

由该式可知，Q_e 越高，放大器的通频带越窄，反之越宽。可得放大器的增益带宽积为

$$A_{v0}BW_{0.7}=\frac{n_1 n_2 y_{fe}}{2\pi C_{\Sigma}} \tag{3.4.15}$$

这就是说，当晶体管选定、电路元件参数确定后，放大器的增益带宽积为一个常量，放大器的谐振电压增益只取决于回路的总电容和通频带的乘积，电容越大，通频带愈宽，则增益愈小。

因此，要想既得到高的增益，又保证足够宽的通频带，除了选用 y_{fe} 较大的晶体管外，还应该尽量减小谐振回路的总电容量，但也不能很小。因为总电容是由电路的固有电容和外加电容组成的，如晶体管的输出电容、下级晶体管的输入电容、电感线圈的分布电容及安装电容等这些固有电容都是不稳定的，会引起谐振曲线不稳定，使通频带改变。

放大器的选择性同选频电路一样用矩形系数表示，单调谐回路放大器矩形系数一般为 9.96，其值远大于 1，谐振曲线和矩形相差较远，频率选择性较差，一般用双调谐回路等改善，这里不再重复。

【例 3.4.1】 在图 3.4.8 中，已知工作频率 $f_0=30\text{MHz}$，$V_{CC}=6\text{V}$，$I_{EQ}=2\text{mA}$。晶体管采用 3DG47 型 NPN 高频管，其 Y 参数在上述工作条件和工作频率处的数值如下：

$$g_{ie}=1.2\text{mS}，C_{ie}=12\text{pF}；g_{oe}=400\mu\text{S}，C_{oe}=95\text{pF}$$
$$|y_{fe}|=58.3\text{mS}，\varphi_{fe}=-22^\circ；|y_{re}|=310\mu\text{S}，\varphi_{re}=-88.8^\circ$$

回路电感 L=14μH，接入系数 n_1=1，n_2=0.3，回路空载品质因数 Q_0=100，负载是另一级相同的放大器。求放大器的谐振电压增益、通频带，且回路电容 C 取多少时回路谐振？

解： 先画出交流等效电路和小信号等效电路图，如图 3.4.9 所示。

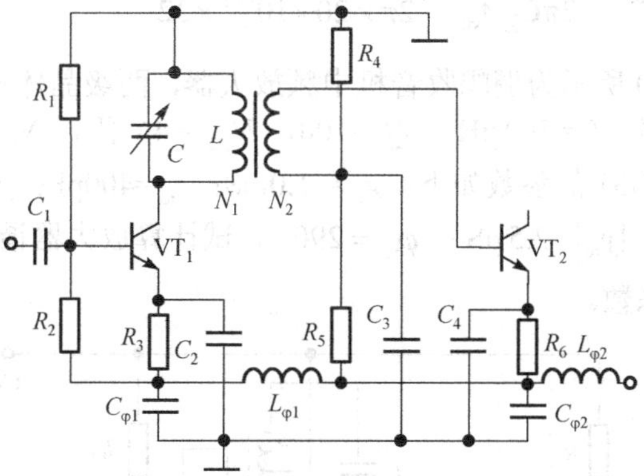

图 3.4.8　例 3.4.1 电路

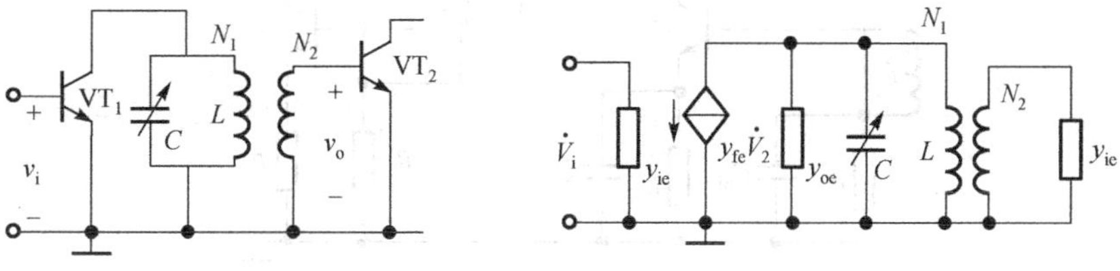

图 3.4.9　交流等效电路和小信号等效电路图

在本小信号等效图中，未考虑反向传输导纳的影响，严格意义上它是近似小信号等效电路。

$$R_{e0} = Q_0\omega_0 L = 100\times 2\pi\times 30\times 10^6\times 1.4\times 10^{-6}\approx 26\text{k}\Omega$$

$$g_{e0} = \frac{1}{R_{e0}} = \frac{1}{26}\times 10^{-3}\text{S} = 3.85\times 10^{-5}\text{S}$$

回路总电导

$$\begin{aligned} g_\Sigma &= g_{e0} + n_1^2 g_{oe} + n_2^2 g_{ie} \\ &= 0.0385\times 10^{-3}\text{S} + 0.4\times 10^{-3}\text{S} + 0.3^2\times 1.2\times 10^{-3}\text{S} \\ &= 0.55\times 10^{-3}\text{S} \end{aligned}$$

电压增益为

$$A_{v0} = \frac{n_2 n_1 |y_{fe}|}{g_\Sigma} = \frac{1\times 0.3\times 58.3}{0.55}\approx 32$$

回路总电容为

$$C_\Sigma = \frac{1}{(2\pi f_0)^2 L} = \frac{1}{(2\pi\times 30\times 10^6)^2\times 1.4\times 10^{-6}}\text{F}\approx 20\text{pF}$$

故外加电容 C 为

$$C = C_\Sigma - n_1^2 C_{oe} - n_2^2 C_{ie} = 20\text{pF} - 9.5\text{pF} - 0.3^2\times 12\text{pF}\approx 9.4\text{pF}$$

通频带为

$$\text{BW}_{0.7} = \frac{n_1 n_2 |y_{fe}|}{2\pi C_\Sigma A_{v0}} = \frac{0.3\times 58.3\times 10^{-3}}{2\pi\times 20\times 10^{-12}\times 32}\text{Hz}\approx 4.35\text{MHz}$$

【例 3.4.2】 图 3.4.10 所示为调幅收音机中频放大器，两级晶体管均为 3AG31，调谐回路为 TTF-2-3 型中频变压器，L =560 μH，Q_o=100，$N_{1\text{-}2}$ = 46 匝，$N_{1\text{-}3}$ = 162 匝，$N_{4\text{-}5}$=13 匝，工作频率为 465kHz。3AG31 的参数如下：g_{ie} = 1.0mS；c_{ie} =400pF；g_{oe} =110 μS；c_{oe} = 62pF；$|y_{fe}|$=28mS；φ_{fe} = 340°；$|y_{re}|$=2.5 μS；φ_{re} = 290°。试计算放大器谐振时的：（1）电压增益；（2）通频带；（3）矩形系数。

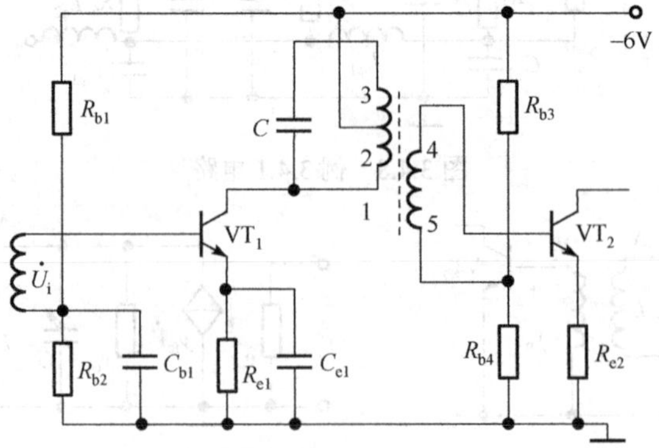

图 3.4.10 例 3.4.2 图

解： 放大器电路中阻抗变换网络的接入系数为

$$p_1=\frac{N_{1-2}}{N_{1-3}}=\frac{46}{162}=0.28$$

$$p_2=\frac{N_{4-5}}{N_{1-3}}=\frac{13}{162}=0.08$$

因为 $Q_0=\dfrac{1}{\omega_0 L g_0}$，则有

$$g_0=\frac{1}{\omega_0 L Q_0}=\frac{1}{2\pi\times465\times10^3\times560\times10^{-6}\times100}=6.12\times10^{-6}\text{S}$$

（1）放大器谐振时的电压增益为

$$A_{v0}=\frac{p_1p_2|y_{fe}|}{g_\Sigma}=\frac{p_1p_2|y_{fe}|}{p_1^2g_{oe}+p_2^2g_{ie}+g_0}$$
$$=\frac{0.28\times0.08\times28\times10^{-3}}{0.28^2\times110\times10^{-6}+0.08^2\times1\times10^{-3}+6.12\times10^{-6}}=\frac{0.63\times10^{-3}}{21\times10^{-6}}=30$$

有载品质因数为

$$Q_L=\frac{1}{\omega_0 L g_\Sigma}=\frac{1}{2\pi\times465\times10^3\times560\times10^{-6}\times21\times10^{-6}}=29$$

（2）通频带为

$$\text{BW}=\frac{f_0}{Q_L}=\frac{465\times10^3}{29}=16\text{kHz}$$

（3）矩形系数

$$\text{Kr}_{0.1}=\sqrt{10^2-1}=9.95$$

从对单管单调谐放大器的分析可知，其电压增益取决于晶体管参数，所以增益受到一定的限制。如果要进一步增大电压增益，可采用多级放大器。

多级放大器级联，其总电压增益为

$$A_n=A_{v1}A_{v2}\cdots A_{vn} \tag{3.4.16}$$

若每一级参数均相同，则

$$A_{n0}=\left(\frac{n_1n_2|y_{fe}|}{g_\Sigma}\right)^n \tag{3.4.17}$$

n 级放大器的通频带

$$(\text{BW}_{0.7})_n=(2\Delta f_{0.7})_n=\sqrt{2^{\frac{1}{n}}-1}\,\frac{f_0}{Q_e}=\sqrt{2^{\frac{1}{n}}-1}\cdot\text{BW}_{0.7} \tag{3.4.18}$$

级联的放大器级数越多，总增益越大，但通频带越窄。换句话说，当多级放大器带宽确定后，级数越多，要求每一级的带宽越宽。

3.5 高频小信号调谐放大器的稳定性

上面所讨论的放大器都是假定工作于稳定状态的，即输出电路对输入端没有影响，或者说，晶体管是单向工作的，输入可以控制输出，而输出不影响输入。但实际上，晶体管存在反向输入导纳 y_{re}。那么 y_{re} 的存在将对电路造成何种影响呢？

3.5.1 晶体管内部反馈 y_{re} 的影响

1. 放大器调试困难

由于晶体管的集电极和基极之间存在结电容，使 y_{re} 存在，从而形成内部反馈，而且随着工作频率的升高，这种反馈越来越强。内部反馈使放大器的输入和输出导纳分别与负载及信号源导纳有关，在调整输出回路时，放大器的输入端就受到影响，进而输出电路的调谐和匹配又发生了影响，因此调整工作需要反复进行多次。

2. 放大器工作不稳定

晶体管内部反馈的另一有害影响是使放大器的工作不稳定，因为放大后的输出电压通过反向传输导纳，把一部分信号反馈到输入端，尽管可能仅是很小一部分，但由于放大后的信号比输入信号大得多，所以反馈电压不可以忽略不计，它回到输入端以后，又由晶体管再加以放大，再通过输出反馈到输入端，如此循环不止。在条件合适时，放大器甚至不需要外加信号，也能够产生自激振荡，这时，正常的放大作用就被破坏。而且由于内部反馈随频率而不同，它对于某些频率可能是正反馈，而对另一些频率则是负反馈，反馈的强弱也不完全相等，这样，某一频率的信号分量可能受到削弱，输入减小，其结果是使放大器的频率特性受到影响，通频带和选择性都有所改变，晶体管内部负反馈对频率特性的影响如图 3.5.1 所示，这是我们不希望的。

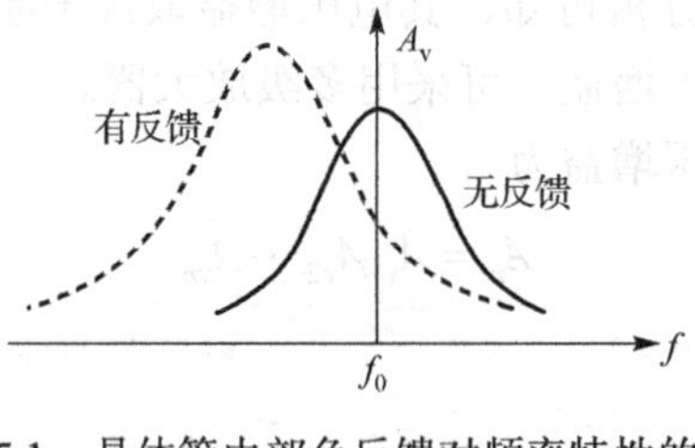

图 3.5.1 晶体管内部负反馈对频率特性的影响

3.5.2 解决的方法

欲解决上述问题，有两种方法。一种方法是从晶体管本身想办法，使反向传输导纳减小。因为反向传输导纳主要取决于集电极和基极间的电容，设计晶体管时应使其尽量减小。由于晶体管制造工艺的进步，这个问题已得到较好的解决。另一种方法是在电路上想办法把 y_{re} 的作用减小或抵消。也就是说，从电路上设法消除晶体管的反向传输作用，使它变为单向器件。单向化的方法有两种，即中和法和失配法。

1. 中和法

这种方法是在放大器的电路中插入一个外加的反馈电路来抵消内部反馈的影响，称为中和。这相当于减小了晶体管的 y_{re}，放大器可以稳定地工作，但由于不同频率的 y_{re} 不一样，所以中和法往往只对部分频段有效。

中和法的原理如图 3.5.2 所示，外加导纳接在输出和输入之间，作为中和元件，这相当于减小了晶体管的 y_{re}，完全中和时，等效反向传输导纳等于零。

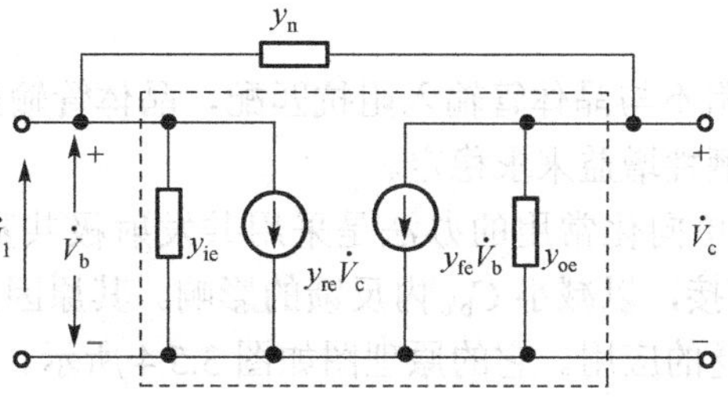

图 3.5.2　中和法原理示意图

由图可知：

$$y_{ren} = \left.\frac{\dot{I}_1}{\dot{V}_c}\right|_{\dot{V}_b=0} = y_{re} - y_n \tag{3.5.1}$$

理想情况时，y_{re} 等于 y_n，即无输入信号时，输入端中无电流，此时称为完全中和，晶体管内部反馈全部抵消。

此时，晶体管输入导纳将与输出电路无关，晶体管处于稳定状态。必须指出的是，y_{re} 与工作频率有关，为了在所有频率下使 y_{ren}=0，必须使 y_n 与 y_{re} 的频率特性相同，才能实现放大电路真正的单向化，使输入完全不受输出的影响。但是，要在所有频率段使 y_n 与 y_{re} 一样是不可能的，实际电路中只能在一个或一段频率点起到中和作用。

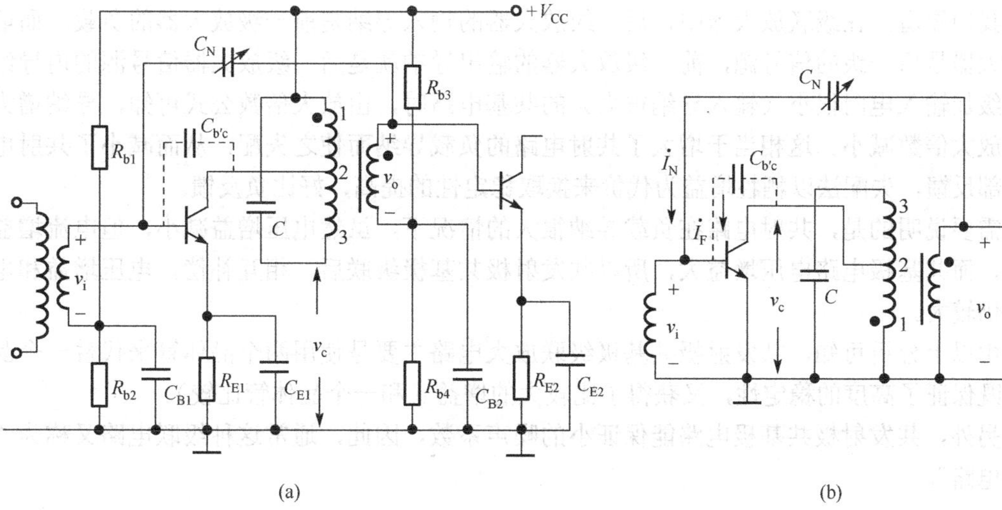

图 3.5.3　放大器的典型中和电路

图 3.5.3 是放大器的典型中和电路，它的工作原理是集电极电压通过晶体管基极与集电极间的结电容把反馈电流注入基极，为了抵消这个电流，在回路二次绕组至基极之间插入中和

电容 C_N，这样又有一反馈电流从输出端反馈到放大器的基极。连接绕组接线时同名端如图 3.5.3(b)所示，这样流入基极的这两个电流互相抵消，放大器的输出对输入的影响就消除了。

由于中和法只能在一个频段满足实际需要，另由于晶体管集电极至基极的内部反馈电路并不是一个纯电容，而是具有一定的电阻分量，所以中和电路也应是由电阻与电容构成的网络，这使设计和调整都比较麻烦，仅在收音机中或集成电路中采用这种办法，而一些要求较高的通信设备大多不再用中和电路，而是采用失配法。

2. 失配法

失配法是指信号源内阻不与晶体管输入阻抗匹配，晶体管输出端的负载阻抗不与本级晶体管的输出阻抗匹配，以牺牲增益来求稳定。

用失配法实现晶体管单向化常用的办法是采用共发射极共基极级联电路组成调谐放大器，采用共射-共基混合连接，以减小 $C_{b'c}$ 内反馈的影响。其原因是共基电路输入电阻很小，其稳定性较高，得到了广泛的应用。它的原理图如图 3.5.4 所示。

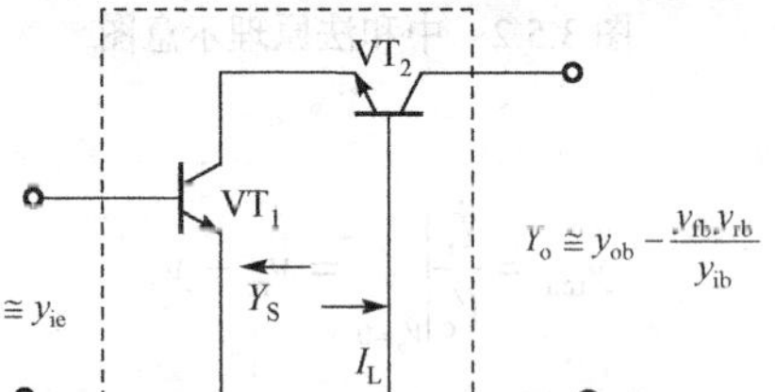

图 3.5.4 共发射极共基极级联的复合管

基于前面的分析，放大器的放大增益为

$$A_{vo} = \frac{V_{o0}}{V_i} = \frac{n_1 n_2 |y_{fe}|}{g_\Sigma}$$

我们知道，在级联放大器中，后一级放大器的输入导纳是前一级放大器的负载，而前一级放大器是后一级的信号源，前一级放大器的输出导纳就是后一级放大器信号源的内导纳，当后级加输入电阻很小（输入导纳很大）的共基电路时，由放大倍数公式可知，导纳增大，电路放大倍数减小。这相当于增大了共射电路的负载导纳而使之失配，从而减小了共射电路的内部反馈，失配法以牺牲增益为代价来换取稳定性的提高，好比负反馈。

需要说明的是，共射电路在负载导纳很大的情况下，虽然电压增益减小，但电流增益仍较大，而共基极电路电压增益大，所以共发射极共基极级联后，相互补偿，电压增益和电流增益仍较大。

由以上分析可知，共发射极共基极级联放大电路主要是使用两个晶体管来代替一个晶体管，既保证了高度的稳定性，又获得了比较大的增益（和一个晶体管比较）。

另外，共发射极共基极电路能保证小的噪声系数，因此，通常这种级联电路又称为“低噪声电路”。

3.6 晶体管的高频参数

由前面的高频等效模型知道，工作频率提高时，晶体管的结电容效应增加，内部反馈增加，这个内部的反馈一般使放大倍数下降，并造成放大电路的不稳定，也就是说，晶体管的放大倍数会随着频率的提高而下降。

f 变化时，β 变化，即放大特性随 f 变化，表述其放大特性随频率变化的参数称为高频参数，包含截止频率 f_β、特征频率 f_T、最高振荡频率 f_{max}。

1. 截止频率 f_β

β 下降到低频值 β_0 的 $\frac{1}{\sqrt{2}}$ 时所对应的频率称为截止频率。由于 β_0 都大于 1，假设 β_0 为 20，则截止频率时对应的 β 值为 14。

$$\dot{\beta}=\frac{\beta_0}{1+\mathrm{j}\frac{f}{f_\beta}} \qquad \beta=\frac{\beta_0}{\sqrt{1+\left(\frac{f}{f_\beta}\right)^2}}$$

2. 特征频率 f_T

$\beta=1$ 时所对应的频率称为特征频率。当 $f>f_T$ 后，共发射极接法的晶体管将不再有电流放大能力，但仍可能有电压增益，所以功率增益还应该大于 1。

3. 最高振荡频率 f_{max}

晶体管的功率增益 $G_P=1$ 时对应的频率称为最高振荡频率。$f \geqslant f_{max}$ 后，$G_P<1$，晶体管已经不能得到功率放大，一般认为此时放大器不起放大作用。

上述高频参数示意图如图 3.6.1 所示，其大小关系为 $f_{max}>f_T>f_\beta$。

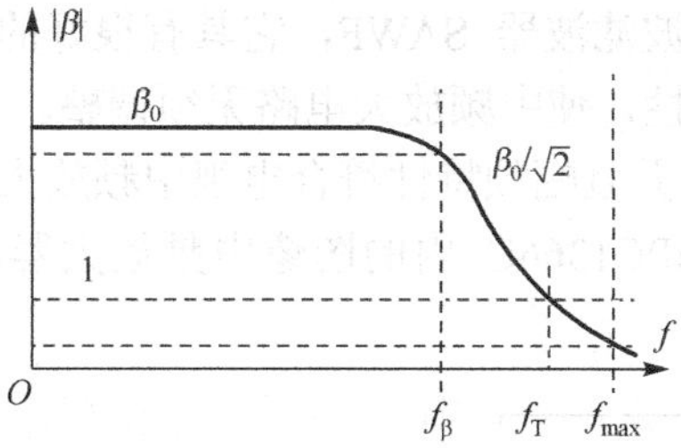

图 3.6.1　高频参数示意图

小结：高频参数包括截止频率、特征频率、最高振荡频率，表示晶体管放大倍数会随着频率而改变，频率越高，放大增益越小，在选用放大管时，一般选其工作频率在截止频率的 0.7 倍以内，即如果截止频率为 1000MHz，则工作频率上限为 700MHz。

3.7　高频集成放大器

上述调谐放大器虽然应用较广，但也存在以下一些缺点：增益和稳定性有矛盾；多级放大器回路多，调谐不方便；回路直接与有源器件连接，频率特性常会受到晶体管参数及工作点变化的影响等。随着电子技术的发展，出现越来越多的高频线性集成电路，有的宽带运算放大器的带宽可达几个 GHz，专用的高频集成放大器在一二百 MHz，可以得到 40dB 增益，在几十 MHz 带宽上可以得到 50dB 以上增益。因此，在许多新设计的无线电设备中，越来越广泛地采用高频集成放大器。

高频集成放大器框图如图 3.7.1 所示，高频放大集成电路一般和集中选频滤波器构成高频选频放大，单个回路（不管是单调谐还是双调谐）通常难以满足高增益放大器的选频要求，因此集成选频放大器通常都采用前面讨论的集中滤波器作为选频电路，比如采用晶体滤波器、陶瓷滤波器或声表面波滤波器，由于集中滤波器的频率固定，所以此类集成选频放大器适用于固定频率的选频放大器，接收器的中放就是它的典型应用。为了使选频频率可调，有时也采用前后两个分立的选频回路。例如，对于集成宽带放大器 MC1590 构成的选频放大器，只需要在 MC1590 的输入、输出各加一谐振回路，如图 3.7.2 所示。

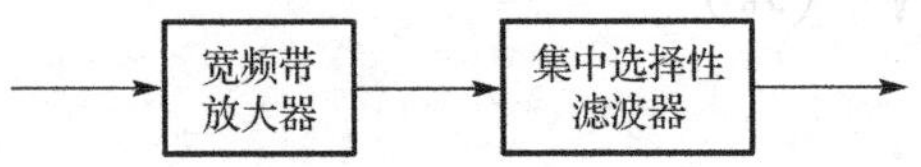

图 3.7.1　高频集成放大器框图

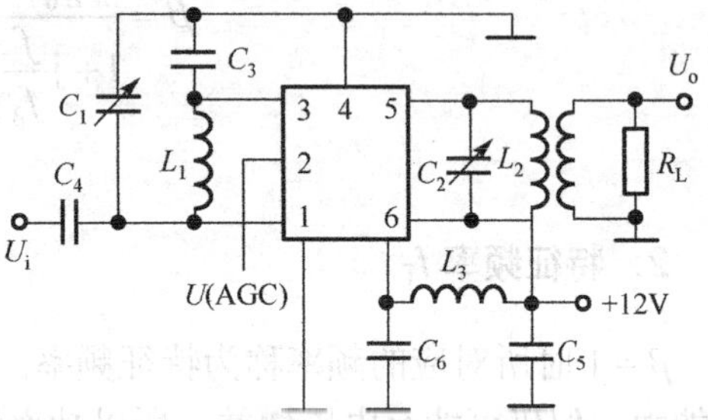

图 3.7.2　由 MC1590 构成的选频放大器连接图

图 3.7.3 所示为典型的图像中频放大电路原理图（这里的中频是超外差接收机电路中的概念，信号实际属于高频信号范畴），图像中频放大电路包括 3 个部分：①前置补偿放大器；②声表面波中频滤波器 SWAF；③μPC1366C 集成电路的图像中放部分。由高频头送来的中频信号在晶体管 VT（3DG1674）进行预中放，以补偿采用声表面波滤波器造成的插入损耗。VT 放大后的中频信号送至声表面波滤波器 SAWF，它具有很好的选择性和较宽的频带宽度，由它确定了中频放大器的幅频特性，使中频放大电路无须调整。由 SAWF 选出的中频信号频率为 38MHz，频带宽为 8MHz，并且幅频特性符合电视中频放大器的要求。中频信号经 SAWF 滤波后由 8 脚和 9 脚送入 μPC1366C 内的图像中频放大器，经放大获得足够增益后送至 μPC1366C 内的视频检波器。

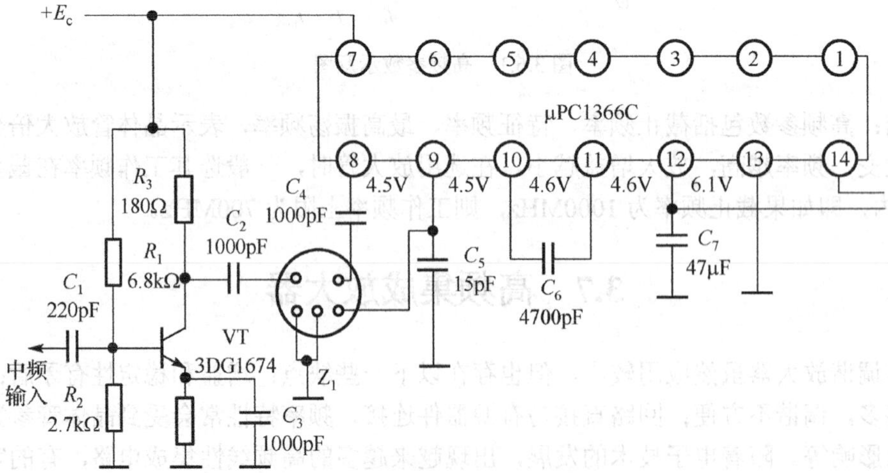

图 3.7.3　图像中频放大电路原理图

高频放大集成电路和集中选频滤波都是由专门单位设计生产的，这里不进行详细分析，对于集成选频放大器，设计人员只需正确选用和连接它，选用时重点要考虑其频率上、下限及增益和噪声，这就大大简化了放大器的设计和调整，从而缩短了线路和设备的设计和制作周期。

3.8　实验一：实际高频小信号放大电路举例

小信号谐振放大器是通信接收机的前端电路，主要用于高频小信号或微弱信号的线性放大和选频。单调谐回路谐振放大器原理电路如图 3.8.1 所示。图中，R_{b1}、R_{b2}、R_e用以保证晶体管工作于放大区域，从而放大器工作于甲类。C_e是R_e的旁路电容，C_b、C_c是输入、输出耦合电容，L、C是谐振回路，R_c是集电极（交流）电阻，它决定了回路的Q值、带宽。为了减小晶体管集电极电阻对回路Q值的影响，原理图采用了部分回路接入方式。

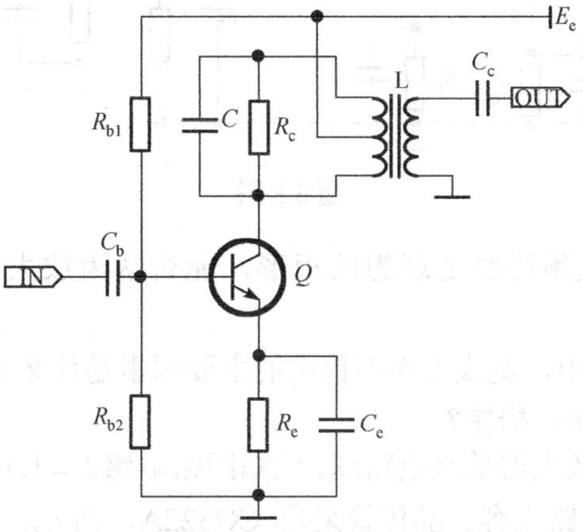

图 3.8.1　高频小信号放大电路原理图

图 3.8.2 所示为一个实际的工作频率为 3.5MHz 的高频小信号放大电路，读者可以自己搭接实验电路。

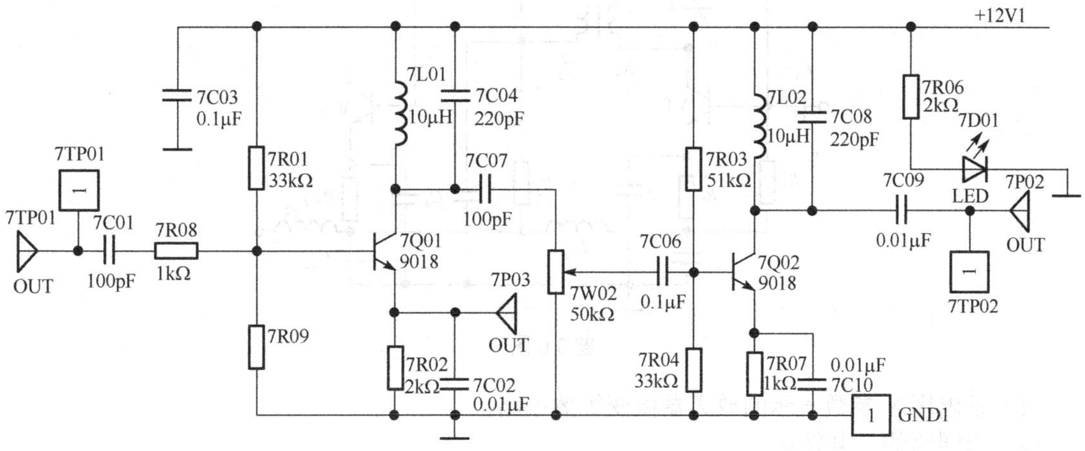

图 3.8.2　实际高频小信号放大电路

思考题与习题

3.1 试用矩形系数说明选择性与通频带的关系。

3.2 在工作点合理的情况下，高频的三极管能否用不含结电容的小信号等效电路等效？为什么？

3.3 题3.3图中，接入系数 n_1、n_2 对小信号谐振放大器的性能指标有何影响？

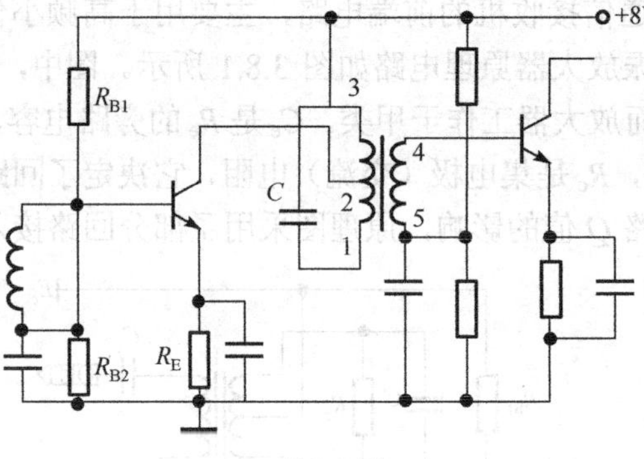

题3.3图

3.4 如若放大器的选频特性是理想的矩形，能否认为放大器能够滤除全部噪声？为什么？

3.5 高频谐振放大器中，造成工作不稳定的主要因素是什么？它有哪些不良影响？为使放大器稳定工作，应采取哪些措施？

3.6 题3.6图是中频放大器单级电路图。已知回路电感 $L=1.5\mu H$，$Q_0=100$，$N_1/N_2=4$，$C_1\sim C_4$ 均为耦合电容或旁路电容。晶体管采用 CG322A，当 $I_{EQ}=2mA$，$f_0=30MHz$，测得 Y 参数如下：$y_{ie}=(2.8+j3.5)mS$，$y_{re}=(-0.08-j0.3)mS$，$y_{fe}=(36-j27)mS$，$y_{oe}=(0.2+j2)mS$。

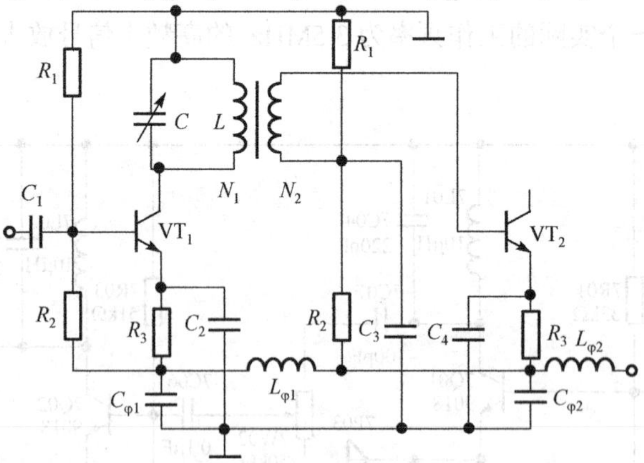

题3.6图

（1）画出用 Y 参数表示的放大器微变等效电路；

（2）求回路的总电导 g_Σ；

（3）求回路总电容 C_Σ 的表达式；

（4）求放大器的电压增益 A_{v0}；

（5）当要求该放大器通频带为 10MHz 时，应在回路两端并联多大的电阻？

3.7　三级相同的单调谐中频放大器级联，工作频率为 450kHz，总电压增益为 60dB，总带宽为 8kHz，求每一级的增益、3dB 带宽和有载 Q_e 值。

3.8　设有一级单调谐中频放大器，其通频带为 4MHz，增益为 10，如果再用一级完全相同的中频放大器与之级联，这时两级中放的总增益和通频带各是多少？若要求级联后的总频带宽度为 4MHz，每级放大器应该怎样改动？改动后的总增益为多少？

3.9　三级单调谐放大器，三个回路的中心频率为 465 kHz，若要求总的带宽 8 kHz，求每一级回路的 3dB 带宽和回路有载品质因数 Q_e。

3.10　题 3.10 图是典型的小信号调谐放大器，问：

（1）回路的谐振频率 f_0 与哪些参数有关？如何判断谐振回路处于谐振状态？

（2）为什么说提高电压放大倍数 A_{v0} 时，通频带 $2\Delta f_{0.7}$ 会减小？可以采取哪些措施提高放大倍数 A_{v0}？可以采取哪些措施使 $2\Delta f_{0.7}$ 加宽？

（3）在调谐 LC 谐振回路时，对放大器的输入信号有何要求？如果输入信号过大，会出现什么现象？

（4）影响小信号调谐放大器不稳定的因素有哪些？

（5）谐振回路的接入系数对放大器的性能有哪些影响？

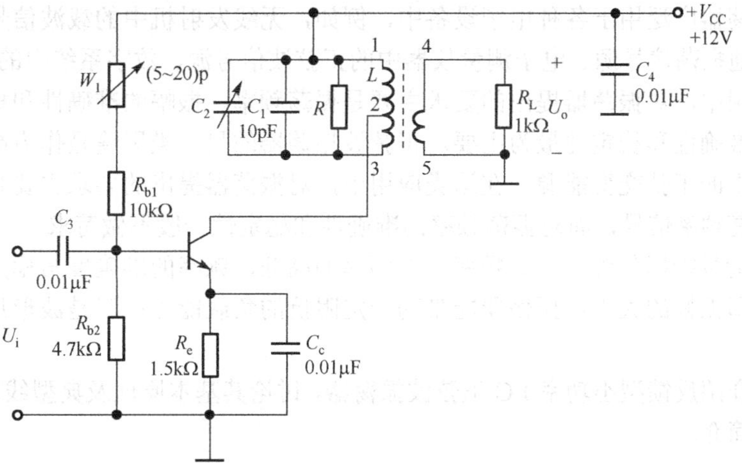

题 3.10 图

第 4 章

正弦波振荡器

不需输入控制信号，自身能将直流电源的能量转换为特定频率和振幅的交变能量的器件称为振荡器，振荡器在这里表示能自我振荡产生信号的意思。

根据振荡器所产生的波形，可以把振荡器分为正弦波振荡器和非正弦波振荡器；按照振荡器电路中选频网络的器件，可以把振荡器分为 LC 振荡器和 RC 振荡器；按振荡器组成原理，可以将振荡器分为利用正反馈原理构成的反馈型振荡器和由负阻器件构成的负阻型振荡器。负阻型振荡器是在电路中引入一个具有负阻特性的器件，使之等效电阻刚好与电路的损耗电阻大小相等，相互抵消，以获得一个等幅的正弦振荡。反馈型振荡器是目前应用最广的一类振荡器。

正弦波振荡器广泛用于各种电子设备中，例如，无线发射机中的载波信号源、超外差式接收机中的本地振荡信号源、电子测量仪器中的正弦波信号源、数字系统中的时钟信号源等。

在这些应用中，对振荡器提出的要求主要是振荡频率、振幅的准确性和稳定性，其中尤以振荡频率的准确性和稳定性最为主要。正弦波振荡器的另一类用途是作为高频加热设备和医用电疗仪器中的正弦交变能源。在这类应用中，对振荡器提出的要求主要是产生足够大的正弦交变功率高频率信号，而对振荡频率的准确性和稳定性一般不做苛求。

振荡器的衡量指标包含：一是频率，即频率的高低，频率的准确度与稳定度；二是振幅和输出功率，即振幅的大小，振荡器能带动一定阻抗的负载能力；三是波形形状及波形的失真和稳定。

本章主要介绍反馈型小功率 LC 正弦波振荡器，讨论其基本原理及典型线路，最后对负阻型振荡器进行简介。

4.1 反馈型振荡器的基本原理

4.1.1 振荡的产生

一般的自由振荡都是阻尼振荡，即一个振幅按指数规律衰减的正弦振荡，阻尼振荡波形如图 4.1.1 所示。

RLC 谐振回路中自由振动振幅衰减（产生阻尼振荡）的原因在于损耗电阻的存在，若回路无损耗，即 $R_{e0}\to\infty$，则衰减系数 $\alpha\to 0$，回路两端电压变化将是一个等幅正弦振荡。

无损耗的回路理论上是不存在的，但如果采用正反馈的方法，不断地适时给回路补充能量，使之刚好与 R_{e0} 上损耗的能量相等，那么就可以获得等幅的正弦振荡，这就是反馈型振荡器。

反馈型振荡器的振荡波形示意图如图 4.1.2 所示。

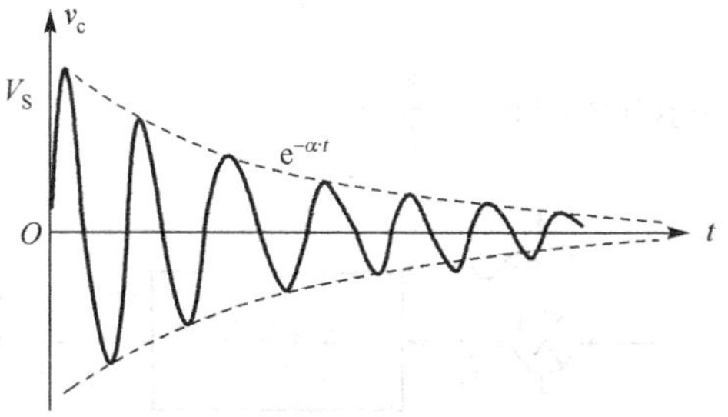

图 4.1.1　阻尼振荡波形示意图

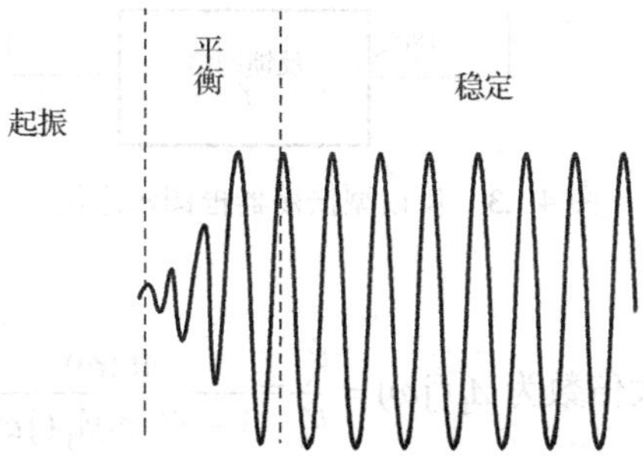

图 4.1.2　反馈型振荡器振荡波形示意图

以上振荡过程可以分为三个阶段：起振、平衡和稳定阶段。起振指信号从小到大的过程，平衡指信号从逐渐变大到保持不变的过程，稳定指平衡以后，当外界因素改变，输出仍然保持不变的过程。

从图中可以看出，为了正常振荡，三个阶段均有一定要求。

（1）起振要求：接通电源后能够从无到有、从小到大地建立起具有某一固定频率的正弦波输出。

（2）平衡要求：振荡器在信号幅度变大到一定程度后能进入稳态，并维持一个等幅连续的振荡。

（3）稳定要求：当外界因素发生变化时，电路的稳定状态不受到破坏。

由以上要求，可以得到振荡器电路起振、平衡和稳定阶段的条件分别为：

（1）起振条件：微弱信号源，放大，选频，正反馈；

（2）平衡条件：环路增益随着输出的增大而减小；

（3）稳定条件：负反馈。

下面具体分析满足上面条件的电路设计思路。

4.1.2　满足振荡条件的反馈型振荡电路设计思路

反馈型振荡器是通过正反馈连接方式实现等幅正弦振荡输出的电路。这种电路由两部分组成，一是包含选频功能的放大电路，二是正反馈网络。反馈型振荡器框图示意图如图 4.1.3 所示。

从图 4.1.3 可以看出，反馈型振荡器的输入、输出满足以下关系：

主网络的放大倍数（开环放大倍数）$A(\mathrm{j}\omega)=\dfrac{\dot{V}_\mathrm{o}}{\dot{V}_\mathrm{i}}$；

反馈网络的反馈系数 $F_\mathrm{f}(\mathrm{j}\omega)=k_\mathrm{f}(\mathrm{j}\omega)=\dfrac{\dot{V}_\mathrm{f}}{\dot{V}_\mathrm{o}}$；

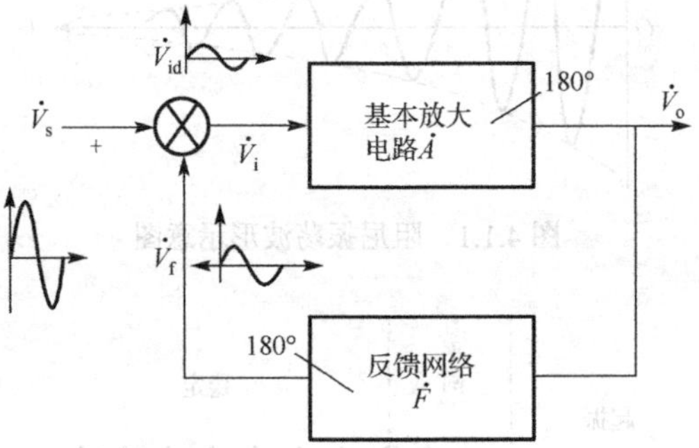

图 4.1.3　反馈型振荡器框图示意图

而 $\dot{V}_\mathrm{i}=\dot{V}_\mathrm{s}=\dot{V}_\mathrm{id}+\dot{V}_\mathrm{f}$；

此时，反馈放大器的放大倍数为 $A_\mathrm{f}(\mathrm{j}\omega)=\dfrac{\dot{V}_\mathrm{o}}{\dot{V}_\mathrm{s}}=\dfrac{A(\mathrm{j}\omega)}{1-A(\mathrm{j}\omega)k_\mathrm{f}(\mathrm{j}\omega)}$。

这里 $A(\mathrm{j}\omega)$、$k_\mathrm{f}(\mathrm{j}\omega)$ 均为复数，表示放大倍数和反馈系数等与角频率密切相关。

当 $A(\mathrm{j}\omega)k_\mathrm{f}(\mathrm{j}\omega)=1$ 时，该放大器的增益无穷大，说明当输入信号为零时，放大器具有有限输出，这就是振荡器。

作为反馈振荡器，刚接通电源时，振荡电压是不会立即建立起来的，而必须经历一段振荡电压从无到有逐步增长的过程，直到进入平衡状态，使振荡电压的振幅和频率维持在相应的平衡值上，再后来，即使有外界不稳定的因素影响，振荡的幅度和频率仍能维持在原来的平衡值附近，而不会产生突变或停止振荡。因此，稳定反馈型振荡器的条件是在接通电源瞬间顺利起振，能从无到有地建立起振荡；起振后进入平衡状态，输出等幅持续振荡信号；之后是保证平衡状态不受外界不稳定因素影响，以保证信号的稳定输出。

（1）振荡器的起振条件设计

振荡器的起振条件是必须具备正反馈放大电路和选频电路。

振荡电路是单口网络，无须输入信号就能起振，起振的信号源来自何处？接通电源瞬间引起的电压、电流突变，电路器件内部噪声等都有可能是起振的信号源，一般电路都属于阻尼振荡，产生的微弱干扰信号经过多次振荡变得更小直到消失，只有当振荡器电路具备正反馈放大条件时，微弱干扰信号经过振荡才会变得越来越大。

初始微弱干扰信号是不规则的脉冲信号，这些扰动均具有很宽的频谱，包含丰富的谐波成分，当振荡器电路具有 LC 并联谐振选频电路时，若选频网络谐振频率为 ω_0，只有角频率近似为 ω_0 的分量才能通过反馈产生较大的反馈电压 $\dot{V}_\mathrm{f}$。此 $\dot{V}_\mathrm{f}$ 与原输入电压 $\dot{V}_\mathrm{i}$ 同相，并且具有更大的振幅，则经过线性放大和反馈的不断循环，此振荡电压振幅就会不断增大。所以频率与 ω_0 一致的信号被放大（被选出），这个选频网络的谐振频率 ω_0 称为振荡器的振荡频率 ω_osc。

假设起始信号幅度为 U_i，则振荡一次后的幅度为 $A(\omega_0)F(\omega_0)U_\mathrm{i}$，第 n 次振荡前后幅度表达式为（说明：后面公式的 A 或 F 都指对应 ω_0 信号，不再重复标出 ω_0）：$U_\mathrm{i}(AF)^{(n-1)}\rightarrow U_\mathrm{i}(AF)^{(n)}$，

只有当 AF 大于 1 时，信号幅度右边大于左边，即振荡后信号幅度大于振荡前，所以由弱到强放大的条件用公式表示为：

$$A(\omega_0)\cdot F(\omega_0)>1 \tag{4.1.1}$$

式（4.1.1）中的 $A(\omega_0)$表示针对频率信号为 ω_0 的放大倍数，$F(\omega_0)$表示针对频率信号为 ω_0 的反馈系数，$A(\omega_0)F(\omega_0)$代表闭合回路的环路增益。式（4.1.2）中，φ_a、φ_f 分别表示放大电路和反馈回路的移相角度，两个移相角度相加表示整个闭合回路的移相角度，正反馈的总相移应该为 2π 的整数倍。所以正反馈的条件用公式表示为：

$$\varphi_a(\omega_0)+\varphi_f(\omega_0)=n\times 2\pi \tag{4.1.2}$$

（2）振荡器的平衡条件设计

接通电源后，在振荡建立过程中，环路增益恒大于 1，放大器的输入 U_i 不断增大。放大器从小信号工作条件逐渐变为大信号工作条件，若外界不加任何措施，放大器就从线性放大器过渡到非线性放大器（模拟电路中讲述的出现饱和失真、截止失真），所以依据放大器对大振幅信号的非线性抑制作用，环路增益 $T(j\omega)=A(\omega_0)F(\omega_0)$具有随振荡器电压振幅 U_i 的增大而下降的（非线性）特性，电压振幅 U_i 与环路增益 $T(j\omega)$的关系曲线如图 4.1.4(a)所示。

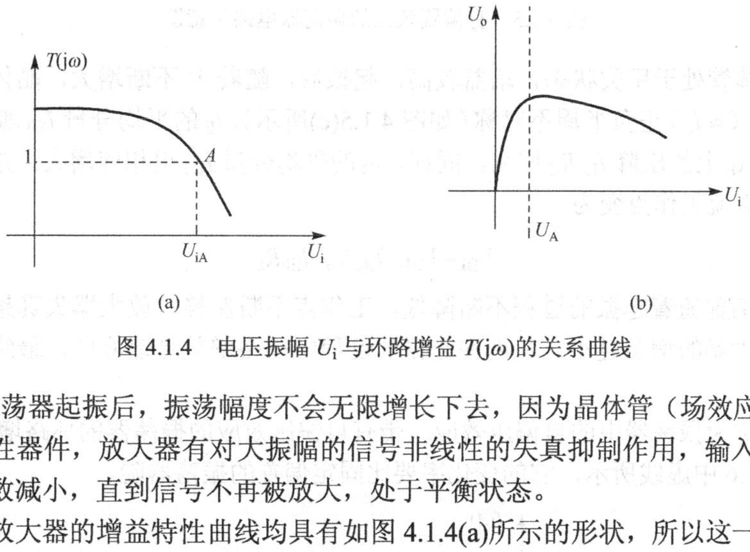

图 4.1.4　电压振幅 U_i 与环路增益 $T(j\omega)$的关系曲线

结论： 振荡器起振后，振荡幅度不会无限增长下去，因为晶体管（场效应晶体管）本身就是一个非线性器件，放大器有对大振幅的信号非线性的失真抑制作用，输入信号大到某一点时，放大倍数减小，直到信号不再被放大，处于平衡状态。

由于一般放大器的增益特性曲线均具有如图 4.1.4(a)所示的形状，所以这一条件很容易满足，只要保证起振时环路增益幅值大于 1 即可。

特别说明： 实际的输入/输出关系曲线如图 4.1.4(b)所示，我们要避免输入信号太小（如小于 U_A），所以振荡器的静态工作点要合适，以保障总的 U_i 大于 U_A。

所以，振幅的平衡条件是静态工作点合适的放大电路自动满足的。

对于公式 $U_i(AF)^{(n-1)}\rightarrow U_i(AF)^{(n)}$，平衡是指振荡后信号幅度等于振荡前，所以振荡器的平衡条件为

$$A(\omega)\cdot F(\omega)=1 \tag{4.1.3}$$

$$\varphi_a(\omega_0)+\varphi_f(\omega_0)=n\times 2\pi \tag{4.1.4}$$

在实际电路中，为了帮助振荡器在起振过程中，快速地将 $T=AF>1$ 状态自动调节为平衡时的 $AF=1$ 状态，从而减弱管子的非线性工作程度，以改善输出信号波形，减少失真，通常采

用图 4.1.5 所示的电路形式，这是一个带有直流负反馈电阻 R_E 的起振电路。

电阻 R_E 的作用是负反馈，电路在刚起振时，其负反馈作用小于正反馈；而在起振过程中，随着幅度的增大，负反馈量随之增大，从而降低放大器增益，达到平衡，图中偏置电阻 R_{B1}、R_{B2}、R_E 使晶体管的静态工作点为 Q，工作点处的静态偏置电压为

$$V_{BEQ}=V_{BB}-I_{BQ}R_B-I_{EQ}R_E$$

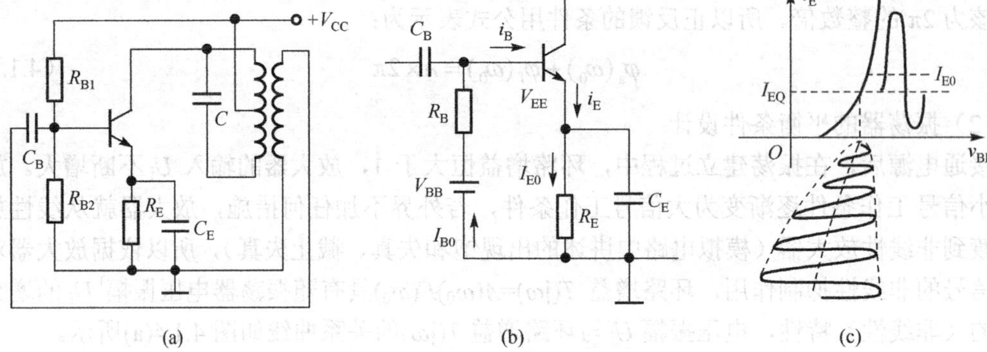

图 4.1.5　有偏置效应的振荡器电路示意图

起振时晶体管处于甲类状态，增益较高，起振后，随着 V_i 不断增大，晶体管进入非线性区，导致电流 i_E（$\approx i_C$）正负半周不对称（如图 4.1.5(c)所示），i_E 的平均分量 I_{E0} 增大，使 $I_{E0}>I_{EQ}$，在发射极电阻 R_E 上的压降 $I_{E0}R_E$ 增大。同理，i_B 的平均分量 I_{B0} 也相应增大。结果是在起振过程中晶体管的直流工作点变为

$$V_{BE}=V_{BB}-I_{B0}R_B-I_{E0}R_E$$

可见直流偏置随着起振的过程不断降低，工作点不断左移，放大器失真越来越严重。工作点越低，放大器的增益越小，从而在起振的过程中环路增益迅速降低，最终达到快速振幅平衡。

上述现象称为振荡器中的自偏压效应。带有自偏压效应的振荡器的环路增益 T 随 V_i 的变化曲线如图 4.1.6 中虚线所示，它的变化率要比固定偏置的振荡器陡。

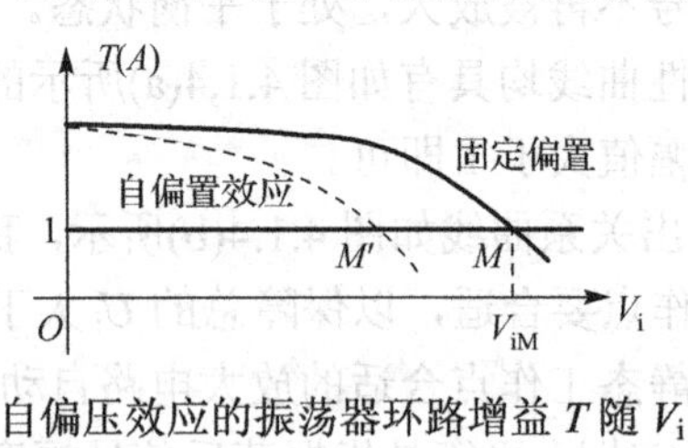

图 4.1.6　有自偏压效应的振荡器环路增益 T 随 V_i 的变化曲线

采用自偏置方法的优点是避免了通过晶体管的饱和来达到振幅平衡，而是让晶体管在振荡周期的一周内有一部分时间是截止的。由于放大器在截止区域输出阻抗大，对选频回路 Q 值影响就小，也即对选频回路的选频性能影响很小，从而对振荡器的频率稳定性有益。平衡时处于失真放大状态的晶体管电流中虽然也包含很多谐波，但选频回路良好的选频特性使振荡器输出仍为正弦波。

（3）振荡器的稳定条件设计

自然界处于平衡状态的物体都有稳定平衡和不稳定平衡之分。如图 4.1.7 所示，将一个小球放在球体上，处于平衡状态，右边的小球当稍受冲击时，小球会立即滚下球体，因而这种平衡状态是不稳定的，但左边的小球同样处于平衡状态，当有外力使它倾斜时，此小球总是具有恢复到原平衡状态的趋势，即当外力消失后又恢复到原平衡状态，因而这种状态是稳定的（这里的外力变化是有一定限制的）。

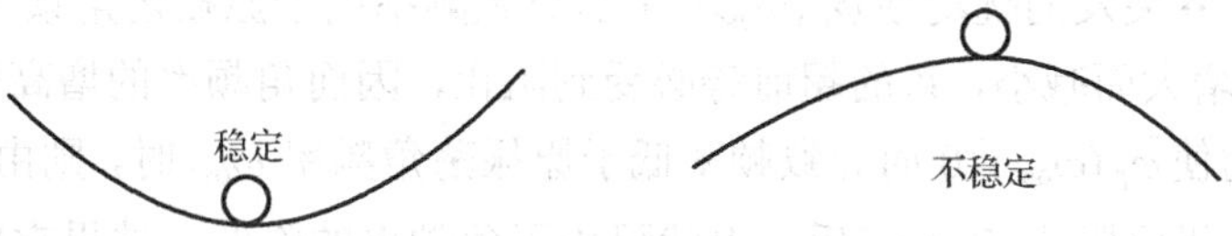

图 4.1.7 放置小球的两种状态

以上现象与振荡器类似，我们在起振条件和平衡条件讨论了振荡器由弱到强地建立起振荡，实际上，平衡状态下的振荡器仍然受到外界因素变化的影响而可能引起幅度和频率不稳。因此，还应该分析保证振荡器的平衡状态不因外界因素变化而受到破坏的稳定条件。

振荡电路中不可避免地受到电源电压、温度、湿度等外界因素变化的影响，这些变化将引起管子和回路参数的变化。同时，振荡电路内部存在固有噪声，尽管它是起振时的原始输入电压，但是，进入平衡状态后它却叠加在振荡电压上，引起振荡电压振幅及其相移的起伏波动。所有这些都将造成 $T(\omega_{osc})$和 $\varphi_T(\omega_{osc})$变化，从而破坏已维持的平衡条件。如果通过放大和反馈的反复循环，振荡器越来越离开原来的平衡状态，从而导致振荡器停振或突变到新的平衡状态，则表明原来的平衡状态是不稳定的，反之，如果通过放大和反馈的反复循环，振荡器能够产生回到平衡状态的趋势，并在原平衡状态附近建立新的平衡状态；而当这些变化的因素消失以后，又能恢复到原平衡状态，则表明原平衡状态是稳定的。在稳定的平衡状态下，振荡器的振荡幅度和振荡频率虽然受到外界因素变化和内部噪声的影响而稍有变化，但最终能回到原平衡状态或建立新的平衡，不会导致停振或突变。

可见，为了产生等幅持续振荡，振荡器还必须满足稳定条件，保证所处平衡状态是稳定的。即振荡器平衡条件和起振条件的满足仅仅是产生稳定的等幅持续振荡的必要条件，还不是充分条件，充分条件是平衡状态的稳定。

① 振幅稳定条件

要使平衡点稳定，$T(\omega_{osc})$必须在平衡点附近具有负斜率变化的特性，即环路增益 $T(\omega_{osc})$具有随 V_i 的增大而下降的特性，所以振荡器的振幅稳定条件是

$$\left.\frac{\partial T(\omega_{osc})}{\partial V_i}\right|_{V_{id}} < 0 \qquad (4.1.5)$$

且这个斜率越大，表明 V_i 的变化而产生的 $T(\omega_{osc})$变化越大，这样只需很小的 V_i 变化就可抵消外界因素引起的 $T(\omega_{osc})$的变化，使环路重新回到平衡状态。

② 相位（频率）稳定条件

在讨论相位稳定条件之前，有两点需要说明。

a）任何正弦振荡 $v(t)=V_m\cos\omega t$，它的角频率 ω 是它的相位 φ 随时间的变化率，即 $\omega=\mathrm{d}\varphi/\mathrm{d}t$，相位变化必然引起角频率变化。在相同时间内，相位超前，则意味着角频率必然上升；相位滞后，必然使角频率下降，因此振荡器的相位稳定条件也就是振荡器的角频率稳定条件。

b）一个正弦波振荡器的角频率 ω_{osc} 值是根据其相位平衡条件求出的，也就是说，在此角频率 ω_{osc} 处，经过一个循环，反馈振荡器的反馈电压 V_f 与 V_i 相位相差 2π，环路增益 $T(j\omega_{osc})$ 的相位为 2π（或者为 $2n\pi$，n=0, 1, 2, 3, …）。

由上述两点可知，振荡器若满足相位平衡条件，即 $\varphi_T(\omega_{osc})=0$ 时，表明每次放大和反馈后的电压 V_f（角频率为 ω_{osc}）与原输入电压 V_i 同相，由公式可知，角频率和相位成正比，如果反馈的 $\varphi_f(\omega)$ 具有随 ω 的增大而减小的特性，如图 4.1.8(c)所示，则必将阻止上述角频率的变化。例如，若外界突发的扰动使 $\varphi_T(\omega_{osc})>0$ 而导致频率高于原振荡角频率 ω_{osc} 时，则由于 $\varphi_f(\omega)$ 随角频率的增大而减小，V_i 的超前势必受到阻止，因而角频率的增高也就受到阻止；又若外界突发的扰动使 $\varphi_T(\omega_{osc})<0$ 而导致频率低于原振荡角频率 ω_{osc} 时，则由于 $\varphi_f(\omega)$ 随角频率的降低而增大，结果将阻止 V_i 的滞后，也就阻止了角频率的降低。结果它们通过不断地放大和反馈，最后都将在原振荡角频率附近（设为 ω'_{osc}）达到新的平衡，使 $\varphi_T(\omega'_{osc})=0$。

通过上述讨论可知，要使振荡器的相位平衡条件稳定，$\varphi_T(\omega)$ 则必将在 ω_{osc} 附近具有负斜率变化的特性，即 φ_T 随 ω 的升高而下降，于是振荡器的相位（角频率）稳定条件为

$$\left.\frac{\partial\varphi_T(\omega_{osc})}{\partial\omega}\right|_{\omega}<0 \tag{4.1.6}$$

且这个斜率越大，表明振荡角频率变化而产生的 $\varphi_T(\omega)$ 变化越大，这样，只需很小的振荡角频率变化就可抵消外界因素变化引起 $\varphi_T(\omega)$ 的变化，因而外界因素变化引起振荡角频率的波动（角频率稳定度）也就越小。

结论：稳定条件也分为振幅稳定与相位稳定两种，条件可以写成：

振幅稳定条件

$$\left.\frac{\partial A}{\partial V_{om}}\right|_{V_{om}=V_{omQ}}<0 \tag{4.1.7}$$

相位稳定条件

$$\frac{\partial(\varphi_Y+\varphi_Z+\varphi_F)}{\partial\omega}\approx\frac{\partial\varphi_Z}{\partial\omega}<0 \tag{4.1.8}$$

振荡电路中，振幅的稳定依靠放大电路自身非线性（负斜率特性），相位稳定条件依靠具有负斜率相频特性的并联谐振回路来满足。图 4.1.8(a)、(c)满足负斜率幅频、相频特性，而完整的幅频特性曲线为图 4.1.8(b)，所以我们要设置合适的静态工作点，使电路避免工作在图 4.1.8(b)中的 OB 正斜率区间。

结论：要使反馈振荡器能够产生持续的等幅振荡，必须同时满足振荡的起振条件、平衡条件和稳定条件，它们是缺一不可的。由以上分析，反馈型正弦波振荡器应该包括以下基本组成：

（1）放大电路；

（2）选频网络；

（3）正反馈网络（有时与选频网络合二为一，如三点式振荡器）；

（4）稳幅环节（有时与上面网络合二为一，如负斜率相位特性就是由并联选频网络完成的）。

总之，具有选频功能的放大部分和正反馈网络是反馈型正弦波振荡器电路必不可少的。

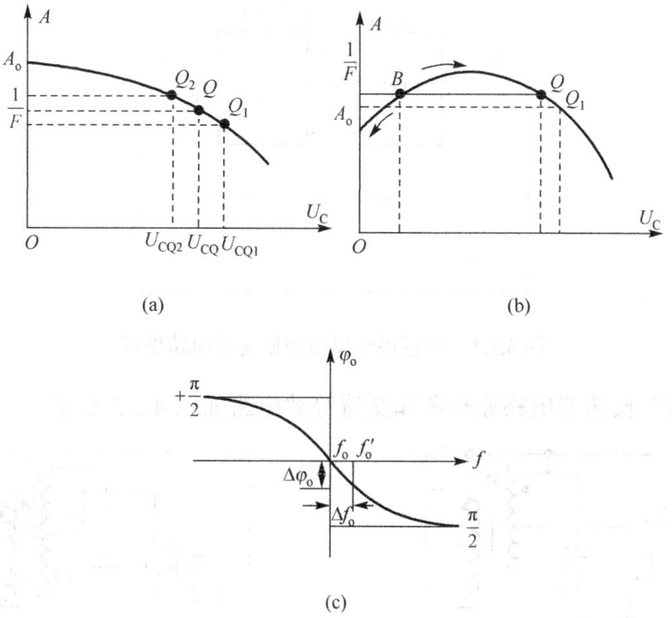

图 4.1.8　负斜率的幅频和相频特性

4.2　典型的反馈式 LC 振荡电路设计

反馈式振荡电路基本组成：

（1）满足增益要求的放大器件；

（2）稳定输出幅度的稳幅电路；

（3）获得单一频率正弦波输出的选频网络；

（4）提供正反馈的正反馈网络。

前三者构成了可变增益放大器的主网络。选频网络往往和正反馈网络或放大电路合二为一。而正弦波振荡器的名称一般由选频网络来命名。

反馈型振荡器设计思路：

（1）设计一个合适偏置的可变增益放大器；

（2）保证总闭合环路是正反馈；

（3）选频回路具有负斜率变化的相频特性；

（4）按照小信号放大器的等效电路的分析方法，计算出环路增益 $T(j\omega)$，看其是否满足振幅起振条件 $T>1$，再按照相位平衡条件计算振荡频率；

（5）分析振荡器的频率稳定度，并设计改进措施。

典型反馈式振荡电路包含互感耦合振荡器、三点式振荡器，下面分别介绍。

4.2.1　互感耦合振荡器

（1）典型电路形式

互感耦合反馈型振荡器电路框图如图 4.2.1 所示。

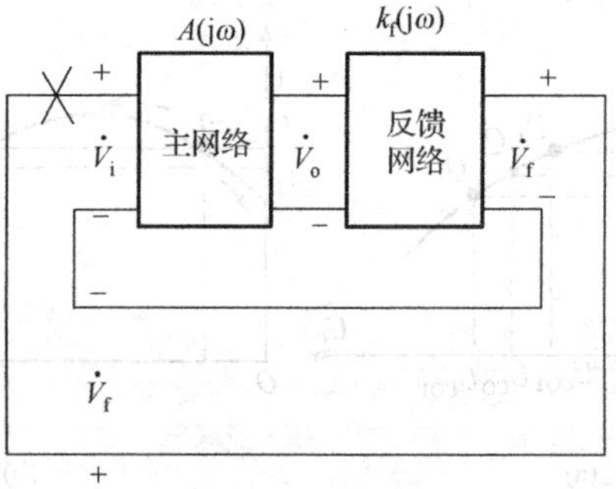

图 4.2.1　互感耦合反馈型振荡器电路框图

互感耦合反馈型振荡器电路原理图和交流等效电路如图 4.2.2 所示。

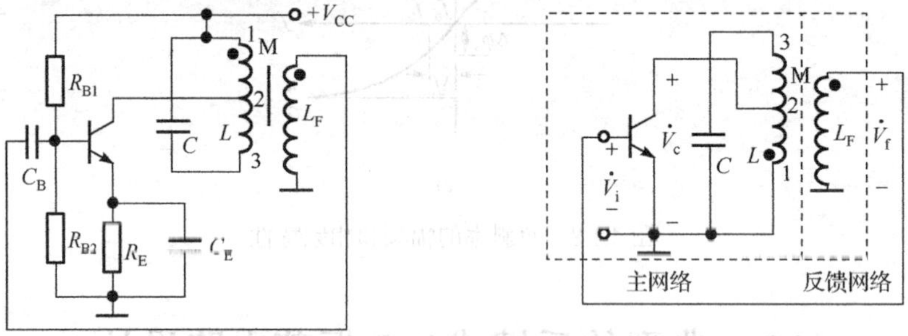

(a) 典型原理电路　　　　(b) 交流通路

图 4.2.2　互感耦合反馈型振荡器

互感耦合振荡器包含放大、选频和反馈支路三大部分。按选频回路接在三极管哪个极又分为调集电路、调基电路和调发电路。从选频回路所在的电极来看，调基电路和调发电路都不利于及时滤除晶体管集电极输出的谐波电流成分，因此电路的电磁干扰大，使集电极电压加大，调集电路相对抗干扰性较好。

图 4.2.2 所示的典型互感耦合振荡器原理电路中，选频回路接在集电极，所以是调集电路，下面图 4.2.3 中的电路分别是调基电路和调发电路。

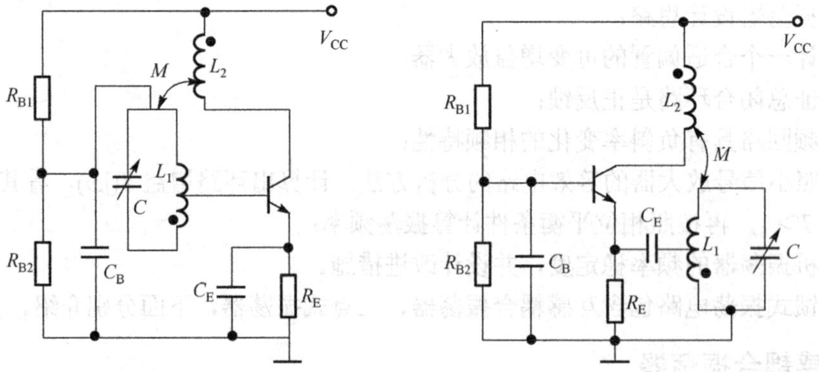

(a) 调基电路　　　　(b) 调发电路

图 4.2.3　调基和调发型互感耦合振荡器

（2）互感耦合振荡器电路设计准则

互感耦合振荡器设计准则：一是保证电路的输入/输出关系满足图 4.1.6 所示的负斜率幅频

特性，二是有负斜率的相频特性，三是在振荡频率附近满足正反馈。

负斜率的幅频特性要求放大电路静态工作点合适，这部分在模拟电路已经详细讲解，这里不再重复。

负斜率的相频特性要求选频网络为并联选频电路。

在振荡频率附近满足正反馈，则要求选频电路和反馈支路互感线圈的同名端合适，保证反馈信号起正反馈作用。

其他条件，如旁路、耦合等条件同低频电路，这里不再重复。接下来介绍如何通过判断同名端是否合适来保证正反馈。

反馈：输出的一部分被返回到输入端，削弱输入的为负反馈，加强输入的为正反馈；正、负反馈的应用不同，负反馈使增益下降但通频带变宽且稳定，正反馈则能提高放大倍数。

正、负反馈的判断：用瞬时极性法判断，正、负分别表示信号幅度上升、下降，先设某点，如输入点为上升（正），然后逐级判断上升、下降（正、负），最后返回到输入点为上升（正）的表示使输入加强，为正反馈，返回到输入点为下降（负）的表示使输入削弱，为负反馈。

特别提醒：一般先设定原点（第一点）为正，判断时还要回到第一点，形成闭环，不能以中间的某点正、负来判断反馈性质。

引入互感线圈的同名端目的是在示意图中不需画出线圈绕向也可知流向。互感线圈的同名端定义为极性相同，电流的流入流出方向相同，如图 4.2.4 所示，图 4.2.4(a)表示 AC 为同名端，电流同时流入，图 4.2.4(b)表示 AD 为同名端，电流同时流入。

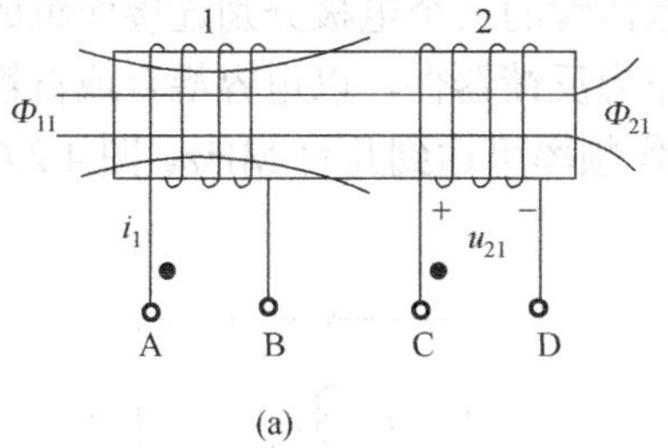

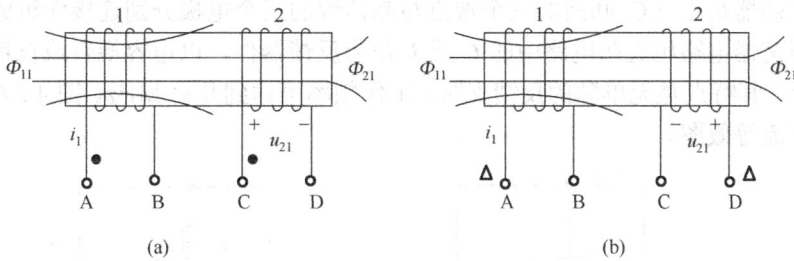

图 4.2.4　互感线圈的同名端示意图

在本章，在包含标有同名端的互感线圈的电路中，用瞬时极性法判断正负极性时，同名端同时为正或同时为负，极性相同，典型的共集电路同名端分析如图 4.2.5 所示，从等效电路看出本图同名端合适，使反馈后的电路为正反馈。

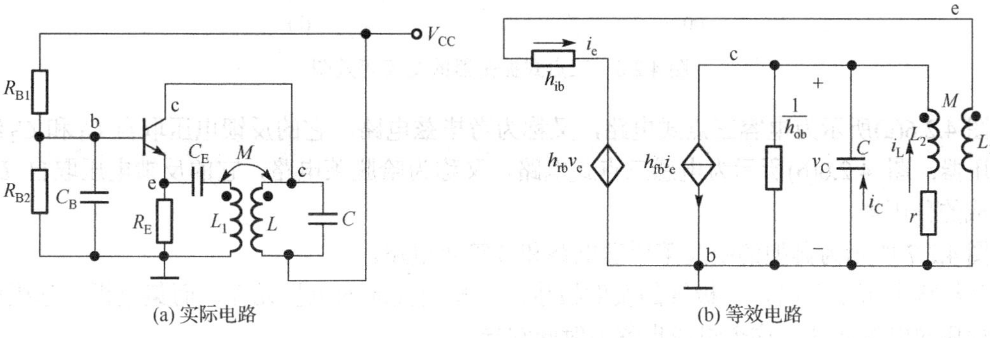

图 4.2.5　典型的共集电路同名端分析

在保证了振荡电路正常振荡后，我们要考虑其振荡频率和幅度。振荡幅度包括放大电路的放大倍数、输入/输出阻抗、耦合系数等。振荡频率为

$$f_{osc}=f_0=\frac{1}{2\pi\sqrt{LC}}$$

全面描述振荡器电路是用非线性微分方程，求稳态解得到振荡的幅度和频率，但困难而复杂。振荡频率的计算取决于相位平衡条件，可由相位平衡条件求振荡频率与参数的关系。而相位变化主要取决于选频网络，作为工程估算，近似将选频网络的谐振频率作为振荡频率。

实际上，振荡电路的振荡频率大小并不完全取决于 LC 回路，而是与晶体管参数（如晶体管的极间电容等）、电路的工作状态及负载有关。一般互感耦合振荡器的频率稳定度较差，且由于互感耦合元件分布电容的存在，限制了振荡频率的提高，所以只适用较低频段，如中波广播。

小结：在选用了合适的放大和并联选频电路后，互感耦合振荡器的设计准则就只有同名端合适，以保证正反馈。

互感式 LC 振荡器的优点包括起振容易、电路简单；也存在缺点，因为是电感耦合，高频特性差，一般频率较高时不常用。 当频率较高时，一般采用三点式振荡器。

4.2.2 三点式振荡电路

1. 典型电路形式

三点式振荡器是指 LC 回路的三个端点与晶体管的三个电极分别连接而组成的一种振荡器。三点式振荡器电路用选频电路中的 C 或 L 作为反馈器件，以电容耦合或自耦变压器耦合代替互感耦合，其特点是无单独的反馈支路，工作频率可达到几百 MHz。图 4.2.6 所示为三点式振荡器的交流等效图。

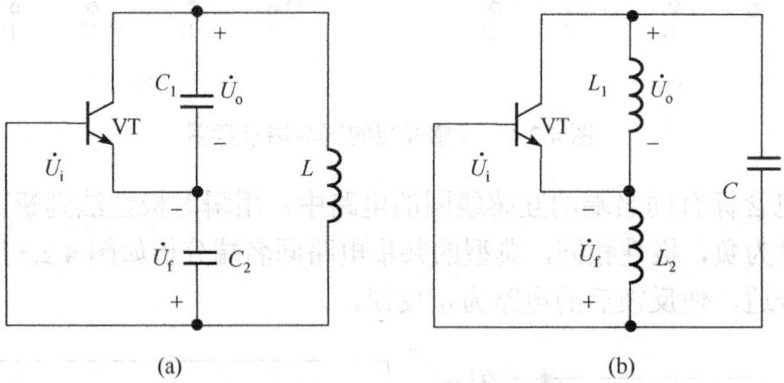

图 4.2.6　三点式振荡器的交流等效图

图 4.2.6(a)所示为电容三点式电路，又称为考毕兹电路，它的反馈电压取自 C_1 和 C_2 组成的分压器；图 4.2.6(b)所示为电感三点式电路，又称为哈脱莱电路，它的反馈电压取自 L_1 和 L_2 组成的分压器。

图 4.2.7 所示为典型的哈脱莱原理电路和其等效电路。

从结构上可以看出，三极管的发射极接两个相同性质的电抗元件，而集电极与基极则接不同性质的电抗元件，这个组成也称为射同它异。

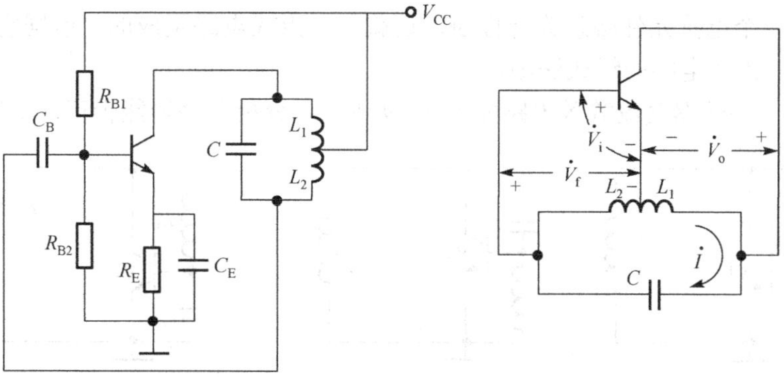

(a) 原理电路　　　　(b) 等效电路

图 4.2.7　典型的哈脱莱原理电路和等效电路

2. 三点式振荡器电路设计准则

那么，不满足“射同它异”条件的三点式电路能正常振荡吗？下面推导在满足正反馈相位条件时，LC 回路中三个电抗元件应具有的性质，并分析三点式振荡器的设计思路。图 4.2.8 所示为三点式振荡器原理电路。

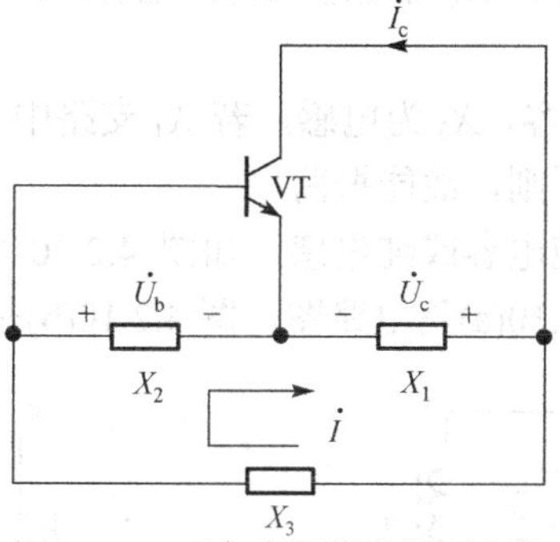

图 4.2.8　三点式振荡器原理电路

三点式振荡器电路设计准则推导如下。

假定 LC 回路由纯电抗元件组成，其电抗值分别为 $X_3=X_{cb}$、$X_1=X_{ce}$、$X_2=X_{be}$，同时不考虑晶体管的电抗效应。当回路谐振（$\omega=\omega_0$）时，$X=0$，回路呈纯阻性，有

$$X_1+X_2+X_3=0 \text{ 即 } X_3=-X_1-X_2 \tag{4.2.1}$$

I 为并联谐振回路电流，谐振时此电流较大，所以忽略三极管支路电流，当假设回路电流方向为顺时针时，如图 4.2.8 所示，有以下公式。

$$\begin{aligned}\dot{U}_b &= jX_2\dot{I}\\ \dot{U}_c &= -jX_1\dot{I}\end{aligned} \tag{4.2.2}$$

因为这是一个由反相放大器组成的正反馈电路，其相位条件是正反馈，即输出应该与输入相差 360°（或 360° 的整数倍），由图知输入信号经过三极管反向已经有 180° 相移，所以 U_b 与 U_c 应该相差 180°，即 $U_b/U_c<0$，代入公式，有 $X_2/X_1>0$。

推导结果表示 X_2 与 X_1 位于同一象限，即 X_2 与 X_1 为同性元件，又谐振时有 $X_1+X_2+X_3=0$，所以 X_3 与 X_2、X_1 异性。

由上面的分析可知，在三点式电路中，LC 回路中与发射极相连接的两个电抗元件必须为同性质，另外一个电抗元件必须为异性质，这就是三点式电路组成的“射同它异”相位判断准则，或称为三点式电路的组成法则。

【例 4.2.1】 振荡器交流等效电路如图 4.2.9 所示，分析振荡器能否正常工作。

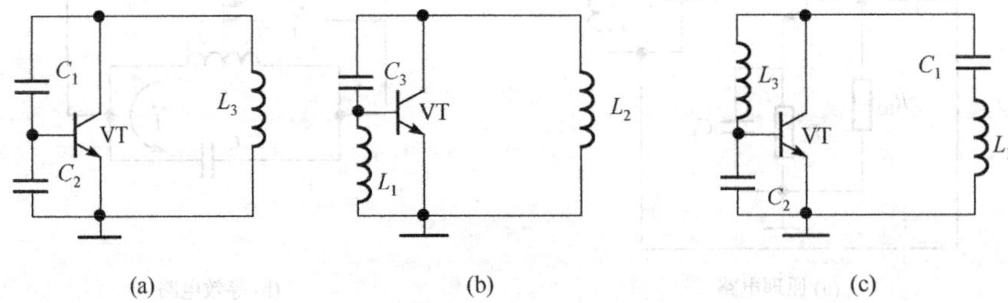

图 4.2.9 例 4.2.1 图

解：在分析振荡器能否正常工作时，不考虑放大电路的条件，默认放大器的静态工作点等正常（此部分知识点在模拟电路已经讲述）。

由图 4.2.9(a)可知，X_1 为电容，X_2 为电感，X_3 为电容，不符合三点式电路的“射同它异”组成原则，故图(a)不能振荡。

由图 4.2.9(b)可知，X_1 为电感，X_2 为电感，X_3 为电容，符合三点式电路的组成原则，故图 4.2.9(b)的电路能振荡。

由图 4.2.9(c)可知，X_2 为电容，X_3 为电感，若 X_1 支路中 L_1、C_1 呈容性时，则图 4.2.9(c)的电路符合三点式电路的组成原则，故能振荡。

实际电路各支路不可能是纯电容或纯电感，如图 4.2.10 所示振荡器电路中选频支路不是单一的 L 或 C 元件，其中图 4.2.10(a)是电路图，图 4.2.10(b)是交流等效图。

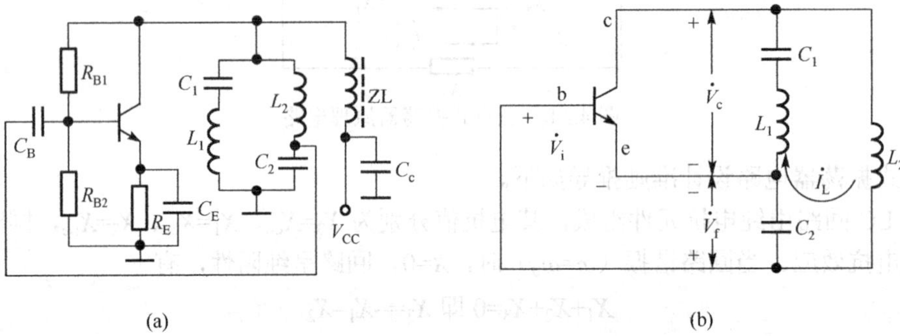

图 4.2.10 选频支路不是单一的 L 或 C 元件的振荡器

由“射同它异”理论，L_1 和 C_1 支路应为容性，此时，该支路呈容性，整个回路满足电容三端式的相位条件，振荡器的振荡频率为

$$\omega_0 = \frac{1}{\sqrt{(L_1 + L_2)\dfrac{C_1 C_2}{C_1 + C_2}}} \tag{4.2.3}$$

【例 4.2.2】 在图 4.2.11 所示的振荡器交流等效电路中，三个 LC 并联回路的谐振频率分别是：$f_1 = 1/2\pi\sqrt{L_1 C_1}$，$f_2 = 1/2\pi\sqrt{L_2 C_2}$，$f_3 = 1/2\pi\sqrt{L_3 C_3}$，试问 f_1、f_2、f_3 满足什么条件时，该振荡器能正常工作？

分析：电路中选频支路不是单一的 L 或 C 元件，那么，LC 串、并联支路呈现什么电抗性质，且频率之间的关系如何，就是解题时首先要考虑的。

复习：由第 2 章的图 2.2.4 串、并联回路阻抗、相位和频率的关系，可知工作频率 f 与谐振频率 f_0 的关系不同时，串并联谐振回路分别呈现纯电阻、容性或感性，且由于相频特性曲线相反，同样的 f 与 f_0 的关系，串、并联回路的容性或感性相反，谐振时均为纯电阻，相移为 0。

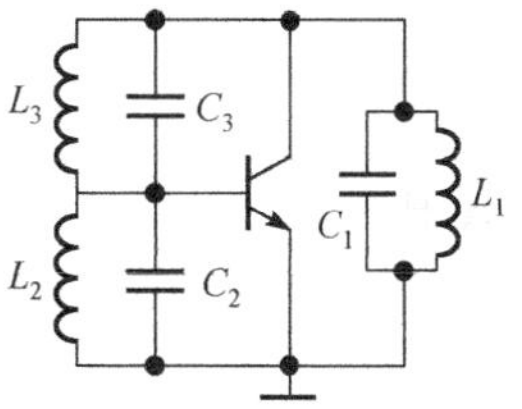

图 4.2.11　例 4.2.2 图

对于串联电路有：f 大于 f_0 时回路阻抗呈现感性，f 小于 f_0 时呈现容性；

对于并联电路有：f 大于 f_0 时回路阻抗呈现容性，f 小于 f_0 时呈现感性。

设 L_1C_1 支路的并联谐振频率为 f_1，把振荡器电路的振荡频率 f_{osc} 看成工作频率 f，因为是并联选频电路，当 $f_{osc}>f_1$ 时，该支路为容性，当 $f_{osc}<f_1$ 时，该支路为感性，其他支路类推。

解：由图可知，只要满足三点式“射同它异”组成法则，该振荡器就能正常工作。

若组成电容三点式，则在振荡频率 f_{osc} 处，L_1C_1 回路与 L_2C_2 回路应呈现容性，L_3C_3 回路应呈现感性，所以应满足 $f_1,f_2<f_{osc}<f_3$。

若组成电感三点式，则在振荡频率 f_{osc} 处，L_1C_1 回路与 L_2C_2 回路应呈现感性，L_3C_3 回路应呈现容性，所以应满足 $f_1,f_2>f_{osc}>f_3$。

3. 三点式振荡电路具体设计

与发射极相连接的两个电抗元件同为电容时的三点式电路，称为电容三点式电路；与发射极相连接的两个电抗元件同为电感时的三点式电路，称为电感三点式电路，具体设计思路如下。

（1）电容三点式电路的分析

图 4.2.12(a)是电容三点式电路的一种典型形式，图 4.2.12(b)是其高频等效电路，图中电阻起提供合适偏置的作用，C_1、C_2 是选频回路电容，L 是选频回路电感，C_E 是高频旁路电容，C_C 和 C_B 是耦合电容。一般来说，旁路电容和耦合电容的电容值至少要比回路电容值大一个数量级以上，所以对于高频振荡信号，旁路电容和耦合电容可近似为短路，在高频等效电路中 C_E、C_C 和 C_B 可以被忽略，即不被画出，而 C_1、C_2 不等于短路且不能被忽略。有些电路中 R_C 为高频扼流圈，其作用是为直流提供通路而又不影响谐振回路工作特性。

小结：对于高频振荡信号，旁路电容和耦合电容可近似为短路，高频扼流圈可近似为开路。

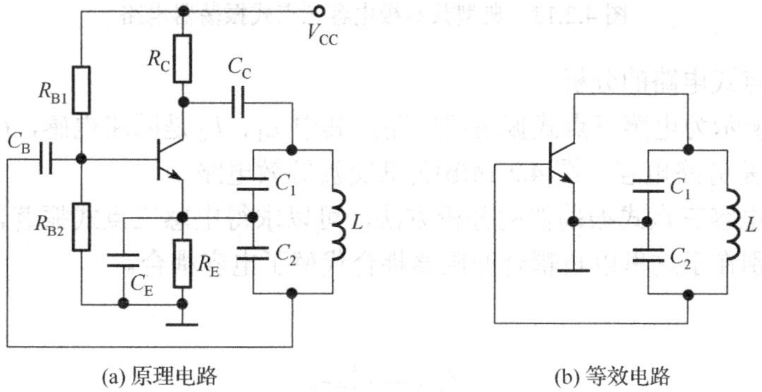

图 4.2.12　典型电容三点式电路

由于电容三点式电路已满足反馈振荡器的相位条件，故振荡频率为

$$f_0 = \frac{1}{2\pi\sqrt{LC'}} \tag{4.2.4}$$

其中

$$C' = \frac{C_1 C_2}{C_1 + C_2} \tag{4.2.5}$$

振荡同时要满足振幅条件才可以正常工作，振幅条件如下

$$F = \frac{\dfrac{1}{\omega C_2}}{\dfrac{1}{\omega C_1}} = \frac{C_1}{C_2} \tag{4.2.6}$$

一般要求 $T(\omega_{osc})$为 3 到 5，即振幅的基本条件是 $A(\omega_{osc})F(\omega_{osc}) \geqslant 1$。一般 F 取 0.3 左右，A 为 10～20。

实际上有很多因素会影响高频振荡器的工作频率和幅度，如晶体管的输入/输出阻抗、晶体管的偏置电阻与去耦电容、电感的损耗等，这些参数随着频率的变高会变化，不确定因素增加，所以为了精确考虑这些因素的影响，计算机辅助分析和电路调试在高频振荡器的应用中必不可少。

在射频段的振荡器，放大器常采用共基极形式，因为对于 f_T 相同的晶体管，共基极要比共射极的工作频率高。

图 4.2.13 所示为典型共基极电容三点式振荡器电路，由图可见，选频网络的两个端点分别接晶体管的集电极和基极。

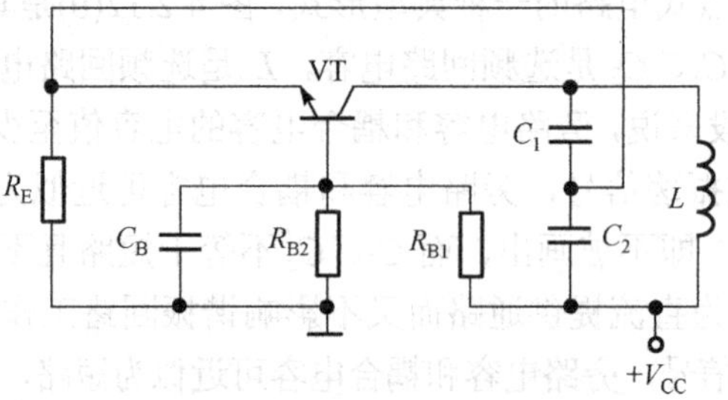

图 4.2.13 典型共基极电容三点式振荡器电路

（2）电感三点式电路的分析

图 4.2.14(a)所示为电感三点式振荡器电路，其中 L_1、L_2 是回路电感，C 是回路电容，C_B 是耦合电容，C_E 是旁路电容，图 4.2.14(b)为其交流等效电路。

利用类似于电容三点式振荡器的分析方法，可以求得电感三点式振荡器的振幅起振条件和振荡频率，区别在于这里以自耦合变压器耦合代替了电容耦合。

振荡频率为

$$f_0 = \frac{1}{2\pi\sqrt{L'C}} \tag{4.2.7}$$

式中，$L' = L_1 + L_2 + 2M$，M 为互感系数。

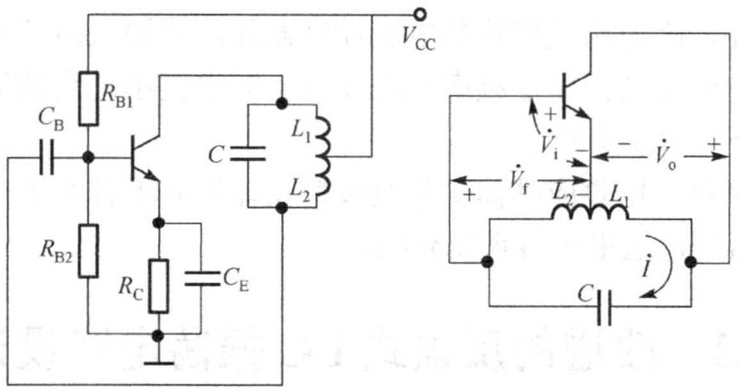

(a) 原理电路　　(b) 交流等效电路

图 4.2.14　电感三点式振荡器电路

$$F=\frac{L_2+M}{L_1+M} \tag{4.2.8}$$

和电容三点式一样，正常振荡要求 $T(\omega_{osc})$为 3～5，即振幅的基本条件是 $A(\omega_{osc})F(\omega_{osc})\geqslant 1$。一般 F 取 0.3 左右，A 为 10～20。

（3）三点式电路的特点

① 电容三点式。反馈电压取自 C_2，而电容对晶体管非线性特性产生的高次谐波呈现低阻抗，反馈电压中高次谐波分量很小，因而输出波形好，接近正弦波。缺点是反馈系数因与回路电容有关，如果用改变回路电容的方法来调整振荡频率，必将改变反馈系数，从而影响起振（由于寿命和调节的原因，一般不用改变回路电感的方法调整振荡频率）。分布电容和极间电容并联于 C_1 与 C_2 两端，C_1 和 C_2 容值较大，使分布电容和极间电容影响减小，故稳定性较好。适用于较高的工作频率，甚至可只利用器件的输入电容和输出电容达到振荡目的，极间电容示意图如图 4.2.15 所示。

② 电感三点式。电感三点式振荡器的优点是便于用改变电容的方法来调整振荡频率，而不会影响反馈系数。缺点是反馈电压取自 L_2，而电感线圈对高次谐波呈现高阻抗，所以反馈电压中高次谐波分量较多，输出波形较差。另 F 随频率变化而改变，严重的将改变极性不能振荡，极间电容示意图如图 4.2.16 所示。

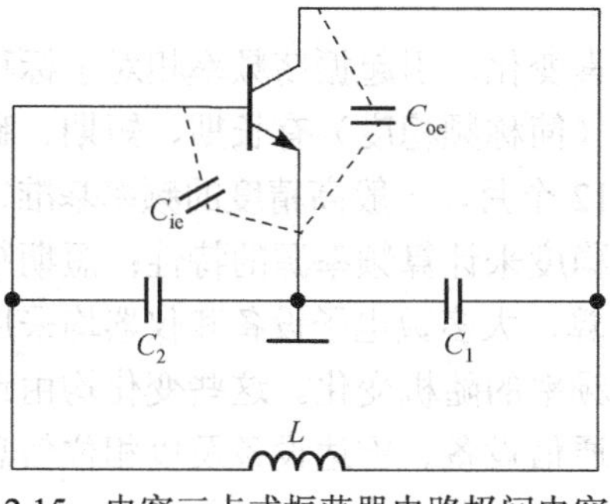

图 4.2.15　电容三点式振荡器电路极间电容示意图

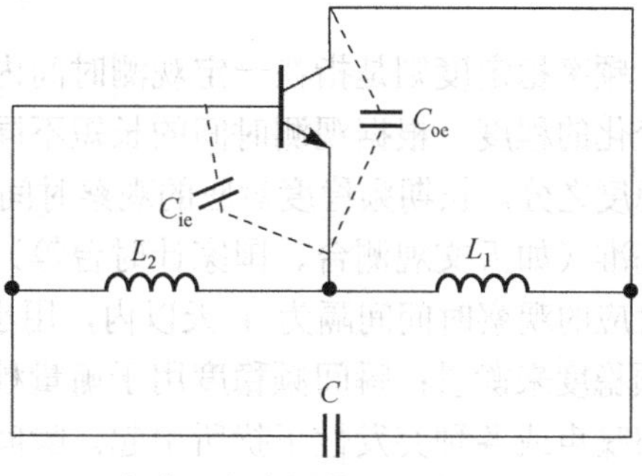

图 4.2.16　电感三点式振荡器电路极间电容示意图

两种振荡器共同的缺点是晶体管输入/输出电容分别和两个回路电抗元件并联，影响回路的等效电抗元件参数，从而影响振荡频率。由于晶体管输入/输出电容值随环境温度、电源电压等因素而变化，所以三点式电路的频率稳定度不高，一般在 10^{-3} 量级。

4.2.3　场效应晶体管振荡器

以上电路中放大核心器件是三极管，为了追求更高的频率稳定度，振荡器常用场效应晶体管作为放大核心器件，因为场效应管是电压控制器件，其输入阻抗要比电流控制的双极型晶体管高得多，故用它做成的振荡器频率稳定度高，耗电更小。它的缺点是要注意工作电压的选择，易击穿，另外一般功率较小。

从电路构成形式来看，场效应晶体管与双极型晶体管并无什么不同，也可接成互感耦合振荡器、三点式振荡器等，这里不再重复介绍。

4.3 改进的反馈式 LC 振荡电路设计

4.3.1 振荡器的频率稳定度

由于振荡器的振荡频率往往作为一种频率标准或时间标准运用，因此在通信系统和电子设备中，振荡器的振荡频率应尽可能地保持准确和稳定，但由于各种外界条件和电路内部因素的变化，振荡频率必然会出现不稳定的情况。我们希望采取一些措施减弱频率的不稳定性。

频率稳定度是指振荡器的实际振荡频率偏离其标称值而变化的程度。这种变化是由加在振荡器的电源电压不恒定、环境条件（温度、湿度等）的变化、元器件内部噪声及机械振动、电磁干扰等因素而引起的。因此，根据系统的总体要求，对不同要求的振荡器提出适当的稳定性要求，并使之达到规定的指标，保证一定的性价比。

对振荡器频率性能的要求，通常用频率准确度和频率稳定度来衡量。

频率准确度又称频率精度，它表示实际振荡频率 f_{osc} 偏离标称频率 f_0 的程度，一般以两者的差值来表示，称为绝对频率准确度，用 Δf 表示。

$$\Delta f = |f_{osc} - f_0| \tag{4.3.1}$$

为了合理评价不同标称频率振荡器的频率偏差效果（好比青菜和黄金都是相差一克，效果却不同），频率准确度一般用其相对值来表示，称为相对频率准确度或相对频率偏差，用 $\Delta f / f_0$ 表示。

$$\Delta f / f_0 = |f_{osc} - f_0| / f_0 \tag{4.3.2}$$

频率稳定度则是指在一定观测时间内，由于各种因素变化，引起振荡频率相对于标称频率变化的程度。根据观测时间的长短不同，频率稳定度（简称频稳度）有长期、短期、瞬间频稳度之分。长期频稳度对应的观察时间间隔为 1 天到 12 个月，一般高精度的频率基准、时间基准（如天文观测台、国家计时台等）均采用长期频稳度来计算频率源的特性；短期频稳度对应的观察时间间隔为 1 天以内，用小时、分、秒计算，大多数电子设备和仪器均采用短期频稳度来衡量；瞬间频稳度用于衡量秒或毫秒时间内频率的随机变化。这些变化均由设备内部噪声或各种突发性干扰所引起。瞬间频稳度是高速通信设备、雷达设备及以相位信息为主要传输对象的电子设备的重要指标。

通常所讲的频稳度一般指短期频稳度。若将规定时间划分为 n 个等间隔，各间隔内实测的振荡频率分别为 f_1、f_2、f_3、f_4、…、f_n，则当振荡频率规定为 f_0（标称频率）时，短期频率稳定度的定义为

$$\frac{\Delta f}{f_0} = \lim_{n \to \infty} \sqrt{\frac{1}{n} \sum_{i=1}^{n} \left[\frac{(\Delta f_0)_i}{f_0} - \frac{\overline{\Delta f_0}}{f_0} \right]^2} \tag{4.3.3}$$

式中，$(\Delta f_0)_i=f_i-f_0$ 为第 i 个时间间隔内实测的绝对误差。

$$\overline{\Delta f_0}=\lim_{n\to\infty}\frac{1}{n}\sum_{i=1}^{n}(f_i-f_0) \tag{4.3.4}$$

为绝对频差的平均值，称为绝对频率准确度。显然，Δf_0 越小，频率准确度就越高。

对频稳度的要求视用途不同而异。用于中波广播电台发射机的频稳度为 10^{-5} 数量级，电视发射机的频稳度为 10^{-7} 数量级，普通信号发生器的频稳度为 $10^{-4}\sim10^{-5}$ 数量级，高精度信号发生器的频稳度为 $10^{-7}\sim10^{-9}$ 数量级，作频率标准用的频稳度是 10^{-11} 数量级以上。

4.3.2　振荡器的频稳原理

根据振荡器的工作原理知，振荡器的振荡频率 ω_{osc} 是由振荡器的相位平衡条件决定的，故振荡器的频率稳定也是由相位平衡条件决定的。根据相位平衡条件 $\varphi_{总}=\varphi_{\text{a}}+\varphi_{\text{z}}=0$，频率不稳定有外因和内因两方面。

外因指当外界因素改变时，放大电路的极间电容、选频回路的 L、C 参数、反馈回路的 Q_{e} 等都会改变，从而使频率改变，这些外因主要是温度、负载和电源电压等。

内因指 LC 选频回路的固有频率及晶体管和反馈网络对外因变化的敏感性，都将引起振荡频率的不稳定。

针对外因和内因，提高频率稳定度的措施主要有以下 5 点。

（1）通过提高回路电感和电容的标准性来提高振荡回路的稳定性

温度的改变导致电感线圈和电容器极板的几何尺寸将发生变化，而且电容器介质材料的介电系数及磁性材料的磁导率也将变化，从而使电感、电容值改变。

为减小温度的影响，一般用负温度系数的电容补偿正温度系数的电感的变化；另应该采用温度系数较小的电感、电容，如电感线圈可采用高频瓷骨架，固定电容可采用陶瓷介质电容，可变电容采用极片和转轴线膨胀系数小的金属材料（如铁镍合金）制作。在对频率稳定度要求较高的振荡器中，为减小温度对振荡器频率的影响，可以将振荡器放在恒温槽内。

（2）通过核心器件选择减少晶体管的影响

晶体管的极间电容会影响频稳度，在设计电路时应尽可能减少晶体管和回路之间的耦合。另外，应选择 f_{T} 较高的晶体管。f_{T} 越高，高频性能越好，可以保证在工作频率范围内均有较高的跨导，电路易于起振；而且 f_{T} 越高，晶体管内部相移越小。一般可选择 $f_{\text{T}}>(3\sim10)f_{\text{oscmax}}$，$f_{\text{oscmax}}$ 为振荡器最高工作频率。

（3）减小电源、负载等的影响

电源电压的波动，使晶体管的工作点、电流发生变化，从而改变晶体管的参数，降低频率稳定度。为了减小其影响，振荡器电源应采取必要的稳压措施。负载电阻并联在回路的两端，会降低回路的品质因数，从而使振荡器的频率稳定度下降，可以采用部分接入等方式减小影响，也可以在负载与回路之间加射极跟随器等措施。

另外，为提高振荡器的频稳度，在制作电路时应将振荡电路安置在远离热源的位置，以减小温度对振荡器的影响；为防止回路参数受寄生电容及周围电磁场的影响，可以将振荡器屏蔽起来，以提高稳定度。

（4）提高回路的品质因数

我们先回顾一下相位稳定条件，要使相位稳定，回路的相频特性应具有负的斜率，斜率越大，相位越稳定。根据 LC 回路的特性，回路的 Q 值越大，回路的相频特性斜率就越大，即回路的 Q 值越大，相位越稳定。

（5）使用改进电路

改进电路 1——克拉泼电路；改进电路 2——西勒电路；改进电路 3——晶体振荡器。

下面重点介绍方法 4——提高回路的品质因数和方法 5——使用改进电路。

我们先看图 4.3.1，显然图 4.3.1(b)小球稳定的效果更好，因为其负反馈程度更大，所以图 4.3.1(b)小球振荡后比图 4.3.1(a)更快回到稳定。

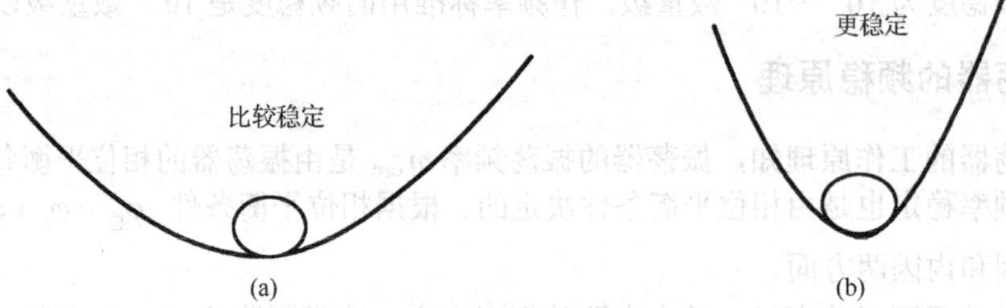

图 4.3.1　小球稳定的效果比较图

同样，振荡器的稳定度与小球稳定度相似，具有更大负反馈程度的电路稳定性越好。前面已经阐述，要使相位稳定，回路的相频特性应具有负的斜率，并联谐振回路相频特性为负斜率，所以选频电路不能是串联回路，回路的 Q 值越大，回路的相频特性斜率就越大。图 4.3.2 所示为并联谐振回路不同 Q 值的阻抗和相位与频率的特性图。

对于放大回路有 $\varphi_a(\omega)=\omega t$，频率 $\Delta\omega_0$ 越大，$\varphi_a(\omega)$ 越大，对于并联谐振负载回路相位与频率关系是负的，即回路谐振频率 $\Delta\omega_0$ 越大，$\varphi_z(\omega)$ 越小，且 Q 越大，负反馈程度更大。

由公式 $\varphi_{总}(\omega)=\varphi_a(\omega)+\varphi_z(\omega)=0$，$Q$ 越大，电路稳定性越迅速，它们的关系式见式（4.3.5）。

$$\varphi_z(\omega)=-\arctan 2Q_e\frac{\omega-\omega_0}{\omega_0} \tag{4.3.5}$$

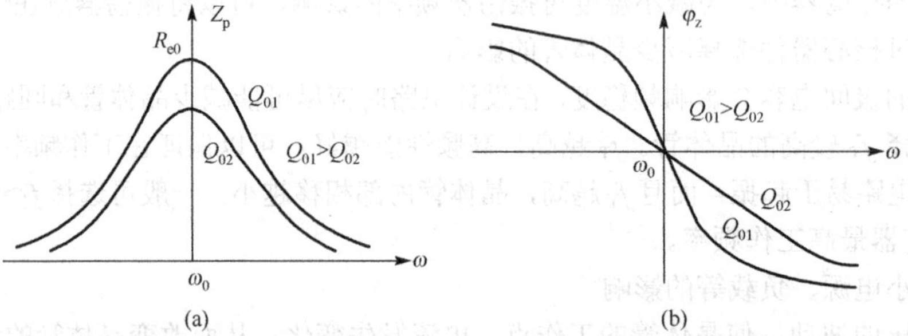

图 4.3.2　并联谐振回路不同 Q 值的阻抗和相位与频率关系图

因此可以得出结论：选频回路的 Q 值越高，$\varphi_z(\omega)$ 随 ω 增大而下降的斜率就越大，振荡器的频稳度也就越高。这是提高振荡器频稳度的一项重要措施。前面介绍的电容、电感反馈的振荡器，其频稳度一般为 10^{-3} 数量级。频稳度低的原因是晶体管的极间电容、分布电容和分布电感的影响，减小这些不稳定因素对振荡频率影响的有效措施是：缩短引线，采用机械强度高的引线且安装牢靠或者采用贴片元器件；也可以增大回路总电容，减小管子与回路之间的耦合，从而有效地减小管子输入和输出电阻及它们的变化量对振荡回路 Q_e 的影响；但回路总电容的增加是有限的，当频率一定时，增大回路总电容，就必须减小回路电感。实际制作电感线圈时，电感量过小，线圈的固有品质因数 Q_0 就不易做高，相应的 Q_e 也就不能高，这反而不利于提高振荡器的频稳度。下面重点介绍三种改进电路设计的三点式振荡器——克拉泼振荡器、西勒振荡器和晶体振荡器。

4.3.3　提高频率稳定度的改进电路

改进电路 1——克拉泼电路；

改进电路 2——西勒电路；

改进电路 3——晶体振荡器。

（1）克拉泼（Clapp）电路

图 4.3.3(a)为克拉泼电路的实际电路，图 4.3.3(b)为其高频等效电路。

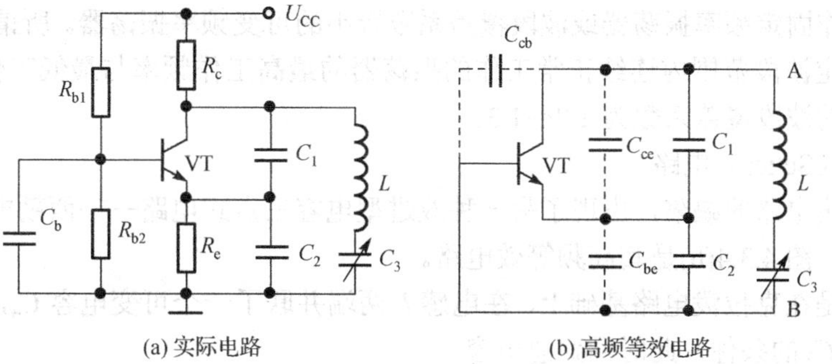

图 4.3.3　克拉泼电路

与电容三点式电路比较，克拉泼电路的特点是在回路中增加了一个与 L 串联的电容 C_3。各电容取值必须满足 $C_3 \ll C_1$ 和 $C_3 \ll C_2$，这样可使电路的振荡频率近似只与 C_3、L 有关。先不考虑晶体管输入输出电容的影响，因为 C_3 远远小于 C_1、C_2，那这三个电容串联后的等效电容为

$$C = \frac{C_1 C_2 C_3}{C_1 C_2 + C_2 C_3 + C_1 C_3} = \frac{C_3}{1 + \dfrac{C_3}{C_1} + \dfrac{C_3}{C_2}} \approx C_3 \tag{4.3.6}$$

于是，振荡角频率为

$$\omega_{osc} = \frac{1}{\sqrt{LC}} \approx \frac{1}{\sqrt{LC_3}} \tag{4.3.7}$$

由此可见，克拉泼电路的振荡频率几乎与 C_1、C_2 无关。

在实际电路中，根据所需的振荡频率决定 L、C_3 的值，然后取 C_1、C_2 远大于 C_3 即可。但是 C_3 不能取得太小，否则将影响振荡器的起振。

由图可以看到，晶体管 c、b 两端与输出回路 A、B 两端之间的接入系数

$$n_1 = \frac{C_3}{\dfrac{C_1 C_2}{C_1 + C_2} + C_3} = \frac{1}{\dfrac{C_1 C_2}{C_3(C_1 + C_2)} + 1} \tag{4.3.8}$$

所以，A、B 两端的等效电阻 $R_L' = R_L // R_{e0}$ 折算到 c、b 两端为

$$R_L'' = n_1^2 R_L' = \left[\frac{1}{\frac{C_1C_2}{C_3(C_1+C_2)}+1}\right]^2 R_L' < R_L' \tag{4.3.9}$$

当 C_3 选定后，C_1、C_2 取值越大，则 R_L'' 越小于 R_L'。而 R_L'' 就是共基极电路的等效负载，R_L'' 越小，则共基极电路的电压增益越小，从而环路增益越小，越不易起振。对于考毕兹电路而言，共基极电路的等效负载就是 R_L'。所以，克拉泼电路是以牺牲环路增益的方法来换取回路标准性的提高的。

克拉泼电路的缺陷是不适合作波段振荡器。波段振荡器要求在一段区间内振荡频率可变，且振荡幅值保持不变。由于克拉泼电路在改变振荡频率时需调节 C_3，根据式（4.3.9），当 C_3 改变以后，R_L'' 将发生变化，使环路增益发生变化，从而使振荡幅值也发生变化。所以克拉泼电路只适宜于作固定频率振荡器或波段覆盖系数较小的可变频率振荡器。所谓波段覆盖系数，是指可以在一定波段范围内连续正常工作的振荡器的最高工作频率与最低工作频率之比。一般克拉泼电路的波段覆盖系数为 1.2～1.3。

（2）西勒（Selier）电路

针对克拉泼电路的缺陷，出现了另一种改进型电容三点式电路——西勒电路。图 4.3.4(a)是其实际电路，图 4.3.4(b)是其高频等效电路。

西勒电路是在克拉泼电路基础上，在电感 L 两端并联了一个可变电容 C_4，且满足 $C_4<C_3$、$C_3 \ll C_1$、$C_3 \ll C_2$ 的条件，此时回路总电容

$$C = \frac{C_1C_2C_3}{C_1C_2+C_2C_3+C_1C_3} + C_4 \approx C_3 + C_4 \tag{4.3.10}$$

所以，振荡频率为

$$f_{osc} = \frac{1}{2\pi\sqrt{LC}} \approx \frac{1}{2\pi\sqrt{L(C_3+C_4)}} \tag{4.3.11}$$

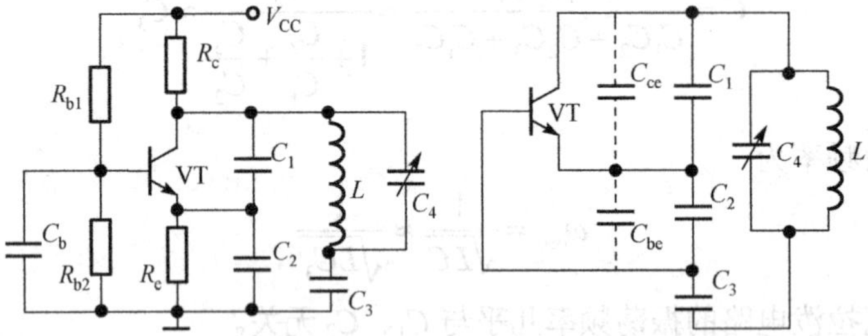

(a) 实际电路　　(b) 高频等效电路

图 4.3.4　西勒电路

在西勒电路中，由于 C_4 与 L 并联，所以 C_4 的变化不会影响回路的接入系数，其共基极电路等效负载仍如式（4.3.9）所示。如果使 C_3 固定，通过变化 C_4 来改变振荡频率，则 R_L'' 在振荡频率变化时基本保持不变，从而使输出振幅稳定，另晶体管的结电容对谐振频率也无影响。因此，西勒振荡电路的频率和幅度比较稳定，可用做波段振荡器，其波段覆盖系数为 1.6～1.8。

小结：由于调频率时，C_1、C_2 不变，所以反馈系数不变；又 C_4 与 L 并联且 C_3 大于 C_4，所以接入系数也不变，故西勒电路反馈系数和接入系数均不变，在频段内的幅度变化较小，西勒电路适用于较宽波段工作，在实际中用得比较多。

（3）晶体振荡器

在一般 LC 振荡器中，尽管采用了一系列频稳措施，一般也难以获得比 10^{-4} 更高的频率稳定度，其短期频稳度在 10^{-2}～10^{-3} 数量级。但是，实际情况往往需要更高的频稳度。例如，广播发射机的短期频稳度一般要求优于 1.5×10^{-5}；单边带发射机的频稳度一般要求优于 10^{-6}；作为频率标准的振荡器，频稳度要求高达 10^{-8}～10^{-9}。显然，普通的 LC 振荡器是不可能满足上述要求的。

下面要讨论石英晶体振荡器，利用石英晶体的压电效应，将石英晶体作为滤波元件，构成石英晶体振荡器，可以获得很高的频稳度。采用中精度的晶体，频稳度可达 10^{-6} 数量级；若加单层恒温控制，则频稳度可提高到 10^{-7}～10^{-8} 数量级；在实验室条件下，采用高精度晶体并用双层恒温控制，则频稳度可以高达 10^{-9}～10^{-11} 数量级。

典型的石英晶体振荡器电路分为并联型和串联型两种，分别如图 4.3.5 和图 4.3.6 所示，其中图(a)为典型电路图，图(b)为交流等效图。

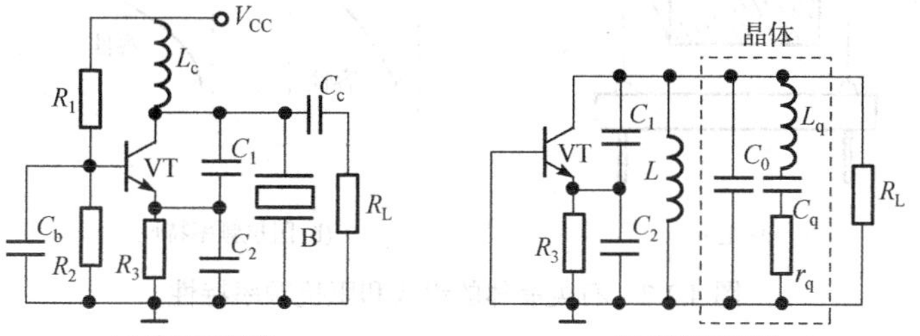

(a) 典型电路图　　(b) 交流等效图

图 4.3.5　并联型石英晶体振荡器电路

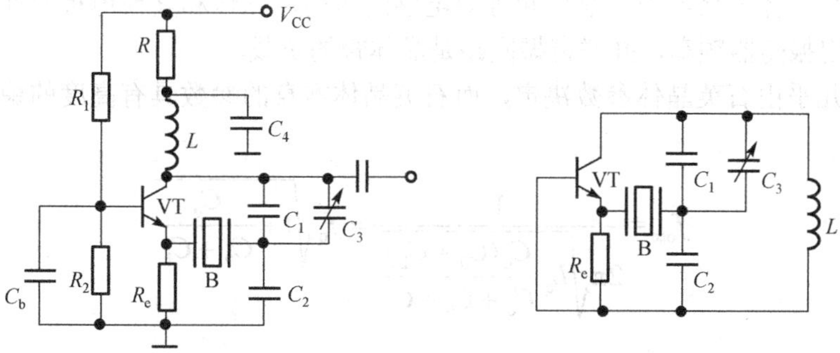

(a) 典型电路　　(b) 交流等效图

图 4.3.6　串联型石英晶体振荡器电路

为什么用石英晶体作为滤波元件，就能使振荡器的频稳度大大提高呢？由第 2 章讨论可知，石英晶体谐振器与一般的 LC 谐振回路相比具有优良的特性，具体表现为：

① 石英晶体谐振器具有很高的标准性。石英晶体振荡器的振荡频率主要由石英晶体谐振器的谐振频率决定。石英晶体的串联谐振频率 f_q 主要取决于晶片的尺寸和形状，石英晶体的物理性能和化学性能都十分稳定，它的尺寸和形状受外界条件如温度、湿度等的影响很小，因而其等效电路的 L_q、C_q 值很稳定，使得 f_q 很稳定。

② 石英晶体谐振器与有源器件的接入系数 $n = C_q/(C_q + C_0) \ll 1$，一般为 10^{-3}～10^{-4} 数量级，这大大减弱了有源器件的极间电容等参数和外电路中不稳定因素对石英晶体的影响，使石英晶体振荡器的振荡频率基本不受外界不稳定因素的影响。

③ 石英晶体谐振器具有非常高的 Q 值。因为 $Q_q=1/r_q\sqrt{L_q/C_q}$，Q 值可达到几万到几百万，与 Q 值仅为几百数量级的普通 LC 回路相比，其 Q 值极高，维持振荡频率稳定不变的能力极强。

基于上述特性，采用高精度和稳频措施后，由石英晶体构成的振荡器就可以具有较高的频稳度。

晶体振荡器的电路类型很多，但根据晶体在电路中的作用，可以将晶体振荡器归为两大类：并联型晶体振荡器和串联型晶体振荡器。典型电路如图 4.3.5 和图 4.3.6 所示，石英晶体的组成和阻抗频率特性如图 4.3.7 所示。

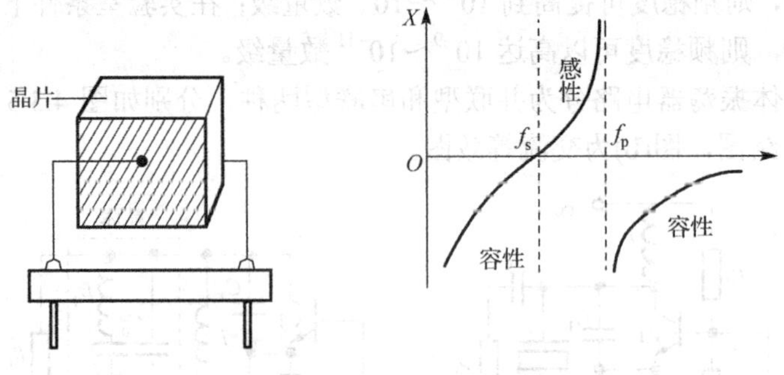

(a) 组成　　(b) 阻抗频率特性

图 4.3.7　石英晶体的组成和阻抗频率特性

● 并联型晶体振荡器

并联型晶体振荡器的工作原理和三点式振荡器相同，只是将其中一个电感元件换成石英晶体。在并联型晶体振荡器中，晶体起等效电感的作用，晶体和其他电抗元件共同组成并联谐振回路并决定振荡器频率，并联谐振回路是晶体管的负载。

振荡频率几乎由石英晶体参数决定，而石英晶体本身的参数具有高度的稳定性。振荡频率为

$$f_{osc}=\frac{1}{2\pi\sqrt{L_q\dfrac{C_q(C_0+C_L)}{C_q+C_0+C_L}}}=f_q\sqrt{1+\frac{C_q}{C_0+C_L}}$$

式中，C_L 是和晶体两端并联的外电路各电容的等效值，即根据产品要求的负载电容。在使用时，一般需加入微调电容，用以微调回路的谐振频率，保证电路工作在晶体外壳上所注明的标称频率 f_N 上。

由于振荡频率 f_{osc} 一般调谐在标称频率 f_N 上，位于晶体的感性区内，电抗曲线陡峭，稳频性能极好。

石英晶体的 Q 值和特性阻抗 $\rho=\sqrt{\dfrac{L_q}{C_q}}$ 都很高，所以晶体的谐振电阻也很高，一般可达 $10^{10}\Omega$ 以上。这样即使外电路接入系数很小，此谐振电阻等效到晶体管输出端的阻抗仍很大，

使晶体管的电压增益仍能满足振幅起振条件的要求。

事实上为了保证振荡频率的精度和稳定性，应尽可能减小与晶体并联的电容 C_L。这些电容包括外接反馈电容、晶体管极间电容及各种杂散电容。显然，由于 C_L 中包含不稳定的因素，将使振荡频率有所变化，为此，一方面应减小 C_L 的变化量，同时应使 C_L 尽量接近晶体出厂时规定的负载电容值。

● 串联型晶体振荡器

在串联型晶体振荡器中，晶体以低阻抗接入电路，即晶体相当于对频率有选择性的短路线。石英晶体与正反馈选频回路串联连接，在串联谐振点 f_s 处正反馈最强，其他频率点石英晶体的阻抗较大，减弱了正反馈的程度，使振荡不能进行。

串联型晶体振荡器中晶体起调整反馈系数 F 的作用，即利用晶体串联谐振时等效为短路元件的特性，使电路反馈作用最强，满足振幅起振条件 AF 大于 1；当回路的谐振频率距串联谐振频率较远时，晶体的阻抗增大，使反馈减弱，从而使电路不能满足振幅条件 AF 大于 1，电路不能工作。

串联型晶体振荡器的工作频率等于晶体的串联谐振频率 f_s。不需要外加负载电容 C_L，通常这种晶体标明其负载电容为无穷大，在实际制作中，若 f_s 有小的误差，则可以通过回路谐振来微调。

这种振荡器与三点式振荡器基本类似，只不过在正反馈支路上增加了一个晶体。L、C_1、C_2 和 C_3 组成并联谐振回路且调谐在晶体的串联谐振频率 f_s 上。

串联型晶体振荡器能适应高次泛音工作，这是由于晶体只起控制频率的作用，对回路没有影响，只要电路能正常工作，输出幅度就不受晶体控制。

（4）泛音晶体振荡器

晶体特性受工艺限制，晶体频率高时，晶片变薄，机械强度脆弱，所以，目前石英晶体最高基频为十几 MHz，故当振荡频率高于几十 MHz 以上时，一般采用泛音晶体振荡器。

泛音是石英晶体的机械谐波，但它与电气谐波不同，它只有奇次谐波，称为泛音，图 4.3.8 所示为晶体基次和泛音谐振的等效电路示意图，由图可知，晶体的谐振频率可能有多个，基频 f_{01}、$3f_{01}$、$5f_{01}$、nf_{01}，有一点需要说明，随着 n 的增大，谐振的幅度慢慢减弱，基频 f_{01} 处谐振最明显，基波不与其他谐波同时并存，基波具有优先选择权，只有在 f_{01} 处不符合谐振条件时才选择 $3f_{01}$，并依此类推。

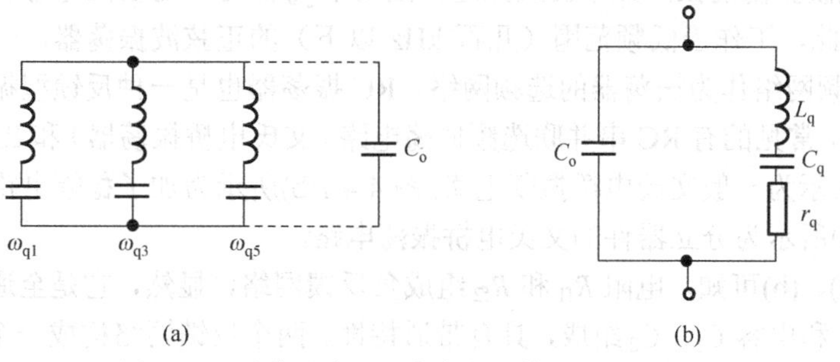

图 4.3.8　晶体基次和泛音谐振的等效电路示意图

在实际应用时，可在三点式振荡电路中，用一选频回路来代替某一支路上的电抗元件，使这一支路在基频和低次泛音上呈现的电抗性质不满足三点式振荡器的组成法则，不能起振；而在所需要的泛音频率上呈现的电抗性质恰好满足组成法则，达到起振。

典型的并联型泛音晶体振荡器如图 4.3.9(a)所示。假设晶体基频为 1MHz，所需泛音晶振为五次泛音，标称频率为 5MHz，则并联选频 L_1C_1 回路必须调谐在三次和五次泛音频率之间。这样，在 5MHz 频率上，L_1C_1 回路呈容性，满足三点式振荡电路“射同它异”组成法则。对于基频和三次泛音频率来说，L_1C_1 回路呈感性，电路不符合组成法则，不能起振。而在七次及其以上泛音频率，L_1C_1 回路虽呈现容性，但等效容抗减小，从而使电路的电压放大倍数减小，环路增益小于 1，不满足振幅起振条件。L_1C_1 回路的电抗特性如图 4.3.9(b)所示。

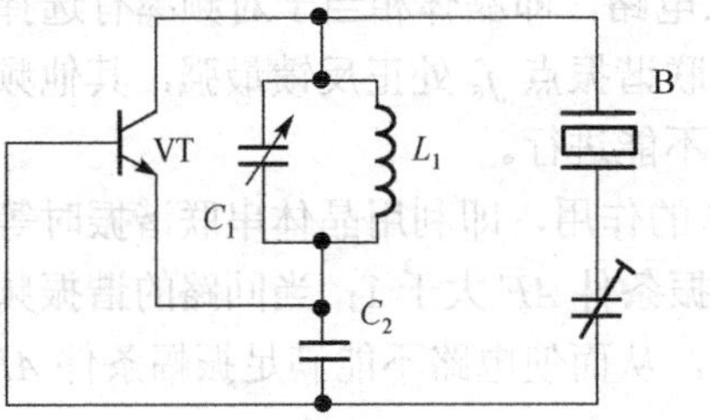

(a) 等效电路

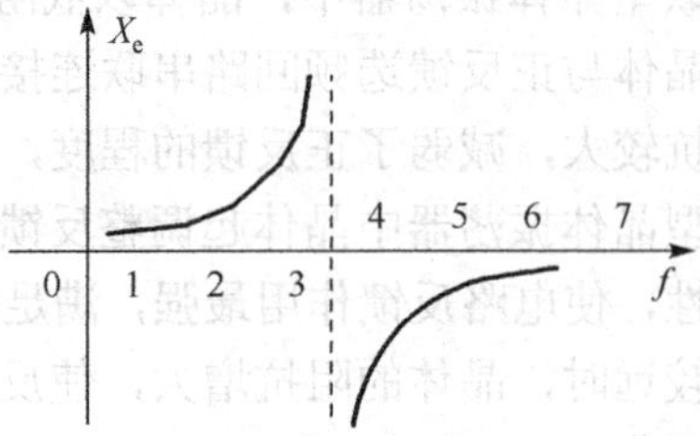

(b) 电抗特性

图 4.3.9　典型并联型泛音晶体振荡器等效电路和选频支路电抗特性

小结：在工作频率较高的晶体振荡器中，多采用泛音晶体振荡电路，泛音晶振电路与基频晶振电路有些不同。在泛音晶振电路中，为了保证振荡器能准确地在所需要的奇次泛音上，不但必须有效地抑制掉基频和低次泛音上的寄生振荡，而且必须正确地调节电路的环路增益，使其在需要工作的泛音频率上略大于 1，满足起振条件，而在更高的泛音频率上都小于 1，不满足起振条件。在实际应用时，可在三点式振荡电路中，用一选频回路来代替某一支路上的电抗元件，使这一支路在基频和低次泛音上呈现的电抗性质不满足三点式振荡器的组成法则，不能起振；而在所需要的泛音频率上呈现的电抗性质恰好貌似满足组成法则，达到起振，在更高的泛音频率上由于电抗减小，不满足起振的振幅条件。

4.4　其他振荡器简介

4.4.1　RC 正弦波振荡器

由 LC 正弦波振荡的振荡频率公式知道，当要求 f_0 低时，需要大电感和大电容，使体积和造价增加，因此，工作于低频范围（几百 kHz 以下）的正弦波振荡器，一般选用 RC 振荡器，即以 RC 选频网络作为振荡器的选频网络。RC 振荡器也是一种反馈型振荡器，用于产生低频正弦波信号，常见的有 RC 串并联选频振荡电路（文氏电桥振荡器）和 RC 相移振荡电路。

图 4.4.1(a)所示为一般文氏电桥振荡电路，图 4.4.1(b)所示为加了稳幅电路的文氏电桥振荡电路，图 4.4.1(c)所示为分立器件的文氏电桥振荡电路。

由图 4.4.1(a)、(b)可知，电阻 R_{f1} 和 R_{f2} 组成负反馈网络，显然，它是全通网络；正反馈网络由电阻 R_1、R_2 和电容 C_1、C_2 组成，具有带通特性。两个反馈网络构成一个电桥，故此振荡器称为文氏电桥振荡器。

串并联选频电路在 $\omega=\omega_0$ 处的相移为零，所以为了形成正反馈，必须采用同相放大器。图 4.4.1(b)加了二极管作为自动稳幅电路，将二极管串接在通路中，利用二极管微变电阻随导通电流变化的特性改变负反馈深度。例如，当输出幅度增大时，流过二极管的电流增大，二

极管的等效微变电阻减小，电路的负反馈增大，使输出幅度降低，该振荡器的振荡频率 f_0 为

$$f_0 = \frac{1}{2\pi RC} \tag{4.4.1}$$

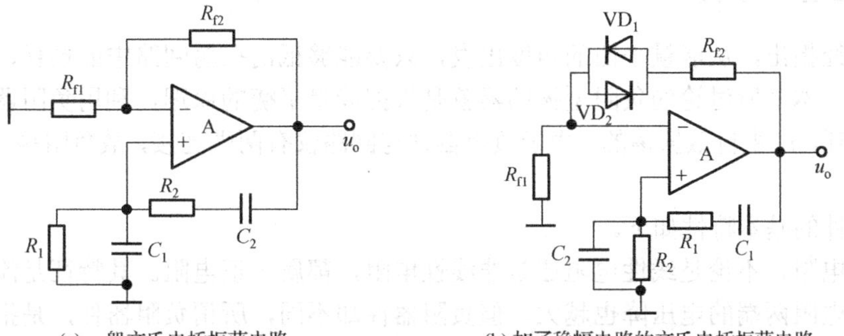

(a) 一般文氏电桥振荡电路　　(b) 加了稳幅电路的文氏电桥振荡电路

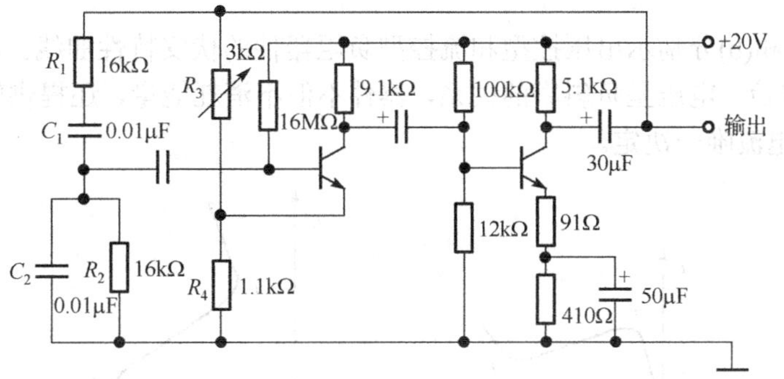

(c) 分立器件的文氏电桥振荡电路

图 4.4.1　文氏电桥振荡电路

图 4.4.2 所示为三节 RC 相移振荡电路，由图可知，一节导前移相或滞后移相电路实际能产生的相移量小于 90°（当相移趋近 90° 时，增益已趋于零），所以至少要三节 RC 移相电路才能产生 180° 相移。由三节移相电路和反相放大器就可以组成正反馈振荡器。该振荡器的振荡频率 f_0 和振幅起振条件分别为：

$$f_0 = \frac{1}{2\pi\sqrt{6}RC} \tag{4.4.2}$$

$$\frac{R_f}{R} > 29 \tag{4.4.3}$$

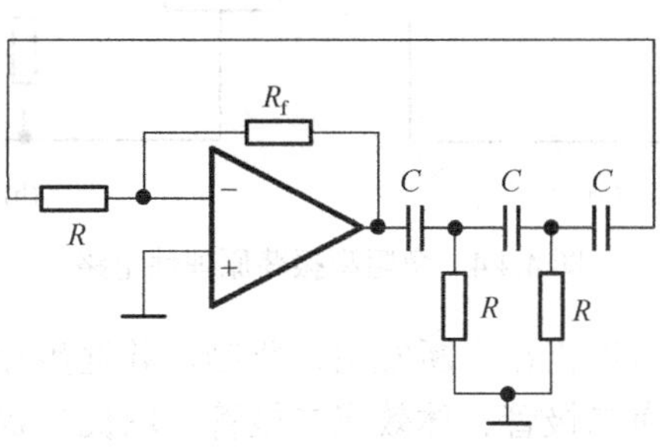

图 4.4.2　三节 RC 相移振荡电路

在低频振荡时，RC 振荡电路比 LC 振荡电路更易于实现，它不需要低损耗的大电感，同时也有利于减小体积，但它的选择性和稳定性都不太理想。

4.4.2 负阻型振荡器

前面已经指出，从能量平衡的角度出发，只要能够抵消振荡回路中的损耗，就可以使振荡维持下去。本节所讨论的负阻型振荡器就是根据能量平衡的原理，利用负阻器件抵消回路中的正阻损耗，产生自激振荡的。由于负阻器件与回路仅有两端连接，故负阻振荡器又称“二端振荡器”。

负阻器件的基本特性如下。

常见的电阻，不论是线性电阻还是非线性电阻，都属于正电阻。其特征是流过电阻的电流越大，其电阻两端的电压降也越大。但负阻器件却不同，所谓负阻器件，是指具有负微变电阻特性的器件。这种器件可以分为两类，第一类为压控型负阻器件，第二类为流控型负阻器件。

图 4.4.3(a)和(b)分别示出压控型和流控型负阻器件的伏安特性曲线。可以看出，在它们各自的 AB 段，电流、电压呈负斜率的关系，器件不但不消耗能量，还提供能量。其工作点由器件两端电压或电流唯一决定。

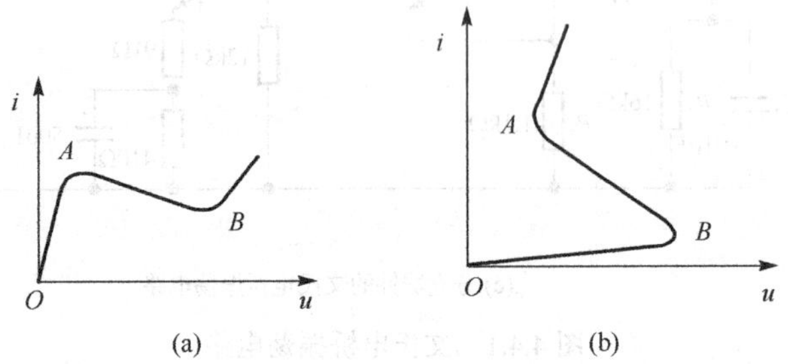

图 4.4.3 压控型和流控型负阻器件的伏安特性曲线

负阻型 LC 正弦波振荡器的工作原理是依靠负阻器件的负阻特性给谐振回路补充能量，以维持正弦振荡的。两种负阻器件在直流供电和与谐振回路的连接上有所不同，谐振回路与器件的连接原则是必须确保负阻器件工作于负阻区。在高 Q 值条件下，流控型采用器件与谐振回路串联连接，如图 4.4.4(a)所示，压控型采用器件与谐振回路并联连接，如图 4.4.4(b)所示。

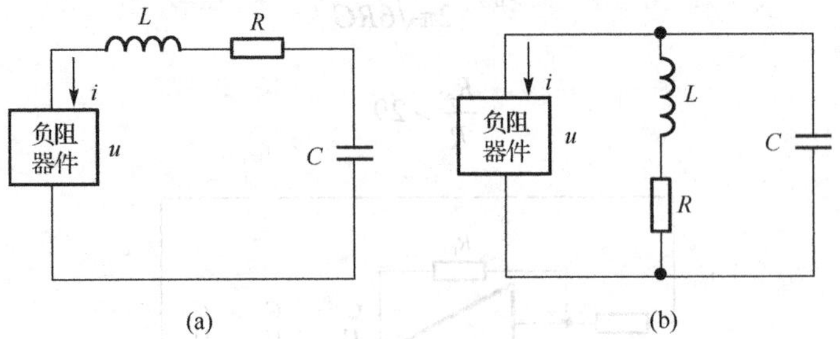

图 4.4.4 负阻型振荡原理性电路

目前，各种新型的负阻器件仍在不断发明、研制，并逐步在实际电路中被采用。例如，在固体微波振荡方面，用雪崩二极管、体效应二极管（耿氏二极管）等负阻器件构成负阻振荡器，显示出体积小、质量小、耗电低、机械强度高等许多优点，取代了一些老式的微波振荡器。

图 4.4.5(a)所示为隧道二极管组成的典型负阻型振荡电路，图 4.4.5(b)是其等效电路，隧道二极管是压控型负阻器件。

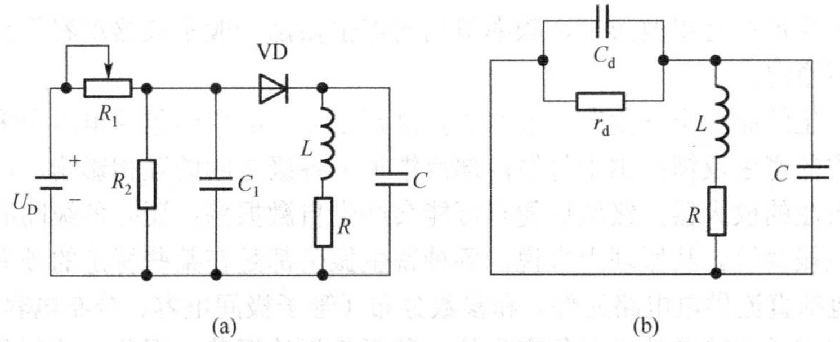

图 4.4.5　典型负阻型振荡电路

直流供电 U_D 通过 R_1、R_2 给隧道二极管提供工作于负阻区所必需的直流电压，隧道二极管与电感、电容 C 组成并联谐振回路。起振条件为：

$$r_d < \frac{\omega_0^2 L^2}{r} \tag{4.4.4}$$

振荡频率为

$$\omega_0 = \frac{1}{\sqrt{L(C+C_d)}} \tag{4.4.5}$$

本书不展开讨论各种负阻器件产生负阻特性的原理，仅从负阻器件的外特性简要说明产生负阻振荡的电路原理。

原理说明：负阻器件在一定条件下，不但不消耗交流能量，反而向外部电路提供交流能量，当然该交流能量并不存在于负阻器件内部，而是利用其在特定情况下能力变换特性，从而保证电路工作时将直流能量变换为交流能，所以负阻振荡器同样是一个能量变换器。

将负阻器件等效为一给回路提供能量的器件，回路中的正电阻 R 则是消耗能量的，若负阻提供的能量大于正电阻消耗的能量，则开始时电路中能激起增幅振荡，平衡时二者相等。

振荡电路小结如表 4.4.1 和表 4.4.2 所示。

表 4.4.1　LC 振荡电路特点

项　目	电感三点式	电容三点式			变压器耦合
		普通	西勒改进	晶体改进	
振荡波形	差	好	好	好	一般
频率调节	容易	不易	较易	较易	容易
频率稳定性	差	较好	较好	好	差
频率	较低	较高	较高	较高	低

表 4.4.2　各类振荡电路的选择原则

项　目	负阻振荡器电路	晶体 LC 振荡电路	RC 振荡电路
振荡波形	较好	较好	一般
频率稳定性	较好	好	差
频率	高	较高	低

*4.5 寄生振荡

所谓寄生振荡，即不是人为安排，而是由于电路中的寄生参数形成了正反馈，并满足自激条件而产生的振荡。这些现象在大部分情况下，应想办法避免。

寄生振荡常叠加在有用波形上，频率很高的寄生振荡一般示波器观察不到，但使振荡器工作不正常或不稳定。

寄生振荡产生的原因十分复杂，如产生多级寄生振荡的原因包括电路中采用公共电源对各级馈电而产生的寄生反馈；由于每级内部反馈加上各级之间的互相影响，例如，两个虽有内部反馈而不自激的放大器，级联后便有可能会产生自激振荡；还有各级间的空间电磁耦合将引起多级寄生振荡等。从原理上来说，各种寄生振荡都是在某些特定的频率上，电路中某些集中参数（包括直流供电电路元件）和参数分布（管子极间电容、分布电容、引线电感等）构成的闭合环路满足振荡条件而自行产生的一种不希望的振荡。因此，抑制各种寄生振荡的措施无非都是破坏闭合环路的振荡条件。实际情况是复杂的，要确切地找到产生寄生振荡的闭合环路是十分困难的，需要通过长期实践的摸索，这里仅做扼要介绍。

寄生振荡的形式是各式各样的，有单级和多级振荡，有工作频率附近的振荡，或者是远离工作频率的低频或超高频振荡。

寄生振荡产生的原因和消除的方法简单介绍如下。

（1）公用电源内阻抗的寄生耦合

电源内阻上流过各级电流产生的电压加到前面各级，构成反馈环，在某个频率反馈成为正反馈而产生自激。

① 超低频

滤波电容容抗增大，产生超低频寄生振荡。

② 高频

滤波电容在高频时呈现寄生电感，消除方法是采用大电容旁加小电容。

（2）元器件分布电容、互感形成的寄生耦合

用合理布局或加屏蔽消除静电耦合和磁耦合；用高电导率材料进行静电屏蔽；用高磁导率材料进行磁屏蔽。采用集中接地或大面积接地，避免出现放大器输入与输出回路之间的寄生耦合。高频接线应该尽量粗、短，不使其平行，远离作为“地”的底板，以减小引线电感与对“地”的分布电容。

（3）引线电感和器件极间电容及接线电容构成高频寄生振荡

频率在 100MHz 以上的寄生振荡，普通示波器不能稳定显示，但可测得电路工作不正常，一般采用缩短接线，或加防振电阻消除。受人体感应产生的寄生振荡也可以用此方法减轻。为了消除和预防高频寄生振荡，也可在发射极或基极电路中接入几欧姆的串联电阻，以减小高频寄生振荡回路的 Q 值；或在基极与发射极之间接一个小电容（一般为几 pF），以减小高频寄生振荡的反馈，破坏其振荡条件。

（4）负反馈级数增加后变为正反馈效应

对于负反馈级数增多，相移积累变为正反馈效应的加频率补偿来消除。

4.6 实验二：实际 LC 反馈式振荡电路举例

LC 反馈式振荡器是指振荡回路由 L、C 元件组成的满足振荡条件的正反馈放大器。从交

流等效电路可知：由 LC 振荡回路引出三个端子，分别接振荡管的三个电极，而构成反馈式自激振荡器，因而又称为三点式振荡器。如果反馈电压取自分压电感，则称为电感反馈 LC 振荡器或电感三点式振荡器；如果反馈电压取自分压电容，则称为电容反馈 LC 振荡器或电容三点式振荡器。

在几种基本高频振荡回路中，电容反馈 LC 振荡器具有较好的振荡波形和稳定度，电路形式简单，适于在较高的频段工作，尤其是以晶体管极间分布电容构成反馈支路时其振荡频率可高达几百 MHz 到几 GHz。

图 4.6.1 所示为串联改进型电容三点式振荡电路——克拉泼振荡电路的原理图。

图 4.6.2 所示为并联改进型电容三点式振荡电路——西勒振荡电路的原理图。

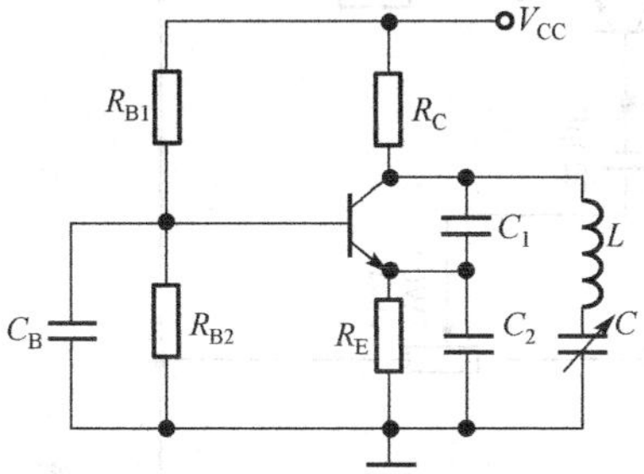

图 4.6.1　克拉泼振荡电路

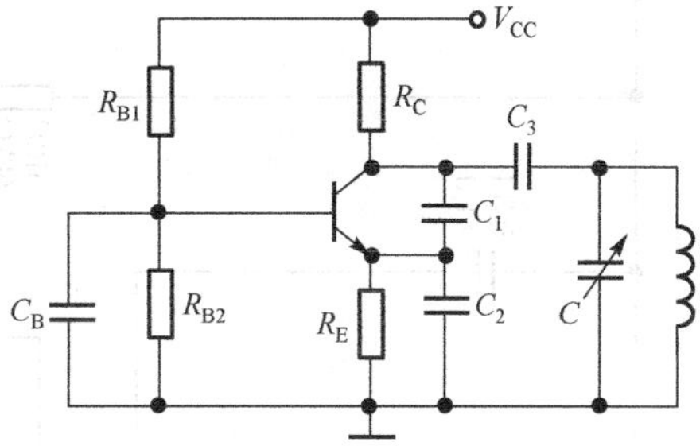

图 4.6.2　西勒振荡电路

1. 静态工作点的调整

合理选择振荡管的静态工作点，对振荡器工作的稳定性及波形的好坏有一定的影响，偏置电路一般采用分压式电路。

当振荡器稳定工作时，振荡管工作在非线性状态，通常是依靠晶体管本身的非线性实现稳幅的。若选择晶体管进入饱和区来实现稳幅，则将使振荡回路的等效 Q 值降低，输出波形变差，频率稳定度降低。因此，一般在小功率振荡器中，总是使静态工作点远离饱和区，靠近截止区。

2. 振荡频率 *f* 的计算

$$f=\frac{1}{2\pi\sqrt{L(C+C_T)}}$$

式中，C_T 为 C_1、C_2 和 C_3 的串联值，因 $C_1(300\text{pF})\gg C_3(75\text{pF})$，$C_2(1000\text{pF})\gg C3(75\text{pF})$，故 $C_T\approx C_3$，所以，振荡频率主要由 L、C 和 C_3 决定。

3. 反馈系数 *F* 的选择

$$F=\frac{C_1}{C_2}$$

反馈系数 F 不宜过大或过小，一般经验数据 F 为 0.1～0.5。本实验取 F=0.3。

图 4.6.3 所示为实际的 LC 反馈式振荡电路，切换开关 3K05A，分别为串联改进型电容三点式振荡电路——克拉泼振荡电路和并联改进型电容三点式振荡电路——西勒振荡电路，读者可以自己搭接实验。

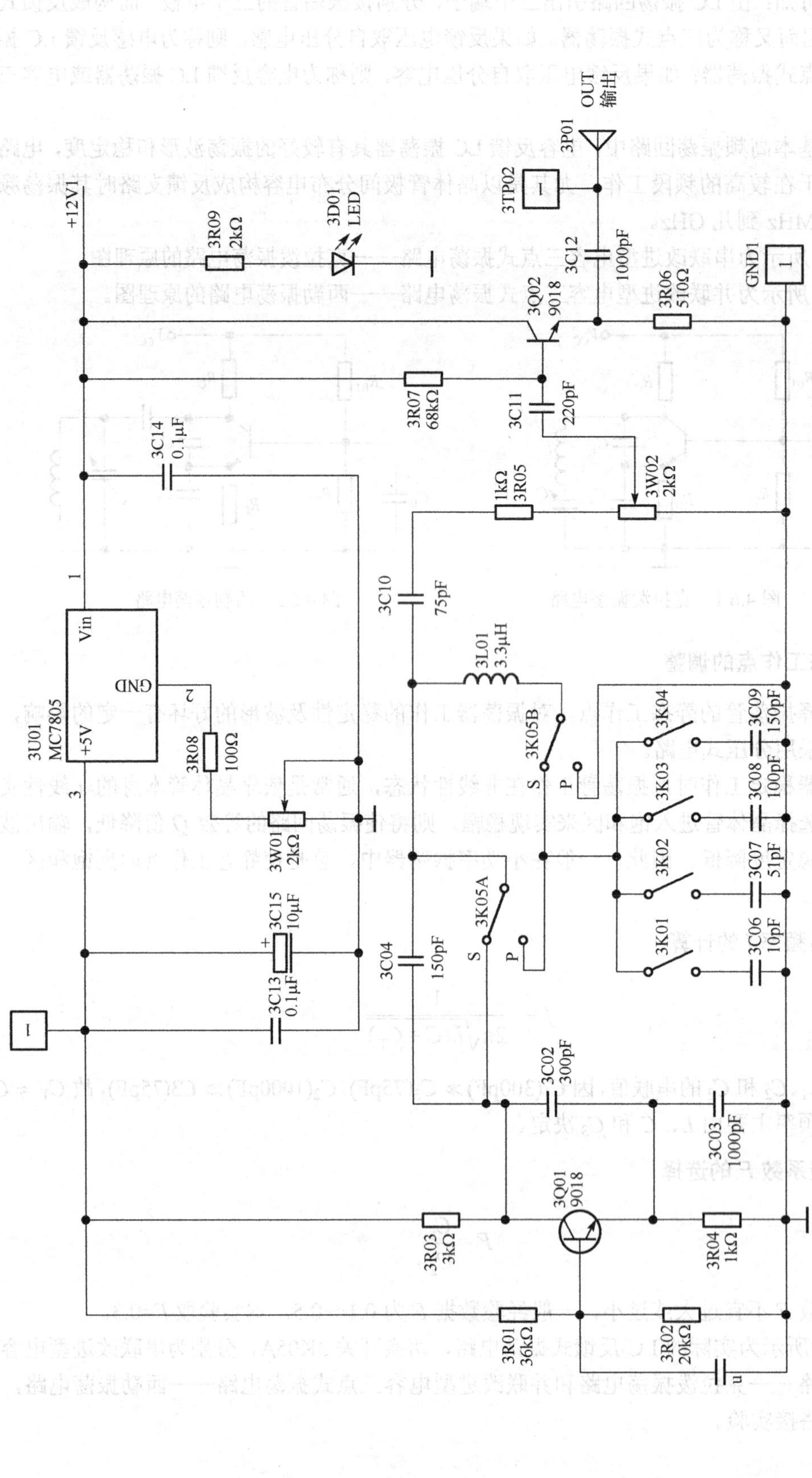

图 4.6.3 实际的 LC 反馈式振荡电路

思考题与习题

4.1　从能量的角度出发，分析振荡器能够产生振荡的实质。

4.2　为何在振荡器中，应保证振荡平衡时放大电路有部分时间工作在截止状态，而不是饱和状态？这对振荡电路有何好处？

4.3　“若反馈振荡器满足起振和平衡条件，则必然满足稳定条件”这种说法是否正确？为什么？

4.4　试定性说明电感三点式振荡器中 L_1 和 L_2 的大小对振幅起振条件的影响。

4.5　说明反馈型振荡器各组成部分的功能，原始信号是如何产生的。

4.6　什么是振荡器的起振条件、平衡条件和稳定条件？用文字和公式分别说明。振荡器输出信号的振幅和频率分别是由什么条件决定的？

4.7　试判断题 4.7 图所示的交流通路中，哪些不能产生振荡。若能产生振荡，则说明是哪种振荡电路。

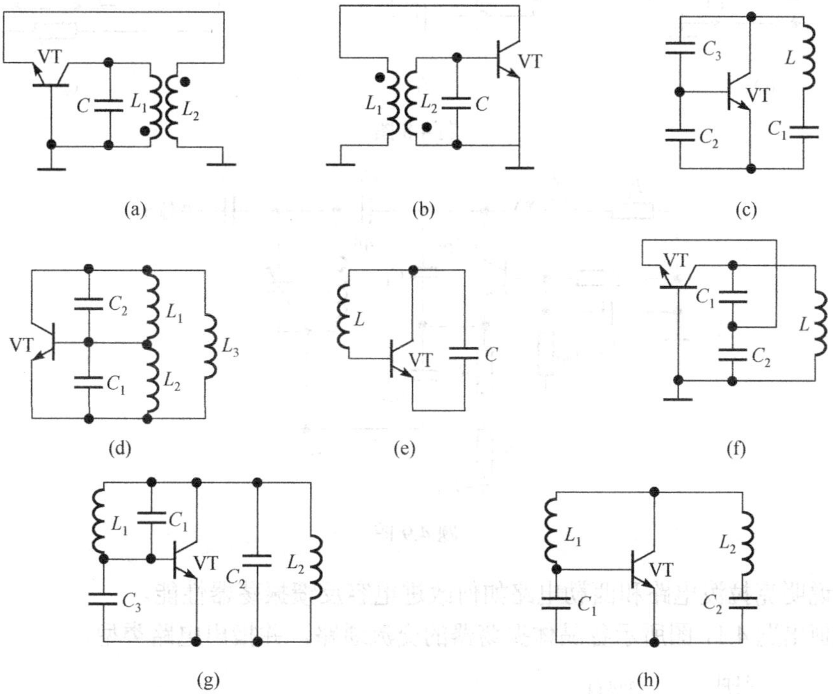

题 4.7 图

4.8　试画出题 4.8 图所示各振荡器的交流通路，并判断哪些电路可能产生振荡，哪些电路不能产生振荡。图中，C_B、C_C、C_E、C_D 为交流旁路电容或隔直流电容，L_C 为高频扼流圈，偏置电阻 R_{B1}、R_{B2}、R_G 不计。

4.9　题 4.9 图所示为 LC 振荡器。（1）试说明振荡电路各元件的作用；（2）若电感 $L = 1.5\mu H$，要使振荡频率为 49.5MHz，则 C_4 应调到何值？

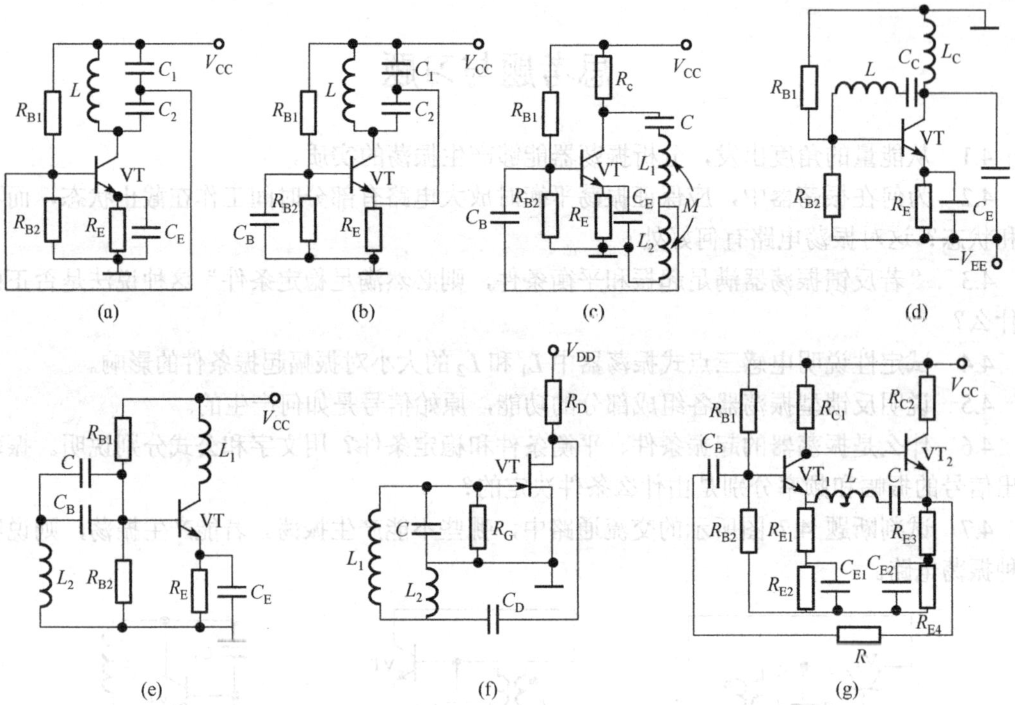

题 4.8 图

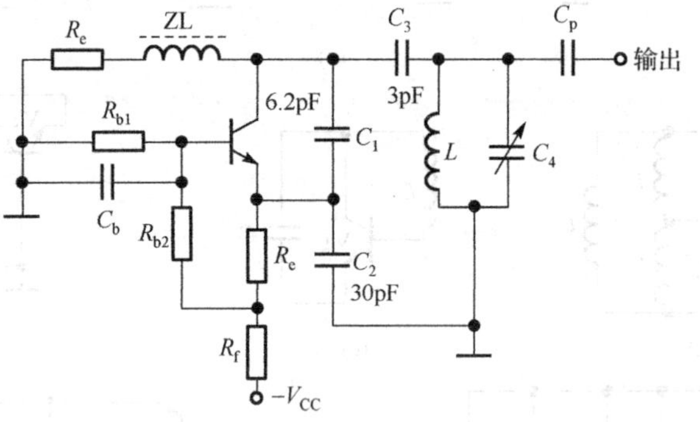

题 4.9 图

4.10 说明克拉泼电路和西勒电路如何改进电容反馈振荡器性能。

4.11 画出题 4.11 图所示各晶体振荡器的交流通路，并指出电路类型。

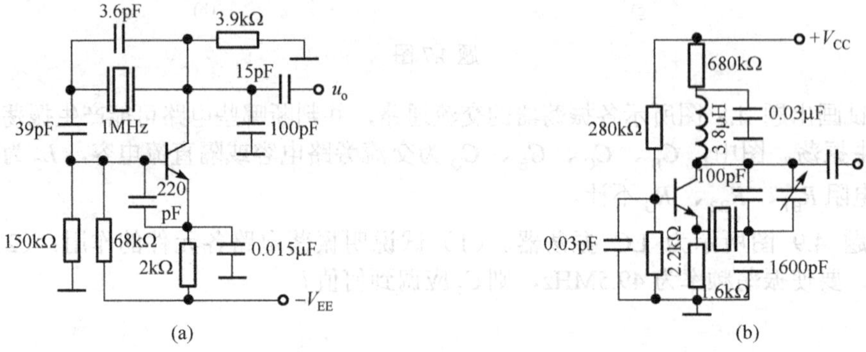

题 4.11 图

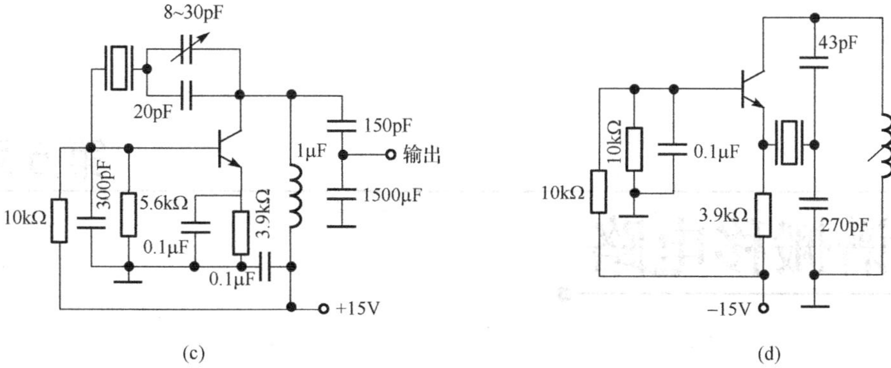

题 4.11 图（续）

4.12　振荡器的频率稳定度用什么来衡量？什么是长期、短期和瞬间频率稳定度？引起振荡器频率变化的外界因素有哪些？常用的改进振荡器有哪些？

4.13　画出典型的并联或串联型晶体振荡电路，并分析晶体的作用。

4.14　试用振荡相位平衡条件判断题 4.14 图所示各电路能否产生正弦波振荡。为什么？

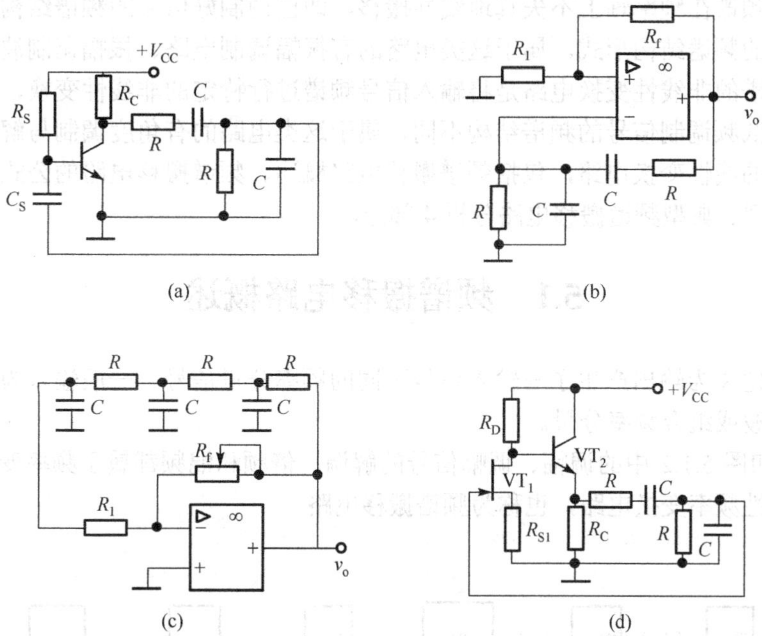

题 4.14 图

第 5 章

频谱搬移电路

由第 1 章知道，调制与解调和混频电路是通信、广播、电视等系统及各种电子设备中不可或缺的单元电路，这些电路统称为频率变换电路。它们的共同特点是将输入信号进行频谱变换，使输出信号的频率与输入信号不一样，以获得具有所需频谱结构的输出信号。

根据频谱变换的不同特点，频率变换电路可以分为频谱的线性变换电路（本章的频谱搬移电路）和频谱的非线性变换电路（第 6 章的角度调制与解调电路）。频谱搬移电路的特点是将输入信号的频谱在频率轴上不失真地线性搬移，即已调制好信号的频谱结构不失真地复现低频调制信号的频谱结构形式。属于这类电路的有振幅调制电路、振幅调制波的解调电路和混频电路。频谱的非线性变换电路是将输入信号频谱进行特定的非线性变换，已调制好信号的频谱结构与低频调制信号的频谱结构不同，属于这类电路的有角度调制与解调电路。本章主要介绍频谱的线性变换电路，包括频谱搬移电路概述、频谱搬移电路的公式和波形、频谱搬移电路的原理、典型频谱搬移电路分析 4 部分。

5.1 频谱搬移电路概述

频率变换定义为输出产生了与输入信号不同的频率分量信号。一般输入为两种信号，输出包含更多谐波或组合频率分量。

图 5.1.1 和图 5.1.2 中的调幅、调幅信号的解调、倍频和混频都属于频率变换电路，它们都是典型的线性频率变换电路，也称为频谱搬移电路。

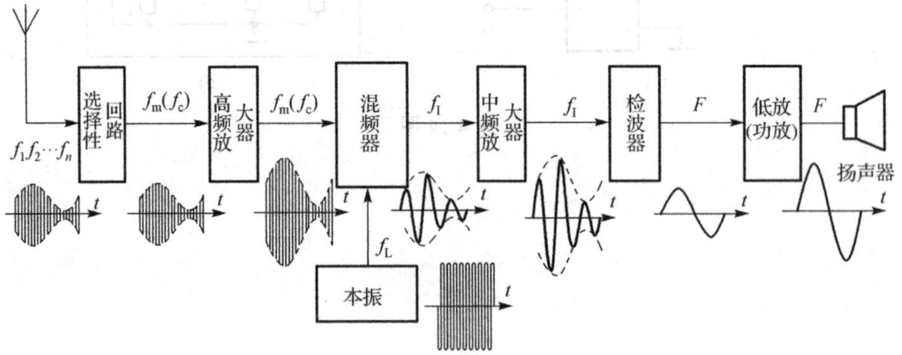

图 5.1.1 典型超外差式接收机框图

下面按照调幅、调幅信号的解调和混频分别介绍。

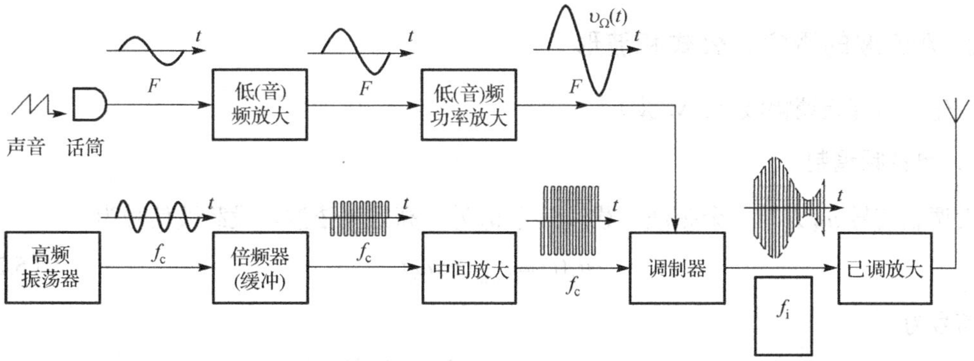

图 5.1.2　典型无线调幅发射机框图

5.2　频谱搬移电路的概念、公式和波形

5.2.1　调幅的概念与分类

在无线电通信中，为了有效地传输信号，需要将待传送的信号装载到高频载波上，然后用天线辐射出去，此过程称为调制。调制的目的主要有以下两个。

1. 提高频率以便于辐射

根据天线理论可知，只有当辐射天线的尺寸与信号波长可以相比拟时，信号才能被天线有效地辐射。信号频率越低，波长越大，所需天线尺寸就越大。如语音信号频率为 300～3400Hz，则相应波长为 1000～88km，这样巨大的天线是不现实的，只有将此信号装载到高频载波上，才能用天线辐射出去。

2. 实现信道复用

通过调制，将不同信号的频谱搬移到同一传输信道的不同频点位置上，可以实现在一个信道中同时传输多个信号。

调制的方法大致分为两大类：连续调制与脉冲调制。连续调制的载波是正弦波，脉冲调制的载波是高频脉冲序列。根据待传送信号（称为调制信号）控制高频载波的参数的不同，连续调制可分为调幅、调频与调相；相应的，脉冲调制有脉冲振幅、脉宽、脉位、脉冲编码调制等多种形式。本书只介绍连续波调制，本章节介绍振幅调制。

调幅是利用有用信号（调制信号或基带信号）u_Ω 控制高频载波信号 u_c 的幅度，使这个参数随 $u_\Omega(t)$而变化。严格地讲，调幅是使高频已调信号的振幅与调制信号呈线性变化关系，其他参数（频率和相位）不变。调幅分以下几种。

（1）普通调幅波（AM 波，Amplitude Modulation）；

（2）抑制载波的双边带调幅波（DSB 波，Double Sideband AM，记为 DSB AM 波或 DSB 波）；

（3）单边带调幅波（SSB 波，Single Sideband AM，记为 SSB AM 波或 SSB 波）；

（4）残留边带调幅波（VSB 波，Vestigial Sideband AM，记为 VSB AM 波或 VSB 波）。

5.2.2 AM 波的概念、公式和波形

首先介绍普通调幅波（AM 波）。

1．单音频调制

设调制信号 u_Ω 为单一余弦波，载波信号 u_c 为一高频正弦波。设载波信号为

$$u_c(t)=V_{cm}\cos\omega_c t \tag{5.2.1}$$

调制信号为

$$u_\Omega(t)=V_{\Omega m}\cos\Omega t\ （为单音频信号） \tag{5.2.2}$$

通常满足 $\omega_c\gg\Omega$。根据振幅调制信号定义，则普通调幅波 u_{AM} 的数学表达式为

$$u_0(t)=u_{AM}(t)=(V_{cm}+kV_{\Omega m}\cos\Omega t)\cos\omega_c t \tag{5.2.3}$$

式中，k 为比例常数，与两信号在电路接入端有关，如图 5.2.1 所示，图 5.2.1(a)中载波信号和基带信号接在同一端，k 为 1，图 5.2.1(b)中载波信号和基带信号分别接在基极和集电极，k 小于 1。

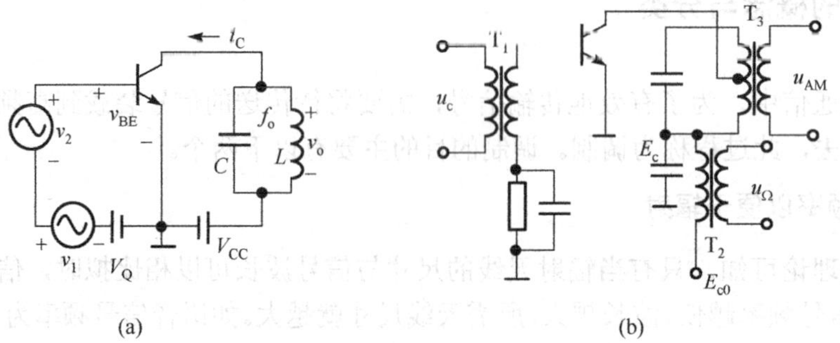

图 5.2.1 典型的调幅电路

假设 M_a 称为调幅指数（Amplitude Modulation Factor），则 $M_a=k_a\dfrac{V_{\Omega m}}{V_{cm}}$，一般 $0<M_a\leqslant1$，它是由调制电路决定的比例系数，称为调制灵敏度，表示高频振荡电压受调制信号控制所改变的程度。由此，可得 AM 信号的数学表达式为

$$\begin{aligned}V_{AM}(t)&=(V_{cm}+k_aV_{\Omega m}\cos\Omega t)\cos\omega_c t\\&=V_{cm}(1+M_a\cos\Omega t)\cos\omega_c t\end{aligned} \tag{5.2.4}$$

调幅信号电压的最大振幅为

$$V_{max}=V_{cm}(1+M_a)$$

最小振幅为

$$V_{min}=V_{cm}(1-M_a)$$

由式（5.2.1）、式（5.2.2）、式（5.2.4），可以画出图 5.2.2 所示的基带信号、载波信号和普通调幅信号示意图。

注意：必须满足 $M_a\leqslant1$，若 $M_a\geqslant1$，则为过调幅，产生失真；若 $M_a=1$，则为临界调幅。其 M_a 三种情况波形示意图如图 5.2.3 所示。

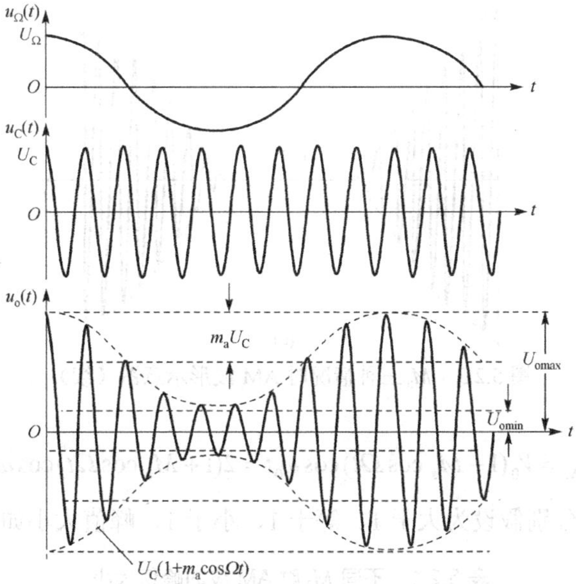

图 5.2.2　基带信号、载波信号和普通调幅信号示意图

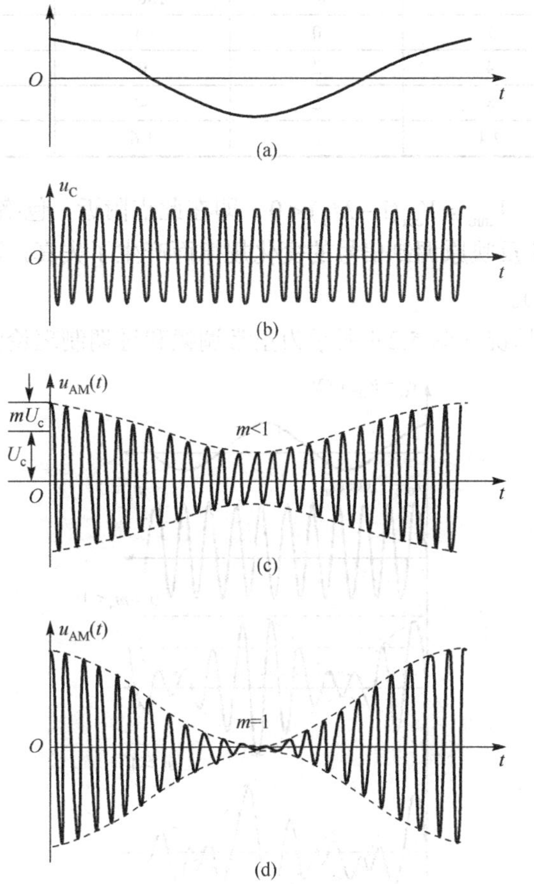

图 5.2.3　M_a 三种情况时 AM 波形示意图

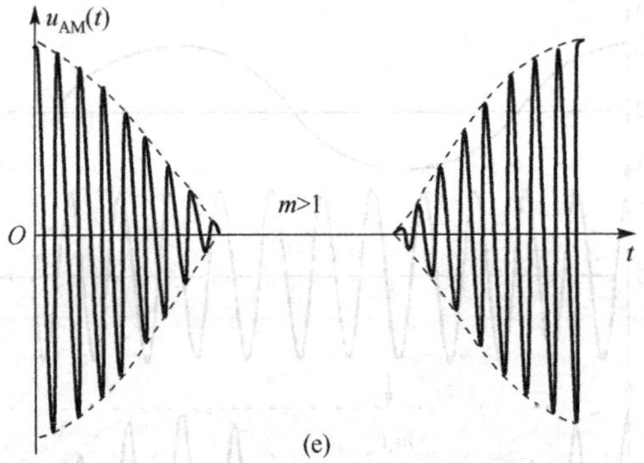

(e)

图 5.2.3 M_a三种情况时 AM 波形示意图（续）

假设

$$v_{AM}=V_0(1+M_a\cos\Omega t)\cos\omega_0 t=2(1+M_a\cos\Omega t)\cos\omega_0 t$$

用穷举法，将 M_a 分别假设为大于 1、等于 1、小于 1，峰值大小如表 5.2.1 所示。

表 5.2.1 不同 M_a 时 AM 波的峰值大小

M_a	假设 $u_{AM}(t)=V_m\cos\omega_0 t=2(1+M_a\cos\Omega t)\cos\omega_0 t$				
Ωt	0°	90°	180°	270°	360°
$\cos\Omega t$	1	0	–1	0	1
$M_a=1$	4	2	0	2	4
$M_a>1$，设 $M_a=3$	8	2	–4	2	8
$M_a<1$，设 $M_a=0.2$	2.4	2	1.6	2	2.4

显然，当 $M_a>1$时，$V_{min}=V_{cm}(1-M_a)<0$，即在此点附近，包络$V_m(t)$为负值，如图 5.2.4 所示，包络$V_m(t)$已不能反映原调制信号的变化规律而产生了失真，通常称这种失真为过调制失真（Over Modulation）。

结论：AM 的三种情况（图 5.2.4 所示为正常调幅和过调制理论波形图）：

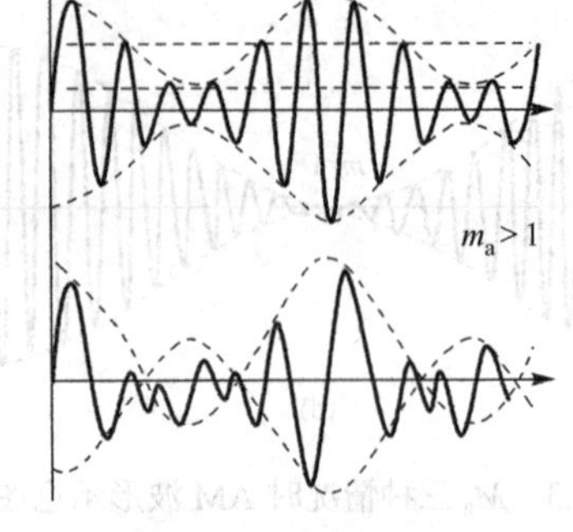

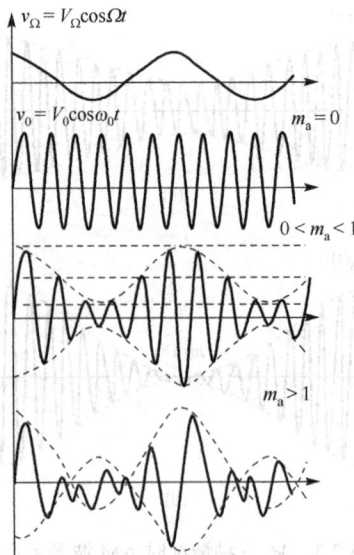

图 5.2.4 正常调幅和过调制时理论上的波形图

M_a>1：过调制，包络不能如实反映基带信号幅度，不用；

$M_a = 1$：临界调制，参数略有变化就失真，也不用；

$M_a < 1$：正常调幅，最常用（实际 M_a 取值为 20%～40%）。

对于 $M_a > 1$，过调制时的波形，理论上如图 5.2.4 所示，但在实际调幅电路中，由于 $V_m(t) < 0$ 时管子截止，负峰值的波形是不存在的，所以实际过调制失真的波形如图 5.2.3 所示，实际的 AM 波已调波 M_a 为 0.2～0.4，波形图如图 5.2.2 所示。

利用三角函数，可以将式（5.2.4）展开成

$$V_{AM}(t) = V_{cm}\cos\omega_c t + \frac{M_a V_{cm}}{2}\left[\cos(\omega_c + \Omega)t + \cos(\omega_c - \Omega)t\right] \tag{5.2.5}$$

可见，单音频信号调制的 AM 波，频率成分包括 ω_c、$\omega_c \pm \Omega$，其中一对边频对称地分布在 ω_c 两边；载波幅度为 V_{cm}，边频振幅均为 $\frac{1}{2}M_a V_{cm}$，因为 M_a 一般为 0.2～0.4，所以边频幅度小。AM 信号的频谱宽度为

$$BW_{AM} = 2F, F = \frac{\Omega}{2\pi} \tag{5.2.6}$$

其频谱图如图 5.2.5 所示。

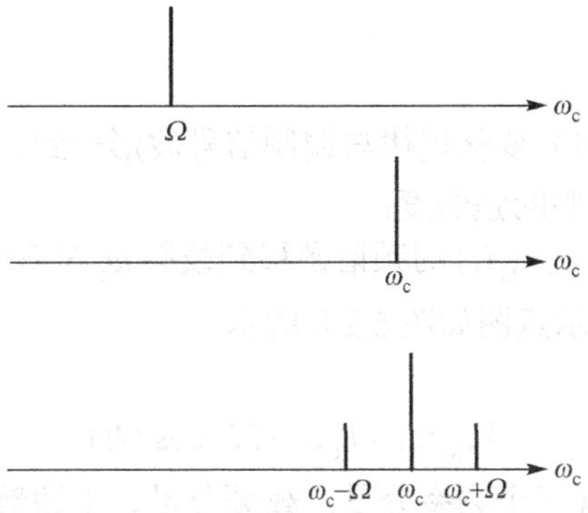

图 5.2.5　AM 调幅波频谱图

2. 多音频调幅波的公式、波形、频谱图

设 v 为非余弦的周期性信号，其傅里叶级数展开为

$$v_\Omega(t) = \sum_{n=1}^{n_{max}} V_{\Omega max}\cos\Omega_n t \tag{5.2.7}$$

$$\begin{aligned} v_{AM}(t) &= (V_{cm} + k\sum_{n=1}^{n_{max}} V_{\Omega max}\cos\Omega_n t)\cos\omega_c t \\ &= V_{cm}(1 + \sum_{n=1}^{n_{max}} M_{an}\cos\Omega_n t)\cos\omega_c t \end{aligned} \tag{5.2.8}$$

由非正弦波（多音）调制所得到的调幅波频谱图和波形示意图分别如图 5.2.6 和图 5.2.7 所示。

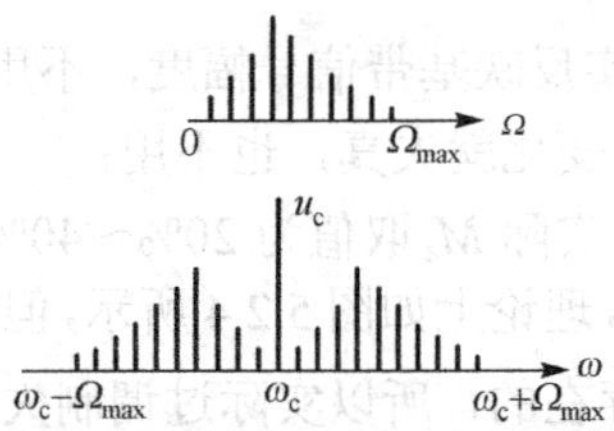

图 5.2.6 非正弦波（多音）调制所得到的调幅波频谱图

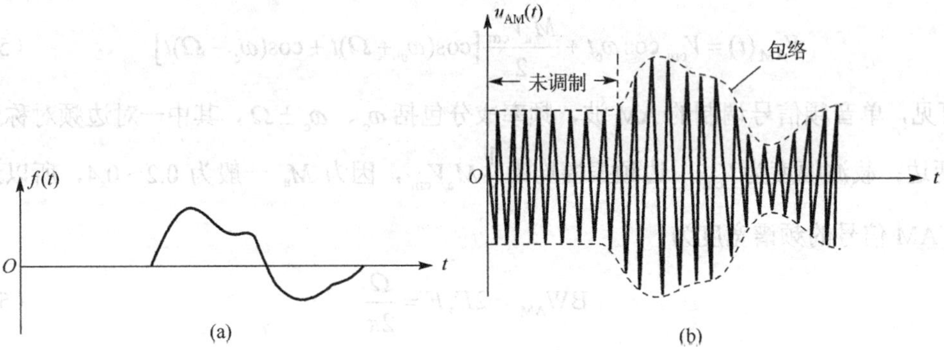

图 5.2.7 非正弦波（多音）调制所得到的调幅波波形示意图

3. AM 波小结

（1）调幅波的振幅（包络）变化规律与调制信号波形一致；

（2）调幅度 M_a 反映了调幅的强弱度；

（3）经过调制后，AM 波将 $v_\Omega(t)$ 的频谱搬移到载频 ω_c 左右两边，称为上下边频，频谱宽度为 2Ω。波形示意图及频谱示意图如图 5.2.8 所示。

（4）调幅波通式为

$$V_{AM}(t) = V_c(1 + M_a \cos \Omega t)$$

由以上分析，调幅波包含三个频率分量：载频分量、上边频分量、下边频分量。

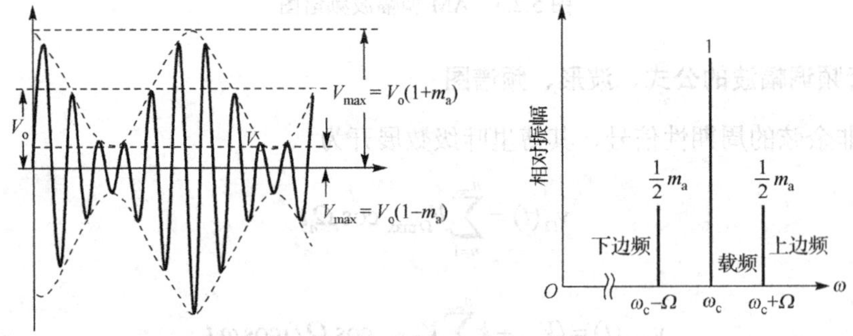

图 5.2.8 AM 波波形示意图以及频谱示意图

从图中可见，调幅波的带宽用频率表示为

$$BW = (f_c+F)-(f_c-F) = 2F$$

通过对调幅信号频谱的分析看到，调幅前后信号频谱成分有所变化，经过调幅后低频调制信号的频谱已搬移到高频信号的两边，在已调波中不再包含低频信号，因此可由天线有效辐射出去。其次，在已调波的三项频率分量中，载波分量并不包含有用信息，调制信号的有用信息只包含在上、下边频分量中。

AM 调制被广泛地应用于传统的无线电通信及无线电广播中，其主要原因是设备简单，特别是解调 AM 信号的电路很简单，便于接收，而且与其他调制方式（如调频）相比，所占用的频带窄，但缺点是效率较低，一般只有 10%以下。

5.2.3　DSB 波与 SSB 波的概念、公式、波形与频谱示意图

功率指平均功率，它是对幅度恒定、频率恒定的正弦波而言的。对于调幅信号，由于它包含三个幅度恒定、频率恒定的正弦波，所以它包含三组平均功率：载波功率、上边带功率、下边带功率。

假设负载电阻 R 不变，一个载波周期内消耗的载波平均功率为

$$P_0=\frac{1}{2\pi}\int_{-\pi}^{\pi}\frac{v_c^2}{R_L}\mathrm{d}\omega_c t=\frac{1}{2\pi}\int_{-\pi}^{\pi}\frac{V_{cm}^2}{R_L}(\cos\omega_c t)^2\mathrm{d}\omega_c t=\frac{1}{2}\frac{V_{cm}^2}{R_L} \tag{5.2.9}$$

上边带功率和下边带功率相等，为

$$P_{\omega_c+\Omega}=P_{\omega_c-\Omega}=\frac{1}{2R_L}\left(\frac{M_a V_{cm}}{2}\right)^2=\frac{1}{4}{M_a}^2P_0 \tag{5.2.10}$$

因为一般 M_a 为 0.2～0.5，所以调幅信号中载波平均功率远远大于边带功率。

效率为有用功率比上总功率，这里有用功率是携带有基带信息的边带功率[可以是上边带功率和（或）下边带功率]，载波平均功率由于没有携带基带信息为无用功率，总功率是载波功率、上边带功率、下边带功率三者之和。则调幅调制的效率为

$$\eta=\frac{P_{\omega_c-\Omega}}{P_{\omega_c}+P_{\omega_c+\Omega}+P_{\omega_c-\Omega}}=\frac{\frac{1}{4}{M_a}^2}{1+\frac{1}{4}{M_a}^2+\frac{1}{4}{M_a}^2}\approx\frac{1}{4}{M_a}^2 \tag{5.2.11}$$

结论：由于 M_a 为 0.2～0.4，效率往往很低，例如，当 M_a=0.3 时，效率只有 4%。所以，AM 调制方式功率浪费大，效率低。

【例 5.2.1】 有一调幅波，载波功率为 100W，试求当 M_a=1 时调幅波总功率和边频功率，以及边频功率占总功率的比例。当 M_a=0.3 时，再求调幅波总功率及边频功率，以及边频功率占总功率的比例。

解：当 M_a=1 时

$$P_\Sigma=\left(1+\frac{M_a^2}{2}\right)P_c=\frac{3}{2}P_c=150\text{W}$$

$$P_H+P_L=\frac{M_a^2}{2}P_c=50\text{W}$$

边频功率与总功率之比为 $\frac{P_H+P_L}{P_\Sigma}=\frac{50}{150}\times100\%\approx33.3\%$。

当 M_a=0.3 时

$$P_\Sigma=\left(1+\frac{M_a^2}{2}\right)P_c=104.5\text{W}$$

$$P_{\mathrm{H}}+P_{\mathrm{L}}=\frac{M_{\mathrm{a}}^{2}}{2}P_{\mathrm{c}}=4.5\mathrm{W}$$

边频功率与总功率之比为$\frac{P_{\mathrm{H}}+P_{\mathrm{L}}}{P_{\Sigma}}=\frac{4.5}{104.5}\times 100\%\approx 4.3\%$。

即在 $M_{\mathrm{a}}=1$ 时，所发射的调幅波中有 33.3%的能量含有调制信号信息；在 $M_{\mathrm{a}}=0.3$ 时，所发射的调幅波中仅有 4.3%的能量才含有调制信号信息。实际上，在发射机中，由于信号的幅度是变化的，平均的调幅度只有 0.3 左右，因此能量浪费极大。

从提高效率的角度来看，希望减少载波功率，即在发射时，把载波功率抑制，引出 DSB 波与 SSB 波。

DSB 波定义：抑制载波，即只发送两个边带。

SSB 波定义：不但抑制载波，还抑制一个边带，即只发送一个边带。

*残留边带定义，发送一个边带和另一个边带的一部分。

注意，这里发送的是调制后的边带信号，并不是直接发送基带信号，调制仍然是必需的步骤。

（1）DSB 波与 SSB 波公式、波形和特点

① DSB 波

从传输信息的观点和效率公式看，占有绝大部分功率的载波分量是无用的，它起到的仅是运载工具的作用。如果在传输前将它抑制掉，仅发送上下两个变频带，那么就可以在不影响传输信息的条件下，大大节省发射机的发射功率。这种仅传输两个边带的调制方式称为抑制载波的双边带调制，简称为双边带调制（DSB）。

设载波为

$$v_{\mathrm{c}}(t)=V_{\mathrm{cm}}\cos\omega_{\mathrm{c}}t$$

单频率调制信号为

$$v_{\Omega}(t)=V_{\Omega\mathrm{m}}\cos\Omega t \qquad (\Omega\ll\omega_{\mathrm{c}})$$

则双边带调幅信号的数学表达式为

$$v_{\mathrm{DSB}}(t)=k_{\mathrm{a}}v_{\Omega}(t)v_{\mathrm{c}}(t)=k_{\mathrm{a}}V_{\Omega\mathrm{m}}V_{\mathrm{cm}}\cos\Omega t\cos\omega_{\mathrm{c}}t \tag{5.2.12}$$

DSB 波的频谱图和波形示意图分别如图 5.2.9 和图 5.2.10 所示。显然，单频调制的双边带调幅信号中仅包含上下两个边频分量，无载频 ω_{c} 分量，频带宽度仍为调制信号带宽的两倍。

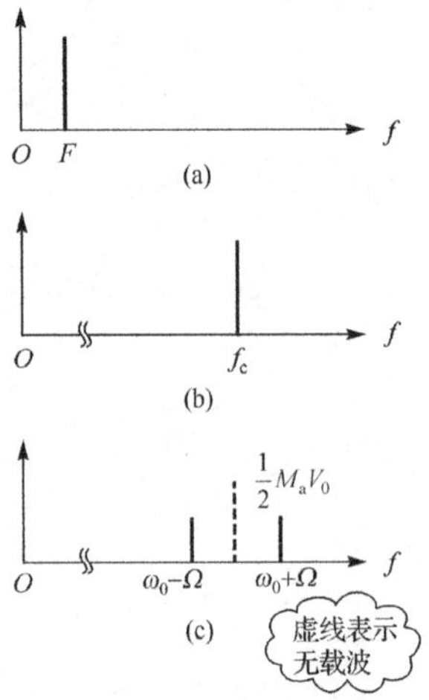

图 5.2.9 DSB 波频谱示意图

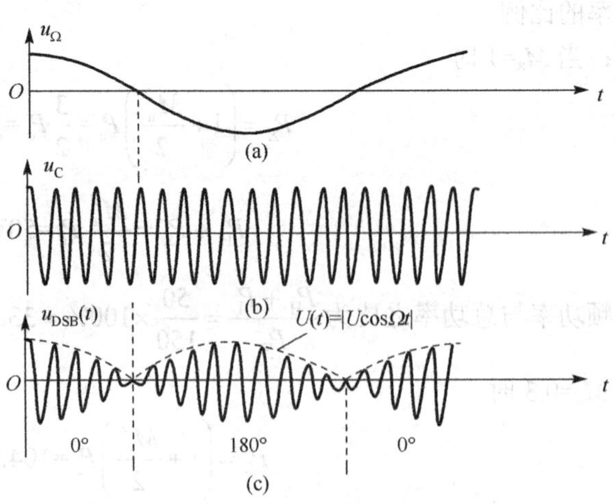

图 5.2.10 DSB 波的波形示意图

由以上分析知，DSB 信号与 AM 信号相比，具有以下特点。

a）包络不同。AM 信号的包络正比于调制信号 $v_\Omega(t)$，而 DSB 信号的包络 $|g(t)|$ 正比于 $|v(t)|=|V_{\Omega m}\cos\Omega t|$，当调制信号 $v_\Omega(t)=0$ 时，即 $\cos\Omega t=0$，DSB 信号的幅度也为零，DSB 信号的包络已不再反映调制信号 $v_\Omega(t)$ 的变化。

b）DSB 信号的高频载波在调制信号自正值或负值通过零点时，出现 $180°$ 的相位突变。因此，严格地讲，DSB 信号已非单纯的振幅调制信号，而是既调幅又调相的信号。

c）DSB 信号只有上、下两个边频带，所占频谱宽度为

$$BW_{DSB}=2F,\ F=\frac{\Omega}{2\pi} \tag{5.2.13}$$

与 AM 信号具有相同的带宽。

d）由于 DSB 信号不含载波，全部功率为边带占有，所以发送的全部功率都载有信息，功率利用率高于 AM 信号，双边带调制的理想效率为 50%。

② SSB 波

由双边带已调信号的频谱知，其上下两个边频带所含的信息完全一样，从信息传输的角度看，仅发送一个边带的信号而把另一个边带抑制掉，同样可以达到信息传输的目的。这种仅传输一个边带（上边带或下边带）的调制方式称为单边带调制（SSB）。

在单音频单边带调制时，对于 $v_{DSB}(t)=k_a v_\Omega(t)v_c(t)$，取上边带时

$$v_{SSB}(t)=\frac{1}{2}k_a V_{\Omega m}V_{cm}\cos(\omega_c+\Omega)t \tag{5.2.14}$$

取下边带时

$$v_{SSB}=\frac{1}{2}k_a V_{\Omega m}V_{cm}\cos(\omega_c-\Omega)t \tag{5.2.15}$$

从以上两式看出，单频调制时的 SSB 信号是等幅波，但它与原载波电压频率和幅度都不同。SSB 信号的振幅与调制信号的振幅成正比，频率随调制信号频率的不同而不同，高于（上边频）或低于（下边频）载波频率，含有信息特征。上边带 SSB 波的频谱图和波形示意图分别如图 5.2.11 和图 5.2.12 所示。

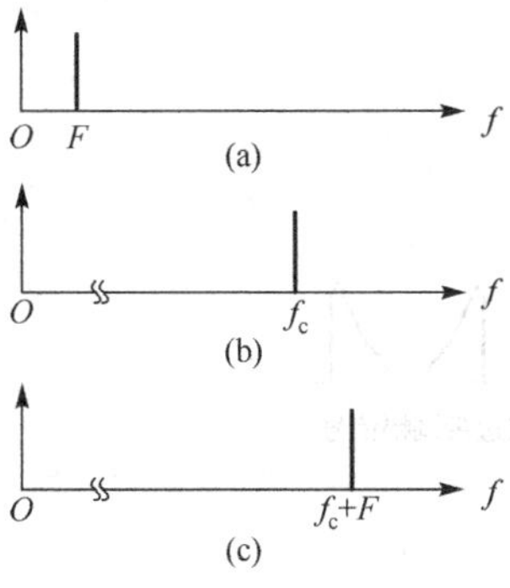

图 5.2.11　SSB 波上边带频谱示意图

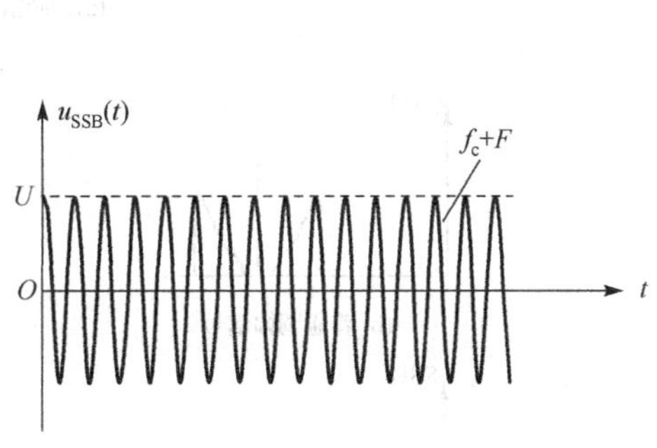

图 5.2.12　SSB 波的上边带波形示意图

这里单边带调制的理想效率为 100%，通频带带宽为 F。

由以上分析可知，单边带调制方式除了保持双边带调制波节省发射功率的优点外，还将已调信号的频谱宽度压缩了一半，即

$$\mathrm{BW_{SSB}} = F \tag{5.2.16}$$

结论：单频调制的单边带调幅信号是一个角频率为 $\omega_c + \Omega$ 或 $\omega_c - \Omega$ 的单频正弦波信号，单边带调幅信号的包络已不能反映调制信号的变化。单边带调幅信号的带宽与调制信号的带宽相同，是普通调幅和双边带调幅信号带宽的一半。

由于上述优点，单边带调制已经成为频道特别拥挤的短波无线电通信中最主要的一种调制方式。

*③ 残留边带调幅方式（VSB）

残留边带调幅是指发送信号中包含一个完整边带、载波及另一个边带的小部分（残留一小部分）。这样，既比普通调幅方式节省了频带，又避免了单边带调幅要求滤波器衰减特性陡峭的困难，发送的载频分量也便于接收端提取同步信号。

在广播电视系统中，由于图像信号频带较宽，为了节约频带，同时便于接收机进行检波，所以对图像信号采用了残留边带调幅方式，而对于伴音信号则采用了调频方式。

现以电视信号为例，说明残留边带调幅方式的调制与解调原理。

电视图像信号带宽为 6MHz。在发射端先产生普通调幅信号，然后利用滤波器取出一个完整的上边带、一部分下边带及载频分量，组成发送一个边带和另一个边带的一部分残留边带调幅信号发送出去。在接收端，由于边带信号还原的对称性，使载频两旁的接收滤波器幅频特性正好互补，而上、下边带又对称置于载频两边，所以实际上可等效为接收到一个完整的上边带和增益为上边带一半的载频信号，即可以从残留边带调幅信号中取出所需原来频率分量。

这里若采用普通调幅，每一频道电视图像信号的带宽需 12MHz，而采用残留边带调幅只需 8MHz，另外，对于滤波器过渡带的要求远不如单边带调幅那样严格，故容易实现，用双边带调幅电路加滤波器即可，此滤波器易于实现。但是，要保证传送边带和抑制边带中被传送的部分满足互补对应关系，才能保证信号不失真。

残留边带调幅占据频带宽度比单边带略宽，发射效率比单边带调幅略低，但比单边带调幅容易实现。图 5.2.13 所示为几种不同制式的多音调制时调幅波频谱。

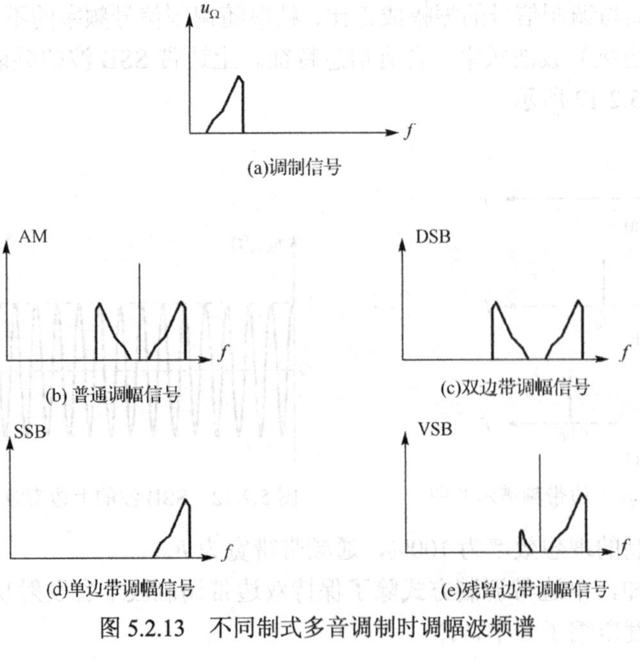

图 5.2.13 不同制式多音调制时调幅波频谱

5.3 频谱搬移电路的原理

从数学基础的角度，我们来分析频谱搬移电路的原理

$$\cos A\cos B=\frac{1}{2}\cos(A+B)+\frac{1}{2}\cos(A-B) \tag{5.3.1}$$

频谱搬移包含调幅与检波及倍频和混频。调幅是将低频调制信号的频谱不失真地搬移到高频载波附近；而检波则是它的逆过程；混频则是从多个载频搬移到某个固定载频（中频）附近。从数学公式上看，频谱搬移均由两个信号的相乘来实现，因为两个余弦的输入信号相乘后得到了和频与差频，所以，频谱搬移的基本原理在于实现信号的相乘。

在电子技术中，凡是需要产生“和频”与“差频”时，都可以通过信号相乘来实现。

最简单的实现相乘的器件是模拟相乘器，其器件符号和输入/输出关系如图 5.3.1 所示，其中 K_m 为相乘系数。

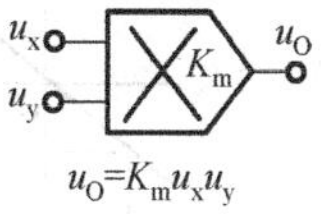

图 5.3.1 模拟相乘器的器件符号和输入/输出关系

其他非线性器件很多都可以实现信号相乘，但无论电子器件具有何种非线性特性，只有输出信号中的一次相乘项才对实现信号相乘有用，其他非线性特性对实现信号相乘非但无用，还往往有害频率分量（产生无用的新频率分量），一般情况下的非线性特性分析如下。

器件参数与通过器件的电流或施于其上的电压无关的称为线性器件，器件参数与通过元件的电流或施于其上的电压有关的为非线性器件，图 5.3.2 所示为典型的线性和非线性器件的伏安特性曲线。

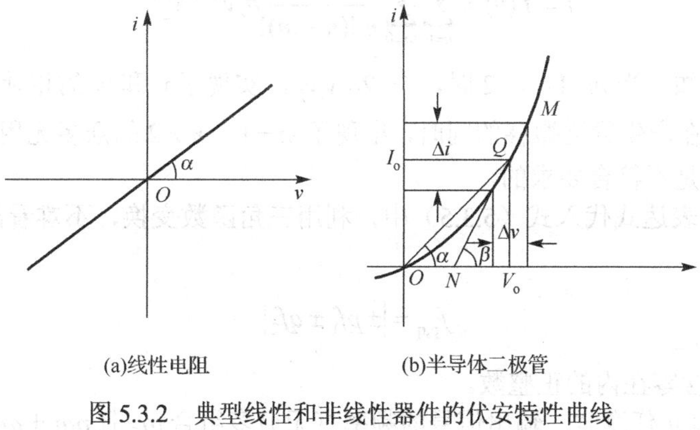

图 5.3.2 典型线性和非线性器件的伏安特性曲线

与线性电阻不同，非线性电阻的伏安特性曲线不是直线，数学上认为表达式中含有二次方及以上项的为非线性关系，其输入/输出关系不呈线性比例关系（见图 5.3.3），不满足叠加原理。

一个非线性器件，如二极管电路、晶体管电路，若加到器件输入端的电压为 v，流过器件的电流为 i，则假设伏安特性 $i=f(v)$ 为

$$i_0=\sum v_i^n(t)$$

式中，$v=V_Q+v_1+v_2$，V_Q 为静态工作点电压，v_1 和 v_2 为加到输入端的交流电压，分别为

$v_1 = V_{1m}\cos\omega_1 t$，$v_2 = V_{2m}\cos\omega_2 t$。伏安特性函数采用幂级数逼近，即将 $i = f(v)$ 在 $v = V_Q$ 处展开为泰勒级数：

$$i = f(v) = a_0 + a_1 v' + a_2 v'^2 + a_3 v'^3 + \cdots + a_n v'^n \tag{5.3.2}$$

$$a_n = \frac{1}{n!}\frac{\mathrm{d}^n f(v)}{\mathrm{d}v^n}\bigg|_{v=V_Q} = \frac{f^n(V_Q)}{n!} \tag{5.3.3}$$

$$v'^n = (v_1 + v_2)^n = \sum_{m=0}^{n}\frac{n!}{m!(n-m)!}v_1^{n-m}v_2^m \tag{5.3.4}$$

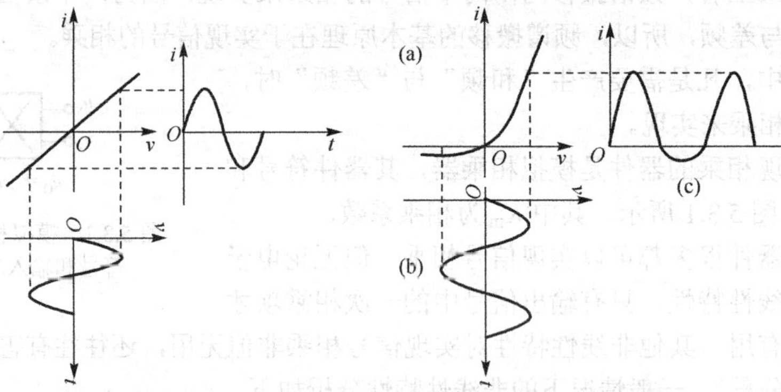

图 5.3.3　线性和非线性器件输入/输出曲线示意图

故式（5.3.2）可以改写为

$$i = f(v) = \sum_{n=0}^{\infty}\sum_{m=0}^{n}\frac{n!}{m!(n-m)!}a_n v_1^{n-m} v_2^{m} \tag{5.3.5}$$

由式（5.3.5）知，当 m=1，n=2 时，$i = 2a_2 v_1 v_2$，实现了 v_1 和 v_2 的相乘运算，可以起到频谱搬移的作用。但在产生频谱搬移的同时，出现了 $m \neq 1$、$n \neq 2$ 的众多无用的高阶相乘项，所构成的相乘器往往是不符合要求的。

若将 v_1 和 v_2 的表达式代入式（5.3.5）中，利用三角函数变换，不难看出，电流 i 中包含的频率分量为

$$f_{p,q} = |\pm p f_1 \pm q f_2| \tag{5.3.6}$$

式中，p 和 q 是包含零在内的正整数。

结论：当 m 和 n 任意时，输出信号的频率有无穷多组合 $\omega = |\pm p\omega_1 \pm q\omega_2|$，理论上 p 和 q 可以是任意正整数，但实际上高频分量中代表幅度大小的 a_n 是不断减小的，所以高次方项的输出信号往往被忽略。

现假设只考虑式（5.3.2）前三项，即

$$i = f(v) = a_0 + a_1 v' + a_2 v'^2 \tag{5.3.7}$$

假设

$$v_i = V_{1m}\cos\omega_1 t + V_{2m}\cos\omega_2 t \tag{5.3.8}$$

将式（5.3.8）代入式（5.3.7），则输出信号的频率分量包含：直流、ω_1、ω_2、$2\omega_1$、$2\omega_2$、$\omega_2-\omega_1$、$\omega_2+\omega_1$，显然，输出中包含新的频率分量，也包含和频与差频。

请思考，如果考虑式（5.3.2）前两项，输出信号的频率分量是什么？能不能实现频率变换？如果考虑式（5.3.2）前四项，输出信号的频率分量是什么？能不能实现频率变换？

小结：从数学角度，凡是输入/输出关系含有二次方及以上项非线性的，均能产生新的输出信号，调幅和混频所需的和频分量与差频分量由二次方关系的乘积项产生。

5.4 典型调幅电路分析

5.4.1 AM 信号调幅

调幅波的共同之处都是在调幅前后产生了新的频率分量，也就是说都需要用非线性器件（电路）来完成频率变换。

这里将调制信号 v_Ω 与载波信号 v_c 同时加入非线性器件，然后通过中心频率为 ω_0 的带通滤波器取出输出信号 v_0 中的调幅波成分，应用非线性器件实现调幅的原理框图如图 5.4.1 所示。

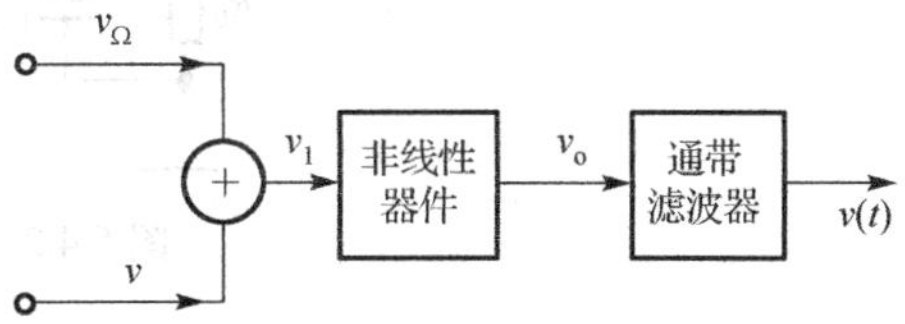

图 5.4.1 应用非线性器件调幅的原理框图

对调制电路的主要要求是调制效率高、调制线性范围大、失真小等。

AM 信号调幅按照输出已调波功率的大小，分高电平调幅（三极管、场效应管）、低电平调幅（单二极管电路和乘法器调幅）。

高电平调幅电路置于发射机末端，是将功放和调制合二为一的电路，调制后的信号无须再放大就可直接发送出去，如许多广播发射机都采用这种调制方式，这种调制主要用于形成 AM 信号。

高电平调幅器广泛采用高效率的丙类谐振功率放大器电路，一般有三极管调幅等，根据调制信号控制的三极管电极不同，调制方法又分：

集电极调制——用调制信号控制集电极电压，以实现调幅；

基极调制——用调制信号控制基极电源电压，以实现调幅。

高电平调幅电路具有以下特点。

（1）高电平调幅电路可以产生且只能产生普通调幅波，集电极调幅时，丙类谐振功率放大器应工作在过电压状态。基极调幅时，丙类谐振功率放大器应工作在欠电压状态。

（2）集电极调幅的集电极效率高，晶体管获得充分的应用。其缺点是已调波的边频带功率由调制信号供给，需要大功率的调制信号源。集电极调幅效率较高，适用于较大功率的调幅发射机中。

（3）基极调幅电路电流小，消耗功率小，所需要的调制信号功率很小，调制信号的放大电路比较简单。其缺点是由于工作在欠电压状态，集电极效率低。所以一般只用于功率不大，对失真要求较低的发射机中。

低电平调幅电路置于发射机前端，产生小功率的已调信号，低电平调幅电路是将幅度调制和功放分开，调制后的信号电平较低，需要通过线性功率放大器放大到所需的发射功率再将已调信号发送出去。

低电平调幅器常由调制信号与载波信号通过相乘器实现，相乘器有各种各样的实现方法，如可以采用各种二极管电路，也可以采用性能优良的四象模拟相乘器实现。

一般来说，低电平调幅电路主要用来实现双边带和单边带调制，对它提出的要求主要是调制线性好，载波抑制能力强，而功率和效率的要求则是次要的。

典型 AM 信号三极管调幅电路如图 5.4.2 所示。

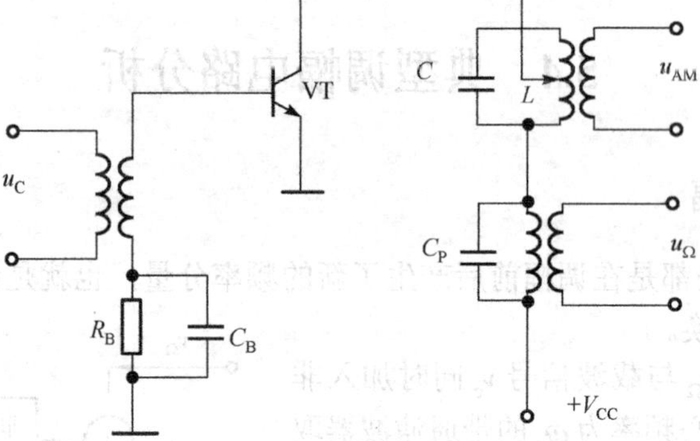

图 5.4.2　三极管集电极调幅电路

晶体管集电极调幅的工作原理是利用调制信号控制三极管的集电极供电电压，三极管工作于丙类状态，当管子进入饱和区时，集电极电流受集电极供电电压的控制。由于三极管的指数特性，三极管调幅电路调幅波频率不够纯净，但由于 LC 回路有选频作用，可滤除直流和高次谐波。调制信号 v_1 和载波信号 v_2 可以同时加在基极组成基极调幅电路，原理电路如图 5.4.3 所示。

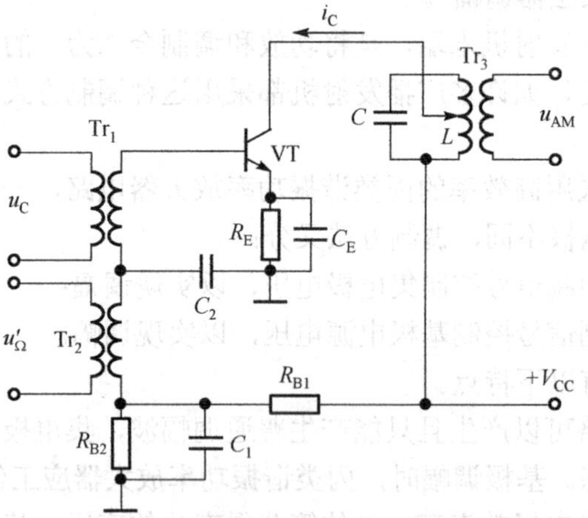

图 5.4.3　三极管基极调幅电路

基极调幅电路的 V_Q 常为负值，电路抗干扰能力比集电极调幅电路差，产生的谐波成分更多。

为了实现理想的相乘运算，具体设计时从三个方面考虑：

- 从非线性器件的特性考虑；
- 从输入信号的大小考虑；
- 从电路设计考虑。

（1）从非线性器件的特性考虑，应该使非线性器件的非线性程度较小，在曲线上表现为曲线的弧度较小，在公式上就表示 a_3、a_4、a_5…系数的值较小，输出信号包含较高幅度的前三项，后面的输出项可以忽略。具体来说，要使非线性放大电路的静态工作点合适。

由泰勒级数展开式

$$i = f(v) = a_0 + a_1 v' + a_2 v'^2 + a_3 v'^3 + \cdots + a_n v'^n$$

可以看出，前三项包含输出直流的第一项，输出原来信号频率的第二项，第三项是二次方项的关系。第三项使输出信号有倍频、和频、差频分量信号产生。从第四项三次方关系式开始，输出信号的频率分量更多，理论上为 $\omega = |\pm p\omega_1 \pm q\omega_2|$。当非线性的有效次方项控制在三次方或以下时，输出信号包含较高幅度的前三项（这里指 a_0、a_1、a_2 值较大，a_3、a_4、a_5…系数的值较小，所以后面的输出信号可以忽略）。其频谱示意图如图 5.4.4 所示，其中图 5.4.4(a)为一般非线性器件输出信号的频谱图，图 5.4.4(b)为较理想非线性器件（非线性关系只考虑泰勒级数展开公式前三项）输出信号频谱图，显然图 5.4.4(a)输出信号中干扰信号多，对选频电路矩形系数要求较高，否则就会把谐波信号同时选出，造成失真。

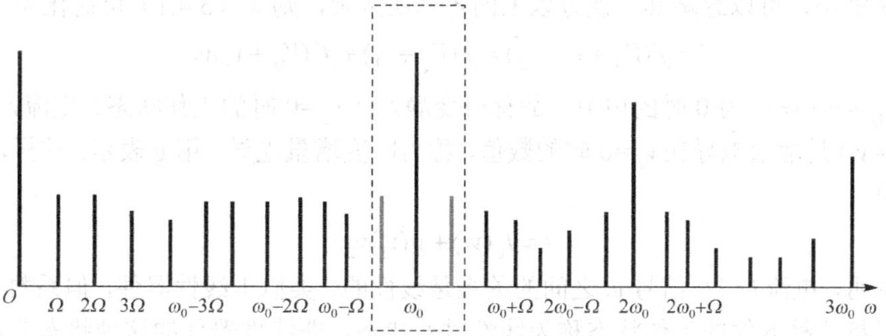

(a) 一般非线性器件AM输出信号的频谱图

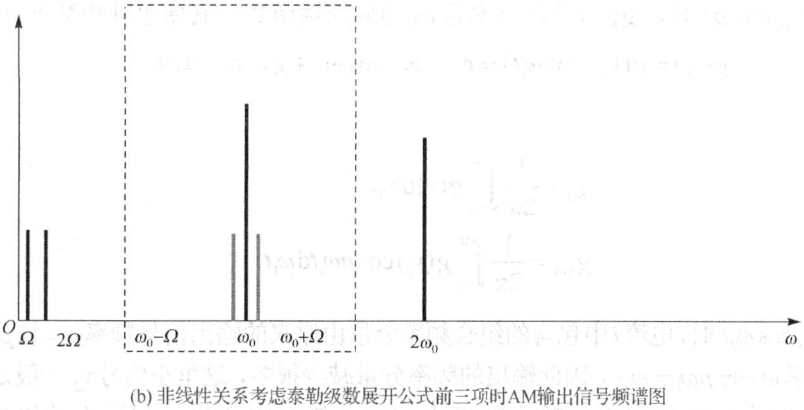

(b) 非线性关系考虑泰勒级数展开公式前三项时AM输出信号频谱图

图 5.4.4 AM 信号频谱示意图

具体来说，要使非线性器件的非线性程度较小，在曲线上表现为曲线的弧度较小，在公式上就表示 a_3、a_4、a_5…系数的值较小，设计电路时要使非线性放大电路的静态工作点合适。

这种非线性关系只考虑前三项输出的典型电路是场效应管调幅电路，也称为平方律调幅电路。如果场效应管静态工作点和输入信号大小范围选择合适，非线性器件工作在满足平方律的区段。特殊场效应管电压电流的特性关系为平方律特性曲线，公式中没有了三次方及以上项，具有以下关系：

$$i = a_0 + a_1(V_c\cos\omega_c t + V_\Omega\cos\Omega t) + a_2(V_c\cos\omega_c t + V_\Omega\cos\Omega t)^2$$

（2）从输入信号的大小考虑——线性时变电路分析法。

若设 v_2 是小信号，v_1 是大信号，将式（5.3.2）改写为 v_2 的幂级数，即有 $i = f(v) = f(V_Q + v_1 + v_2)$，在 $V_Q + v_1$ 上对 v_2 展开为泰勒级数式，于是得到

$$\begin{aligned} i &= f(v) = f(V_Q + v_1 + v_2) \\ &= f(V_Q + v_1) + f'(V_Q + v_1)v_2 + \frac{1}{2!}f''(V_Q + v_1){v_2}^2 + \cdots \end{aligned} \tag{5.4.1}$$

式中，$f(V_Q + v_1) = \sum_{n=0}^{\infty} a_n v_1^n$ 为函数 $i = f(v)$ 在 $v = V_Q + v_1$ 处的函数值；$f'(V_Q + v_1) = \sum_{n=1}^{\infty} n a_n v_1^{n-1}$ 为函数 $i = f(v)$ 在 $v = V_Q + v_1$ 处的一阶导数值；$\sum_{n=2}^{\infty} \frac{n!}{(n-2)!} a_n v_1^{n-2}$ 为函数 $i = f(v)$ 在 $v = V_Q + v_1$ 处的二阶导数值。

当 v_2 足够小，可以忽略其二次方以上的各高次方项，则式（5.4.1）可简化为

$$i = f(V_Q + v_1 + v_2) \approx f(V_Q + v_1) + f'(V_Q + v_1)v_2 \tag{5.4.2}$$

其中，$f(V_Q + v_1)$ 是 v_2 为 0 时的电流，故称时变静态（$v_2=0$ 时的工作状态）电流，用 $I_0(v_1)$ 表示；$f'(V_Q + v_1)$ 是增量电导在 v_2=0 时的数值，称为时变增量电导，用 g 表示。这样，式（5.4.2）可以改写为

$$i \approx I_0(v_1) + g(v_1)v_2 \tag{5.4.3}$$

此式表明，电流 i 与小信号 v_2 之间的关系是线性的，类似于线性器件，但系数 g 是随 v_1 时变的，所以将这种器件的工作状态称为线性时变状态。非线性器件的这种状态非常适合于构成频谱搬移电路。

如当 $v_1 = V_{1m}\cos\omega_1 t$ 时，$g(v_1)$ 是角频率为 ω_1 的周期性函数，其傅里叶级数展开为

$$g(v_1) = g(V_{1m}\cos\omega_1 t) = g_0 + g_{1m}\cos\omega_1 t + g_{2m}\cos\omega_1 t + \cdots \tag{5.4.4}$$

式中

$$\begin{aligned} g_0 &= \frac{1}{2\pi}\int_{-\pi}^{\pi} g(v)\mathrm{d}\omega_1 t \\ g_{nm} &= \frac{1}{2\pi}\int_{-\pi}^{\pi} g(v_1)\cos n\omega_1 t\mathrm{d}\omega_1 t \end{aligned} \tag{5.4.5}$$

当 $v_2 = V_{2m}\cos\omega_2 t$ 时，电流 i 中包含的组合频率分量由原来的输出信号频率 $\omega = |\pm p\omega_1 \pm q\omega_2|$ 变为输出信号频率 $\omega = |\pm p\omega_1 \pm \omega_2|$，因此输出的频率分量减少很多，这里小信号 v_2 一般是调制信号，即调制信号与输出呈线性关系，输出随着大信号 v_1 依时间变化。与原来的输出信号频率 $\omega = |\pm p\omega_1 \pm q\omega_2|$ 比较，组合频率分量减少，很容易用滤波器滤除无用分量，取出有用的频率分量。

线性时变电路相对于非线性电路是在一定条件下由非线性电路演变来的，其产生的频率分量与非线性器件产生的频率分量是完全相同的（在同一非线性器件条件下），只不过是选择线性时变工作状态后，由于部分频率分量的幅度相对于低阶的分量（q=1）的幅度要小得多，因而被忽略，这在工程中是完全合理的。但是仍存在无用的频率分量，故滤波器是必不可少的，线性时变电路的输出信号频谱图如图 5.4.5 所示。

需注意的是，线性时变电路不是线性电路，前已指出，线性电路不会产生新的频率分量，

不能完成频谱的搬移功能。线性时变电路本质是非线性的，是非线性电路在一定条件下近似的结果，可以大大减小非线性器件输出的组合频率分量；线性时变分析方法是在非线性电路的幂级数展开分析方法的基础上，是在一定条件下的近似，大大简化了非线性电路的分析。因此，为了提高系统的性能指标，后面如果不特别说明，一般频谱搬移电路都工作于线性时变工作状态。

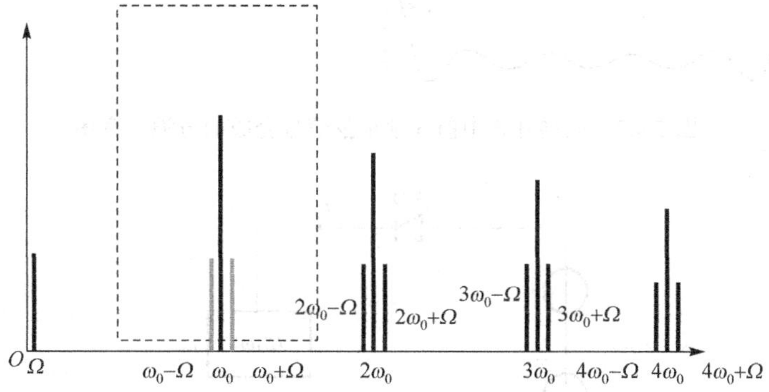

图 5.4.5　线性时变 AM 输出信号的频谱图

（3）从电路设计考虑——利用二极管电路的开关特性再抵消部分谐波分量。

① 开关特性

根据傅里叶级数，一个非正（余）弦信号可以表示成多个正（余）弦信号的叠加，如方波函数展开后可以是

$$u(t)=\frac{4}{\pi}\left(\sin t+\frac{1}{3}\sin 3t+\frac{1}{5}\sin 5t+\frac{1}{7}\sin 7t+\cdots\right) \tag{5.4.6}$$

$$f(x)=\frac{1}{2}+\frac{2}{\pi}\cos(2\pi x)-\frac{2}{3\pi}\cos(6\pi x)+\cdots \tag{5.4.7}$$

图 5.4.6 为取展开式中前 3 项余弦信号的叠加，图 5.4.7 为取展开式中前 5 项正弦信号的叠加。对比图 5.4.6 和图 5.4.7 发现，当取谐波项数越多时，合成波形就越接近于原来的理想方波，与原方波波形偏差越小。

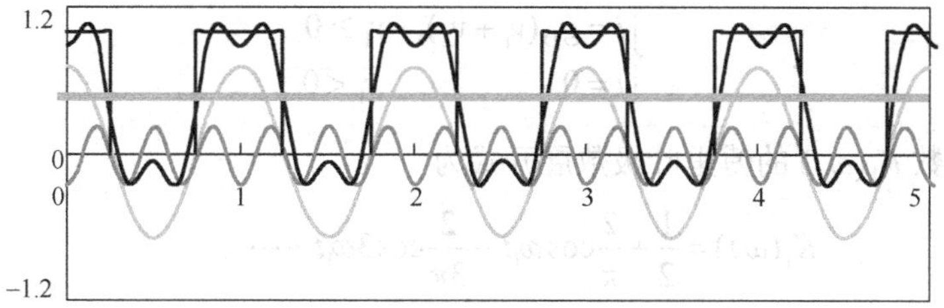

图 5.4.6　取展开式中前三项余弦信号合成的方波示意图

② 单二极管电路

二极管电路具有开关函数特性，阳极大于阴极时二极管导通，反之截止。单二极管电路如图 5.4.8 所示，输入信号 v_2 和 v_1 相加后作用在二极管上。

对于高度为 1 的单向周期性方波，也称为单向开关函数。当 $v=v_1+v_2$ 且 $v_1=V_{1\text{m}}\cos\omega_1 t$，$v_2=V_{2\text{m}}\cos\omega_2 t$ 时，若 $V_{1\text{m}}\gg V_{2\text{m}}$，$V_{1\text{m}}$ 足够大，$V_{2\text{m}}$ 足够小，二极管将在 v_1 的控制下轮流工作在导通区和截止区。

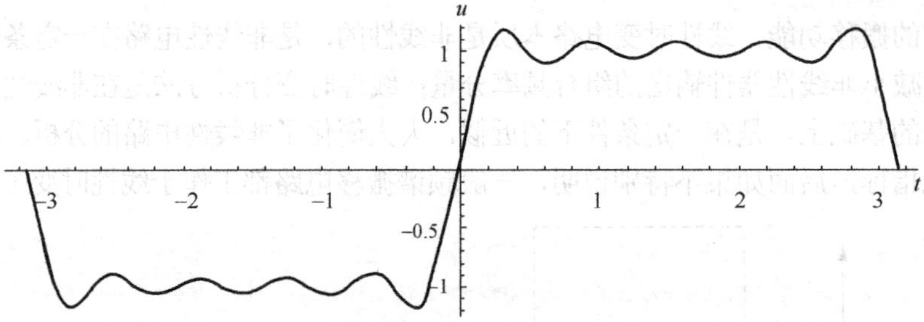

图 5.4.7 取展开式中前 5 项正弦信号合成的方波示意图

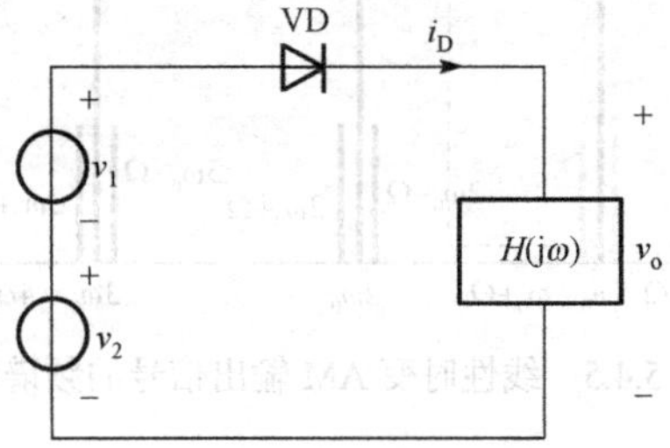

图 5.4.8 单二极管电路

二极管通过的电流 i 可表示为

$$\begin{aligned} i &= g_D(v_1+v_2)K_1(\omega_1 t) \\ &= g_D v_1 K_1(\omega_1 t) + g_D K_1(\omega_1 t) v_2 \\ &= I_0(t) + g(t) v_2 \end{aligned} \tag{5.4.8}$$

若二极管的伏安特性可以近似地用自原点转折的两段折线逼近，且导通区折线的斜率为 $g_D = 1/R$，当 $v_1 \geqslant 0$ 时，二极管导通，流过二极管的电流为

$$i = g_D v = g_D(v_1+v_2)$$

当 $v_1 < 0$ 时，二极管截止，则流过二极管的电流 $i=0$。故在 v_1 的整个周期内，流过二极管的电流可以表示为

$$\begin{cases} i = g_D(v_1+v_2), & v_1 \geqslant 0 \\ i = 0, & v_1 < 0 \end{cases}$$

单向开关函数 $K_1(\omega_1 t)$ 的傅里叶级数展开式为

$$\begin{aligned} K_1(\omega_1 t) &= \frac{1}{2} + \frac{2}{\pi}\cos\omega_1 t - \frac{2}{3\pi}\cos 3\omega_1 t + \cdots \\ &= \frac{1}{2} + \sum_{n=1}^{\infty}(-1)^{n-1}\frac{2}{(2n-1)\pi}\cos(2n-1)\omega_1 t \end{aligned} \tag{5.4.9}$$

代入式（5.4.8）中，可得电流 i 中包含的频率分量有 $2n\omega_1$、$(2n-1)\omega_1 \pm \omega_2$、$\omega_1$、$\omega_2$。其中有用的新频率成分为

$$i_{有用} = \frac{2}{\pi} g_D v_2 \cos\omega_1 t \tag{5.4.10}$$

电路可以实现频谱搬移的功能。

由前面的分析知，二极管用受 $v_1(t)$ 控制的开关等效是线性时变状态的一个特性。它除了要求 $v_2(t)$ 足够小外，还要求 $v_1(t)$ 足够大，使二极管特性可用在原点处转折的两段折线逼近。需要说明的是，若上述条件不满足，电路仍可以完成频谱搬移功能，不同的是电路不能等效为线性时变电路，不能用线性时变电路的分析法来分析，但仍然是非线性电路，可以用幂级数展开的非线性电路的分析方法来分析，只是谐波成分增加，干扰增加，选频难度加大。

③ 双二极管电路（也称平衡开关电路）

在单二极管电路中，由于工作在线性时变工作状态，二极管产生的非线性频率分量大大减少，但仍有不少的无用频率分量，若采用二极管平衡电路，可以进一步抵消无用的频率分量。

二极管平衡电路如图 5.4.9(a)所示，其中二极管 VD_1、VD_2 的伏安特性均可用自原点转折的两段折线逼近，且导通区折线的斜率为 $g_D = 1/R_D$。Tr_1 和 Tr_2 为带有中心抽头的宽频带变压器（如传输线变压器），其一、二绕组的匝数比分别为 1:2 和 2:1，相应的等效电路如图 5.4.9(b)所示。

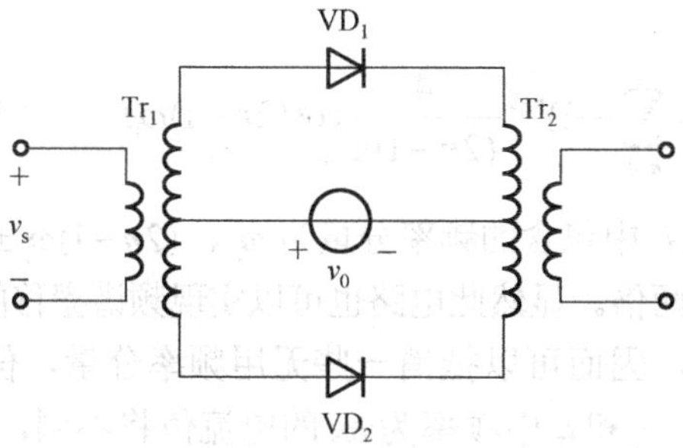

(a) 原理电路

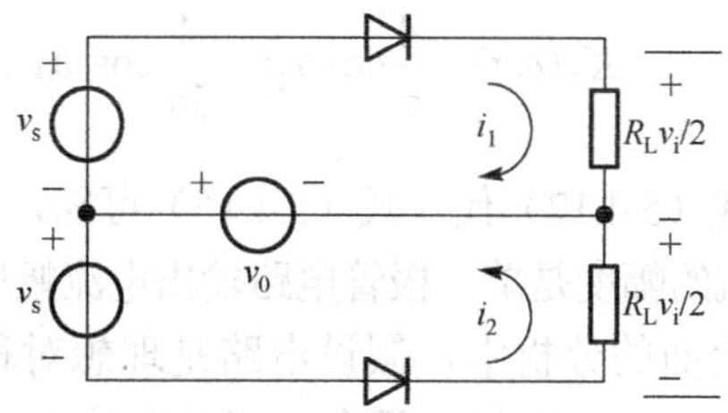

(b) 等效电路

图 5.4.9 双二极管平衡开关电路

当 $v_1 = V_{1m}\cos\omega_1 t$，$v_2 = V_{2m}\cos\omega_2 t$ 时，若 $V_{1m} \gg V_{2m}$，V_{1m} 足够大，二极管将在 v_1 的控制下轮流工作在导通区和截止区。

当 $v_1 \geqslant 0$ 时，二极管 VD_1 导通，VD_2 截止，流过二极管 VD_1 的电流为

$$i_1 = \frac{1}{R_D + 2R_L} v = \frac{1}{R_D + 2R_L}(v_1 + v_2) \qquad (5.4.11)$$

流过二极管 VD_2 的电流为 $i_2 = 0$。

流过负载的总电流为

$$i_L = i_1 - i_2 = \frac{1}{R_D + 2R_L}(v_1 + v_2) \qquad (5.4.12)$$

当 $v_1 < 0$ 时，二极管 VD_1 截止，VD_2 导通，则流过二极管 VD_1 的电流为 $i_1 = 0$，流过二极管 VD_2 的电流为

$$i_2 = \frac{1}{R_D + 2R_L}(-v_1 + v_2) \qquad (5.4.13)$$

流过负载的总电流为

$$i_L = i_1 - i_2 = \frac{1}{R_D + 2R_L}(v_1 - v_2) \qquad (5.4.14)$$

在v_1的整个周期内，流过负载的总电流可以表示为

$$i_L=\begin{cases}\dfrac{1}{R_D+2R_L}(v_1+v_2), v_1\geqslant 0\\ \dfrac{1}{R_D+2R_L}(v_1-v_2), v_1<0\end{cases}\tag{5.4.15}$$

利用单向开关函数$K_1(\omega_1 t)$，可以将上式表示为

$$\begin{aligned}i_L&=\frac{1}{R_D+2R_L}(v_1+v_2)K_1(\omega_1 t)+\frac{1}{R_D+2R_L}(v_1-v_2)K_1(\omega_1 t-\pi)\\&=\frac{1}{R_D+2R_L}v_1+\frac{1}{R_D+2R_L}v_2 K_2(\omega_1 t)\end{aligned}\tag{5.4.16}$$

式中，$K_2(\omega_1 t)$称为双向开关函数（高度为 1 的双向周期性方波），双向开关函数的傅里叶展开式为

$$K_2(\omega_1 t)=\frac{4}{\pi}\cos\omega_1 t-\frac{4}{3\pi}\cos\omega_1 t+\cdots=\sum_{n=1}^{\infty}(-1)^{n-1}\frac{4}{(2n-1)\pi}\cos(2n-1)\omega_1 t\tag{5.4.17}$$

将式（5.4.17）代入式（5.4.16）可知，电流i_L中包含的频率分量为ω_1、$(2n-1)\omega_1\pm\omega_2$，且输出电流的幅度是单二极管电路输出电流幅度的两倍。显然此电路也可以实现频谱搬移的功能。

在上面的分析中，假设电路是理想对称的，因而可以抵消一些无用频率分量，但实际上难以做到这点。例如，两个二极管特性不一致，i_1和i_2中频率为ω_2的电流值将不同，致使ω_2及其谐波分量不能完全抵消。变压器不对称也会造成这个结果。很多情况下，不需要有控制信号的输出，但由于电路不可能完全平衡，从而形成控制信号的泄露。一般要求泄露的控制信号频率分量的电平要比有用的输出信号电平至少低 20dB 以上。为减少这种泄露，以满足实际运用的需要，首先要保证电路的对称性。一般采用如下办法。

- 选用特性相同的二极管，用小电阻与二极管串接，使二极管等效正、反向电阻彼此接近。但串接电阻后会使电流减小，所以阻值不能太大，一般为 10～1000Ω。
- 变压器中心抽头要准确对称，分布电容及漏感要对称，这可以采用双线性并绕法绕制变压器，并在中心抽头处加平衡电阻。同时，还要注意两线圈对地分布电容的对称性。为了防止杂散电磁耦合影响对称性，可采取屏蔽措施。

为改善电路性能，应使其工作在理想工作状态，控制电压要远大于输入信号电压，且二极管的通断只取决于控制电压，而与输入信号电压无关。

也可以引入二极管环形电路，二极管环形电路如图 5.4.10 所示，由 4 只方向一致的二极管组成一个环路，因此称为二极管环形电路。当$v_1=V_{1m}\cos\omega_1 t$，$v_2=V_{2m}\cos\omega_2 t$时，若$V_{1m}\gg V_{2m}$，V_{1m}足够大，二极管VD_1、VD_2、VD_3、VD_4将在v_1的控制下轮流工作在导通区域和截止区域。

当v_1为正半周时，二极管VD_1、VD_2导通，VD_3、VD_4截止，等效电路如图 5.4.11(a)所示；当v_1为负半周时，VD_1、VD_2截止，VD_3、VD_4导通，等效电路如图 5.4.11(b)所示。在理想情况下，它们互不影响，因此，二极管环形电路由两个平衡电路组成：VD_1、VD_2组成一个平衡电路，VD_3、VD_4组成另一个平衡电路。因此，二极管环形电路又称为二极管双平衡电路。可以证明，流过负载的电流可以表示为

$$i_{L}=\frac{2v_{2}}{R_{D}+2R_{L}}K_{2}(\omega_{1}t) \tag{5.4.18}$$

显然，i 中包含的频率分量为 $(2n-1)\omega_1 \pm \omega_2$（$n$=0,1,2,⋯）。若 ω_1 较高，则 $3\omega_1 \pm \omega_2$，$5\omega_1 \pm \omega_2$⋯组合分量很容易滤除，故环形电路的性能更接近理想相乘器，这是频谱线性搬移电路要解决的核心问题。

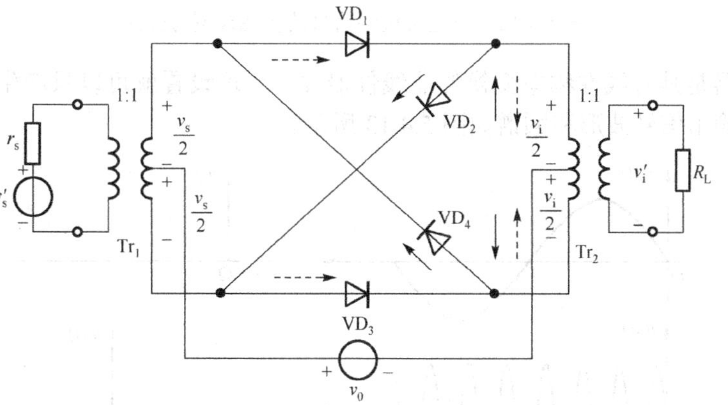

图 5.4.10　二极管环形混频器

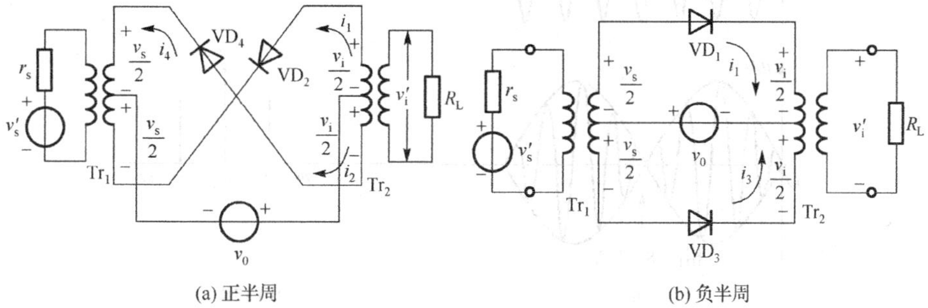

图 5.4.11　本振电压为正、负半周的环形混频器等效图

实际经常用环形二极管调幅器实现 DSB 信号的调幅。

小结：具体设计时从三个方面考虑：

（1）从非线性器件的特性考虑。非线性要小，要尽量减少无用的高阶相乘项及其产生的组合频率分量，选择合适的静态工作点使器件工作在特性接近平方律的区域，或者选用具有平方律特性的非线性器件（如场效应晶体管）等。

（2）从输入信号的大、小考虑。调制信号的幅度要小，近似线性，没有调制信号谐波输出，以获得优良的频谱搬移特性。

（3）从电路设计考虑。可以用多个非线性器件组成平衡或环形电路，用以抵消一部分无用的频率分量，抵消不需要的谐波分量，只输出需要的频率信号。

考虑这三个方面的目的是使不需要的谐波成分减少，降低电路选频时的难度，使输出的信号尽量为纯净的调幅波（理想时，AM 信号中只包含载波和两个边带）。

5.4.2　双边带信号调幅

由式（5.2.12）知，双边带调幅信号的数学表达式为

$$v_{\mathrm{DSB}}(t)=k_{\mathrm{a}}v_{\Omega}(t)v_{\mathrm{c}}(t)=k_{\mathrm{a}}V_{\Omega\mathrm{m}}V_{\mathrm{cm}}\cos\Omega t\cos\omega_{\mathrm{c}}t$$

所以，产生双边带调幅信号的最直接的方法就是将调制信号与载波信号相乘，如图 5.4.12 所示。这里的带通滤波器应该具有中心频率为 f_{c}、带宽为 $\mathrm{BW_{DSB}}=2F$ 的频率特性。

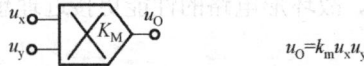

图 5.4.12 双边带调幅信号的实现模型与公式

模拟相乘器是具有线性频率变换的非线性器件，合理设置就可以只产生和频与差频两种输出信号，其输出信号波形和频谱如图 5.4.13 所示。

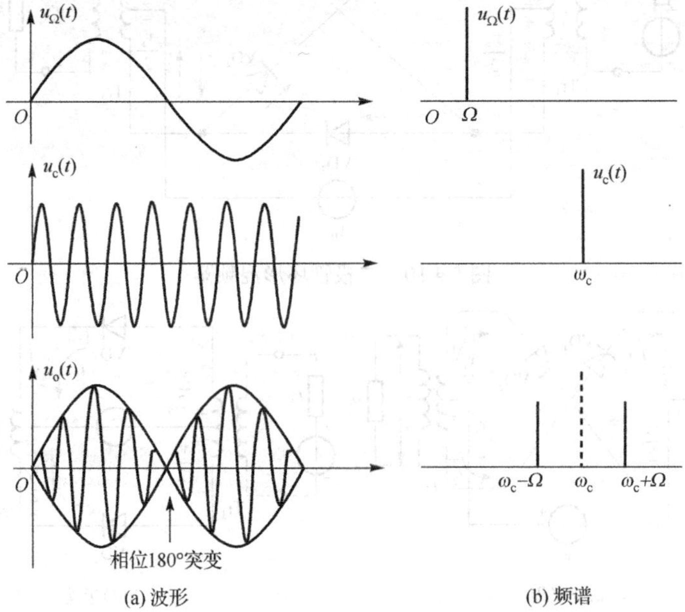

图 5.4.13 DSB 输出信号波形和频谱

实际应用中，有时也用环形二极管调幅器实现 DSB 信号的调制。

5.4.3 单边带信号调幅

产生单边带调幅信号的方法主要有滤波法和相移法。

1. 滤波法

滤波法产生单边带调幅信号的实现模型如图 5.4.14(a)所示，根据单边带调幅信号的频谱特点，先产生双边带调幅信号，再利用带通滤波器取出其中一个边带的信号，滤除另一个边带的信号。图中，带通滤波器应该采用单边带滤波器，所具有的频率特性是：中心频率为 $f_{\mathrm{c}}\pm\dfrac{F_{\max}}{2}$（上边带调制或下边带调制），带宽为 $\mathrm{BW_{SSB}}=F_{\max}$，如图 5.4.14 (b)所示。

将双边带调幅波用带通滤波器滤除一个边带，即得到单边带调幅信号，这从理论上是可行的，但对滤波器特性要求十分苛刻。思考：是否可以用 AM 波加带通滤波器得到单边带？因为调制信号频率相对载波频率很低，上、下边带距离很近，滤除一个边带从滤波器的实现角度上是十分困难的，当调制信号的最低频率 F 很小时，上、下两个边带的频差 $\Delta f = 2F$ 很小，即相对频差值 $\Delta f / f_c$ 很小，要求滤波器的矩形系数几乎接近 1，导致滤波器的实现十分困难。

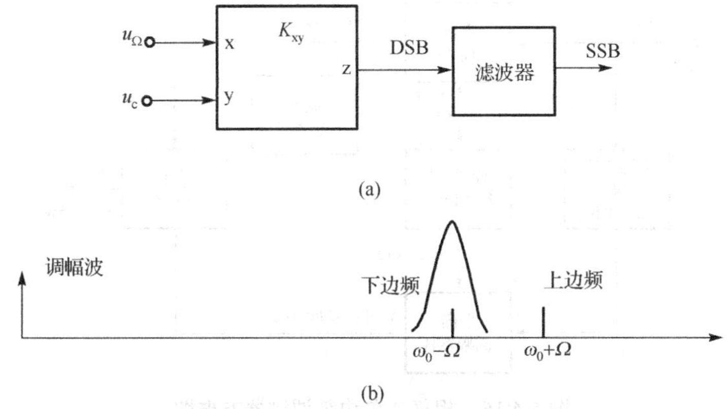

图 5.4.14 单边带调幅信号的电路框图和频谱示意图

在实际设备中可以采用多次调制和滤波的方法，即先在较低频载波上进行调制，增大相对频差值 $\Delta f / f_c$，降低对滤波器的要求。滤除一个边带后，再以这个低载频单边带信号作为调制信号，在高频载波上进行第二次调制，然后再滤除一个边带。因为两个边带之间的相对带宽增大，故使滤波器易于实现。其电路框图如图 5.4.15 所示。

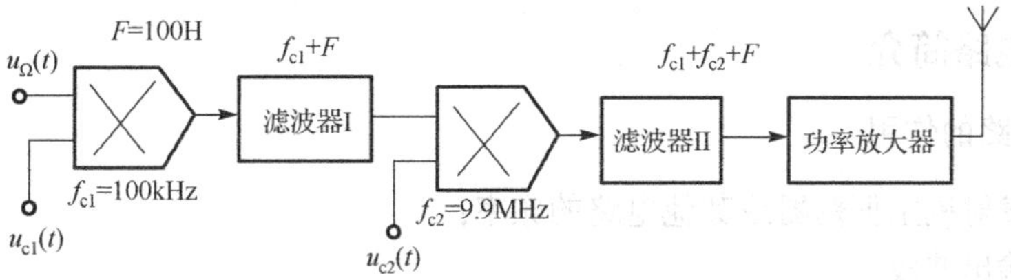

图 5.4.15 产生单边带信号的频谱多次搬移框图

第一次调制，将音频 F 先搬移到较低的载频 f_{c1} 上，由于载频 f_{c1} 较低，相对值 $\Delta f / f_{c1}$ 较大，滤波器容易制作。然后再将滤波器得到的单边带信号的频谱 $f_{c1}+F$ 搬移到载频 f_{c2} 上，得到两个信号 $f_{c2}+(f_{c1}+F)$ 和 $f_{c2}-(f_{c1}+F)$，这两个信号的频率间隔 $f=2(f_{c1}+F)$ 较大，滤波器比较容易实现，如三次搬移后，最终的载频为 $f_c = f_{c3}+f_{c2}+f_{c1}$，边带信号的频率为 $f_{c3}+f_{c2}+f_{c1} \pm F$。

2．相移法

移相法原理是根据三角函数关系

$$
\begin{aligned}
\cos\Omega t\cos\omega_c t &= \frac{1}{2}\cos(\omega_c+\Omega)t + \frac{1}{2}\cos(\omega_c-\Omega)t \\
\sin\Omega t\sin\omega_c t &= \frac{1}{2}\cos(\omega_c-\Omega)t - \frac{1}{2}\cos(\omega_c+\Omega)t
\end{aligned}
\tag{5.4.19}
$$

由式（5.4.19），可以得到式（5.4.20）

$$
\begin{aligned}
v_{SSB}(t) &= V_m\cos(\omega_c-\Omega)t = V_m\cos\omega_c t\cos\Omega t + V_m\sin\omega_c t\sin\Omega t \\
v_{SSB}(t) &= V_m\cos(\omega_c+\Omega)t = V_m\cos\omega_c t\cos\Omega t - V_m\sin\omega_c t\sin\Omega t
\end{aligned}
\tag{5.4.20}
$$

由式（5.4.20）可知，只要将调制信号和载波信号分别相移 90°，成为 $\sin\Omega t$ 和 $\sin\omega_c t$，再进行相乘和相减，就可以实现单边带调幅，如图 5.4.16 所示。

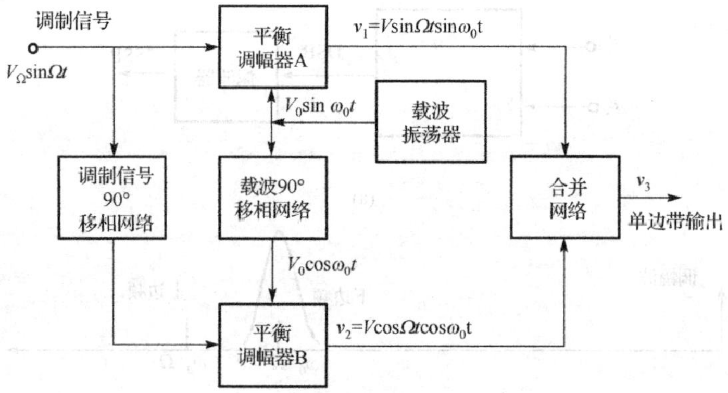

图 5.4.16　相移法单边带调制器方框图

移相后将以上两式相加，结果是上边带抵消，下边带叠加，输出为取下边带的单边带调幅信号。将上面两式相减，结果是下边带抵消，上边带叠加，输出为取上边带的单边带调幅信号。

显然，对单频信号进行 90°相移比较简单，但是对于一个包含许多频率分量的一般调制信号进行 90°移相，要保证其中每个频率分量都准确移相 90°，且幅频特性又应为常数，还是有困难的。

5.4.4　倍频电路简介

1．倍频电路的作用

（1）降低发射机主振荡器或其他电路的频率；

（2）扩展输出波段；

（3）缓冲隔离的作用；

（4）对于调频或调相发射机来说，还可以利用倍频电路加深调制深度，以获得较大的频偏或相偏。

2．倍频电路的工作原理

倍频电路按其工作原理可分为两大类：一类是利用非线性器件来得到倍频；另一类是利用丙类谐振放大器余弦电流脉冲中的谐波来获得倍频。

（1）模拟乘法器倍频电路如图 5.4.17 所示；

（2）丙类倍频电路如图 5.4.18 所示。

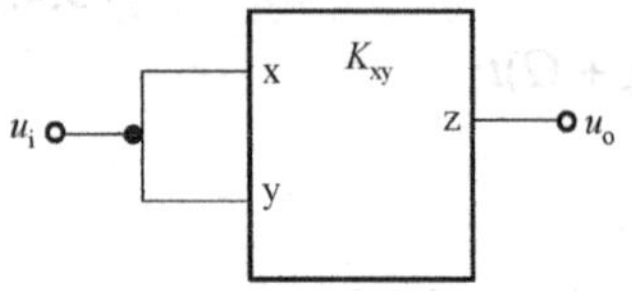

图 5.4.17　模拟乘法器倍频电路

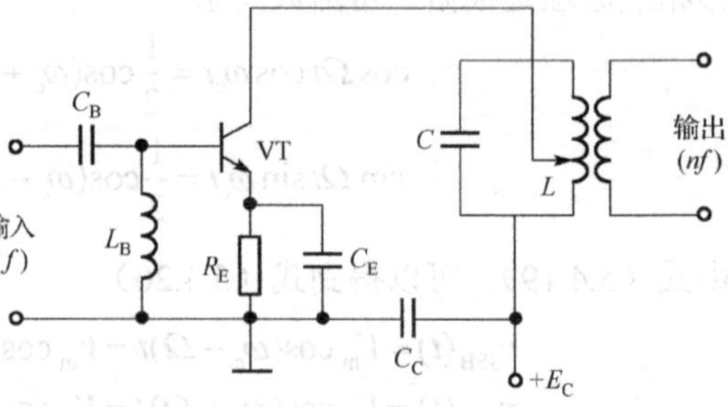

图 5.4.18　丙类倍频电路

5.5 典型检波电路分析

解调是调制的逆过程，是将载于高频振荡信号上的调制信号恢复出来的过程，调幅信号的解调称为检波，检波的分类如下：

- 检波
  - 器件
    - 二极管检波器
    - 三极管检波器
  - 信号大小
    - 小信号检波器
    - 大信号检波器
  - 工作原理
    - 包络检波器
    - 同步检波器

本书按照包络检波器和同步检波器的分类来进行介绍。

5.5.1 包络检波器

1. 包络检波器概述

幅度调制对应的解调方法可分为包络检波和同步检波两大类。包络检波是指解调器输出电压与输入已调波的包络呈正比的检波方法。由于 AM 信号的包络与调制信号呈线性关系，而 DSB 和 SSB 信号的包络不再反映调制信号的变化规律，因此包络检波只适用于解调 AM 信号。DSB 和 SSB 信号的解调必须使用同步检波。

实现包络检波过程的电路为包络检波器。从时域上看，检波的过程是将调制信号波形从已调幅波信号中恢复出来的过程，如图 5.5.1 所示。从频域上看，是将调制信号的频谱不失真地搬回到零频附近，所以检波也是一种线性频谱搬移，如图 5.5.2 所示。这种搬移正好与调制的搬移过程相反，也是线性搬移，解调是调制的逆过程。

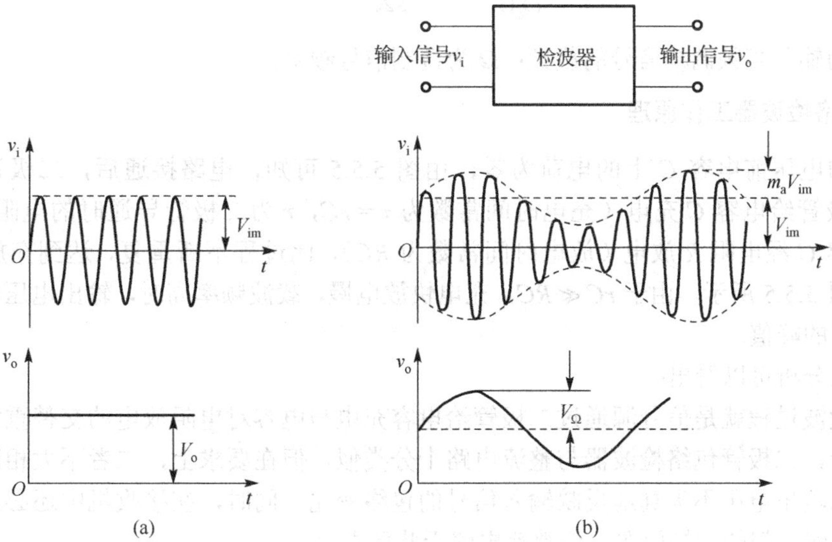

图 5.5.1 包络检波器输入、输出信号的波形

包络检波器组成框图如图 5.5.3 所示。

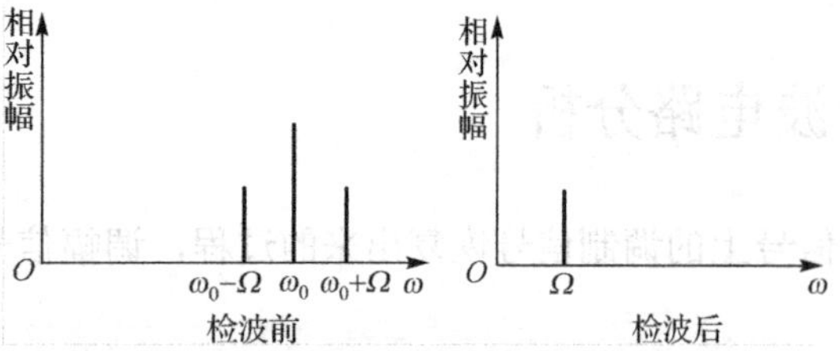

图 5.5.2 包络检波器输入、输出信号的频谱

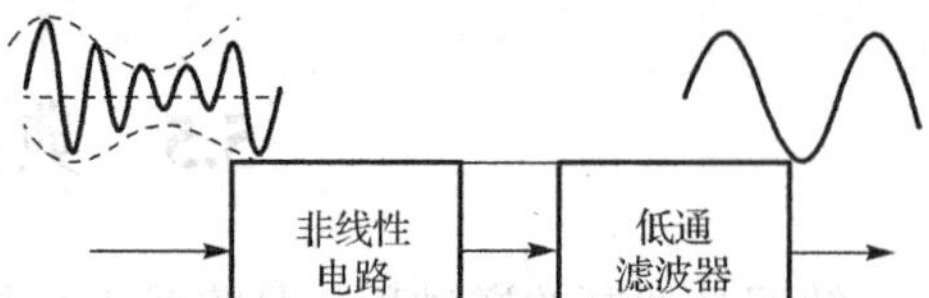

图 5.5.3 包络检波器组成框图

从图中可以看出，经过包络检波器，已调波中的包络信息被检出，显然，它只适用于 AM 信号。

二极管峰值包络检波器的原理电路如图 5.5.4 所示，信号源、非线性器件二极管及低通滤波器三者串联连接，为串联型电路。该检波器一般工作于大信号状态，输入信号电压要大于 0.5V，故这种检波器的全称为二极管串联型大信号峰值包络检波器。

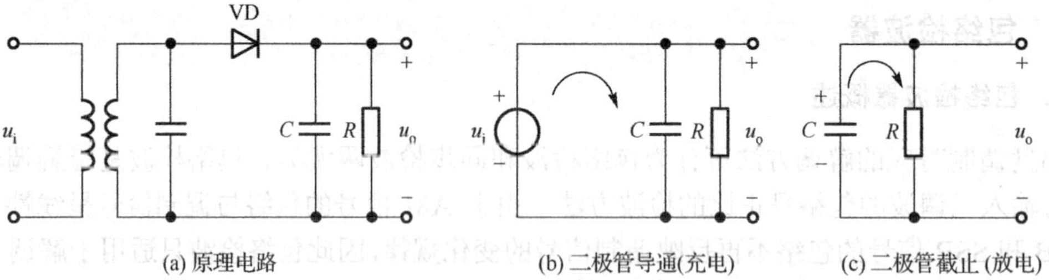

图 5.5.4 二极管峰值包络检波器原理

二极管通常选用导通电压小、内阻小的点接触型锗管。RC 电路有两个作用：一是作为检波器的负载，在其两端产生解调输出电压；二是实现低通滤波，使高频电流旁路，需满足

$$\frac{1}{\omega_c C} \leqslant R_L \text{和} \frac{1}{\Omega C} \geqslant R_L \tag{5.5.1}$$

式中，ω_c 为输入高频调幅信号的载频；Ω 为调制信号频率。

2．包络检波器工作原理

假设加电压前电容 C 上的电荷为零，由图 5.5.5 可知，电路接通后，二极管导通时，信号经二极管给电容 C 充电（充电时间常数为 $\tau = rC$，r 为二极管导通时的电阻），二极管截止时电容 C 经电阻 R 放电（放电时间常数为 RC），此过程不断重复，达到充放电动态平衡后，如图 5.5.5 所示，由于 $rC \ll RC$，充电快放电慢，载波频率高时，输出电压信号无限逼近输入电压的峰值。

从以上分析可以看出：

（1）检波过程就是信号源通过二极管给电容充电与电容对电阻放电的交替重复过程。在工作原理上，二极管包络检波器与整流电路十分类似，但在要求上，二者不大相同，作为检波器，要求输出电压不失真地反映输入信号的包络变化；同时，在接收机中还必须考虑检波器与其前后级之间的连接问题。但整流电路无此要求。

（2）由于放电时间常数远大于输入电压载波周期，放电慢，使得二极管负极永远处于正的较高的电位（因为输出电压接近于高频正弦波的峰值）。该电压对二极管形成一个大的负电压，使二极管只在输入电压的峰值附近才导通，导通时间很短，这也是峰值包络检波器名称的由来。

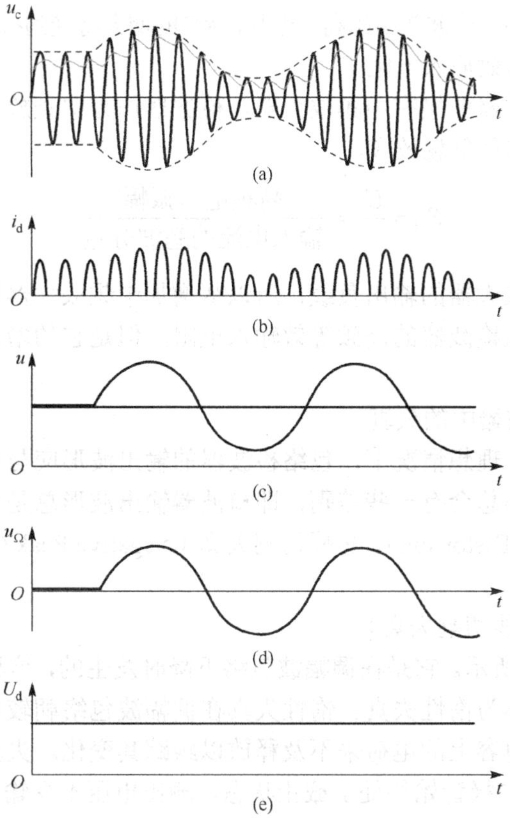

图 5.5.5 二极管峰值包络检波器工作过程

（3）二极管电流包含平均分量（输入为等幅信号的情况下为直流分量）及高频分量。流经电阻形成平均电压，它是检波器的有用输出电压。高频电流主要被旁路电容 C 旁路，在其上产生很小的残余高频电压，称为纹波电压。实际中，当电路元件参数选择合适时，高频波纹电压很小，可以忽略，这时检波器输出电压为直流并接近但小于输入电压峰值。显然，放电时间常数比输入信号周期大得越多，输出电压越接近输入电压峰值。

如果输入信号为一调幅波，只要选择合理的 RC 参数，输出的波形就可以反映输入调幅信号的包络变化规律，也即为解调输出的原调制信号。

从这个工作过程可以看出，RC 的数值对检波器输出的性能有很大影响。为使检波器的输出信号反映输入信号的包络，要求时间常数 RC 远大于输入调幅信号载波的周期，但它又必须远小于调制信号的周期，即包络的周期，否则将会引起调解的失真。如果 RC 值小，则放电快，高频波纹加大，平均电压下降；数值大，则作用相反。

3. 包络检波器性能指标

二极管峰值包络检波器的性能指标主要有检波效率、输入电阻、惰性失真和底部切割失真等几项。

（1）检波效率

当输入信号时，检波效率定义为输出直流电压与输入载波的振幅之比值，即

$$\eta_d = \frac{\text{输出直流电压}}{\text{输入载波振幅}} = \frac{U_d}{U_{Sm}} \tag{5.5.2}$$

RC越大，导通角越小，检波效率越高。但是，RC的增大将受到检波器中非线性失真的限制。

（2）检波器的高频等效输入电阻

在接收设备中，检波器前接有中频放大器，检波器作为中频放大器的输出负载，可用检波等效输入电阻来表示这种负载效应。

$$R_{id}=\frac{U_i}{I_i}=\frac{\text{高频电压振幅}}{\text{输入电流的基波分量}} \tag{5.5.3}$$

由于检波器为中频放大器的输出负载，所以从增加中频放大器增益、提高接收机灵敏度的角度出发，应尽量加大检波器的高频等效输入电阻，但是它的增大同样受到检波器中非线性失真的限制。

（3）二极管包络检波器中的失真

由前面的讨论可知，理想情况下，包络检波器的输出波形应与调幅波包络的形状完全相同。但实际上，二者之间总会有一些差别，即检波器输出波形总是存在失真。所产生的失真主要有惰性失真（Inertia Distortion）、负峰切割失真（Negative Peak Clipping Distortion）、非线性失真及频率失真。

① 惰性失真（对角线切割失真）

惰性失真如图 5.5.6 所示。它是在调幅波包络下降时发生的，这种非线性失真是由于C的惰性太大引起的，所以称为惰性失真。惰性失真在调幅波包络朝较低值变化时产生，此时由于放电时间常数太大，电容上的电荷来不及释放以跟踪其变化。失真部分输入信号电压总是低于电容C上的电压，二极管始终处于截止状态，输出电压不受输入信号电压的控制，只有当输入信号电压的振幅重新超过输出电压值时，二极管才重新导通。

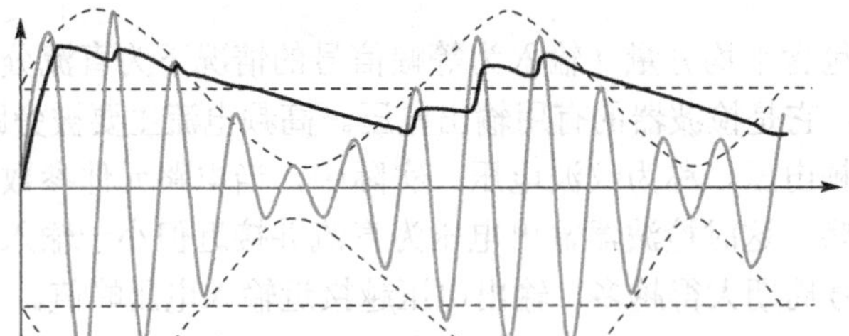

图 5.5.6　惰性失真波形示意图

为了防止惰性失真，只要适当选择放电时间常数值，使C的放电加快，能跟上高频信号电压包络的变化就可以了。

为避免惰性失真，就要保证电容C两端的电压减小速率（电容C的放电速度）在任何一个高频周期内都要大于或等于包络线的下降速率，即保证电容C的放电速度能够跟得上包络的变化。可以推导出，一般要求公式为

$$R_L C\Omega_{max} \leqslant \frac{\sqrt{1-M_a^2}}{M_a} \tag{5.5.4}$$

② 底部切割失真（负峰切割失真）

负峰切割失真产生的原因是检波器的直流负载阻抗R与交流（音频）负载阻抗R_Ω不相等，而且调幅系数太大。

检波器输出通过耦合电容 C_c 与输入电阻为 R_L 的低频放大器连接，检波电路如图 5.5.7 所示。

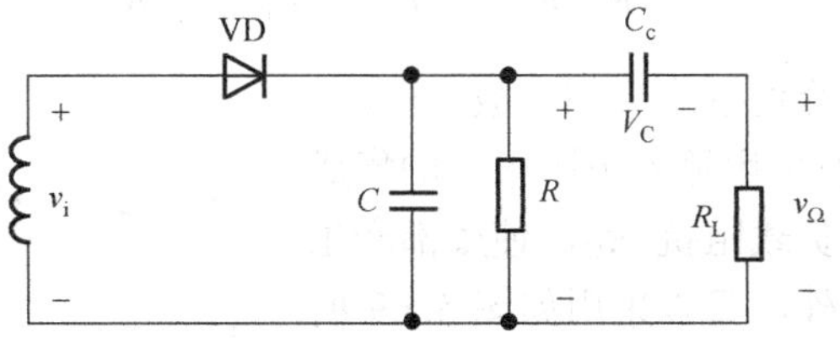

图 5.5.7 计入耦合电容 C_c 和低放输入电阻 R_L 的检波电路

C_c 的容量较大，对交流信号等于短路，因此，检波器交流（音频）负载阻抗 R_Ω 为

$$R_\Omega = \frac{RR_L}{R+R_L} \leqslant R \tag{5.5.5}$$

为了有效地将检波后的低频信号耦合到下一级电路，要求耦合电容的容抗远远小于 R_L，所以 C_c 的值很大。这样，输出电压中的直流分量几乎都落在 C_c 上，这个直流分量的大小近似为输入高频载波的振幅，即 V_{im}，所以 C_c 可等效为一个电压为 V_{im} 的直流电压源，此电压源在 R 上的分压为

$$V_R = \frac{R}{R+R_L}V_{im} \tag{5.5.6}$$

此电压反向加在二极管上，当输入调幅波的调制系数较小时，这个电压的存在不影响二极管的工作。当调制系数较大时，调幅信号的最小振幅或包络线的最小电平可能低于 V_R，即如图 5.5.8 所示，将造成二极管截止。直至输入调幅波包络电压高于 V_R 时，二极管才能恢复正常工作。因此，产生了如图 5.5.8 所示的波形失真，将输出低频电压负峰切割掉了。也就是说，电平小于 V_R 包络线不能被提取出来，出现了失真。由于这种失真出现在调制信号的底部，故称为底部切割失真。

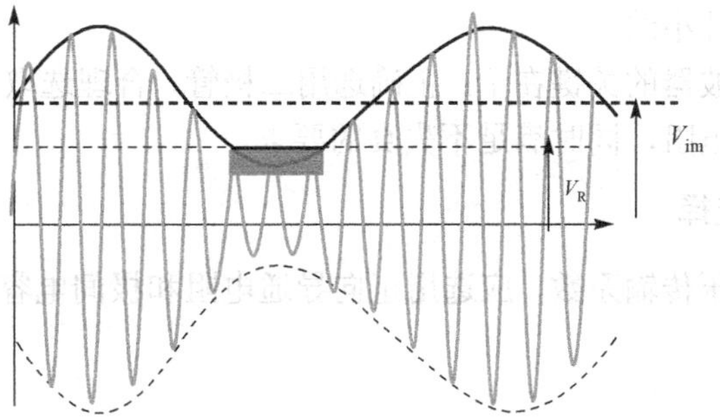

图 5.5.8 负峰切割失真

显然，V_R 或 M_a 愈大，这种失真也愈易产生。由图 5.5.8 可见，要防止这种失真的产生，必须使包络线的最小电平大于或等于 V_R，即满足

$$V_{im}(1+M_a\cos\Omega t) \geqslant V_R \tag{5.5.7}$$

式（5.5.6）可以简化为式（5.5.7），代入式（5.5.5）得式（5.5.8）

$$V_{im}(1-M_a) \geqslant V_R \tag{5.5.8}$$

$$M_a \leqslant \frac{R_L}{R+R_L}=\frac{R//R_L}{R}=\frac{R_{交流}}{R_{直流}}=\frac{R_\Omega}{R} \tag{5.5.9}$$

式（5.5.8）即为不产生负峰切割失真的一般条件。

实际上，现代设备一般采用输入电阻很大的集成运放，提高交流（音频）负载阻抗 R_Ω，使底部产生切割失真的概率降低。另外，可以采用如图 5.5.9 所示的分负载电路，以此提高交流（音频）负载阻抗 R_Ω。

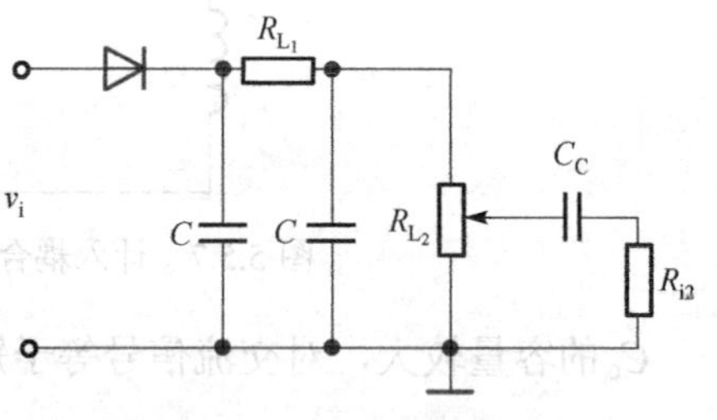

图 5.5.9 分负载检波电路

图 5.5.10 所示为某收音机二极管检波器的实际电路，低频电压由电位器引出（音量控制电位器）。$R_{L_1}C_1$ 和 $R_{L_2}C_2$ 组成检波负载（低通滤波器），取出低频分量，滤除高频分量。电阻 R_2 是自动增益控制 AGC 的反馈电阻。

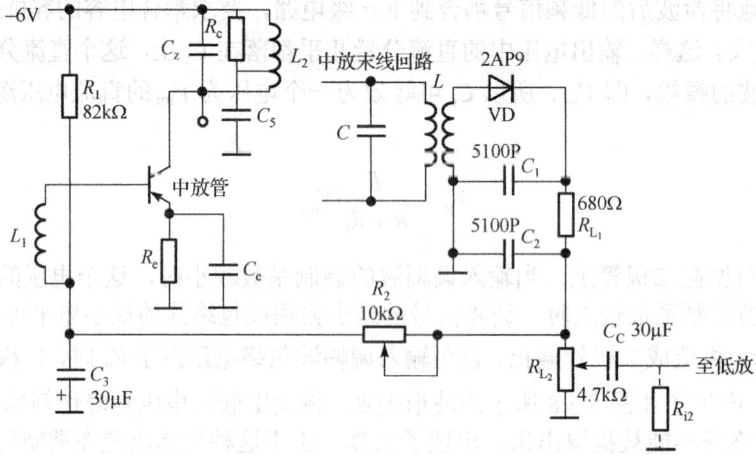

图 5.5.10 收音机中的实际二极管检波电路

（4）包络检波器设计小结

设计二极管包络检波器的关键在于：正确选用二极管，合理选取 R、C 等参数，保证检波器提供尽可能大的输入电阻，同时满足不失真的要求。

4．检波二极管的选择

为了提高检波器电压传输系数，应选用正向导通电阻和极间电容小（或最高工作频率高）的二极管。

5．*C* 的选择

从提高检波电压传输系数和高频滤波能力的角度考虑，RC 应尽可能大；从避免惰性失真的角度考虑，允许的最大值应满足式（5.5.3）和式（5.5.8）的条件。

5.5.2 同步检波器

同步检波器是一个三端口网络，有两个输入端口，一个是 DSB 或 SSB 信号输入端，另一个是同步信号（或称为插入载波或恢复载波，由于恢复载波必须与原调制载波同步，故通常称为同步信号）输入端。

为了正常地进行解调，同步信号应与调制端的载波电压完全同步（同频、同相），这就是同步检波名称的由来。

同步检波器（Synchronous Detector）又称相干检波，主要用于解调 DSB 和 SSB 信号，有乘积型和叠加型两种方式。

1. 乘积型同步检波器

乘积型同步检波器的组成框图如图 5.5.11 所示。

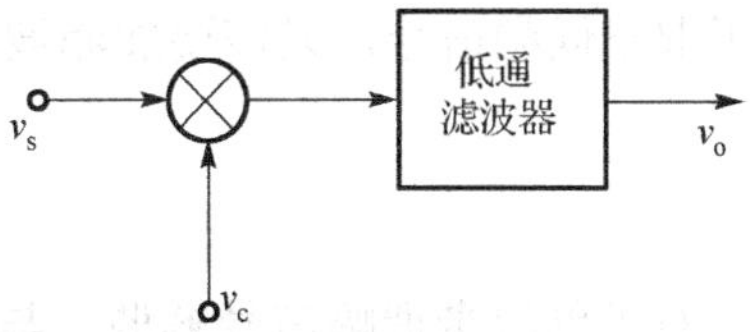

图 5.5.11 乘积型同步检波器的组成框图

理想时，双边带乘积型同步检波器的原理分析如下：

$$v_s(t) = V_{sm}\cos\Omega t \cdot \cos\omega_0 t$$

$$v_c(t) = V_{cm}\cos\omega_0 t$$

$$\begin{aligned} v_s(t)\cdot v_c(t) &= (V_{sm}\cos\Omega t\cdot\cos\omega_0 t)\cdot V_{cm}\cos\omega_0 t \\ &= V_{sm}V_{cm}\cos\Omega t[\cos\omega_0 t\cdot\cos\omega_0 t] \\ &= V_{sm}V_{cm}\cos\Omega t\cdot\frac{1}{2}[\cos 2\omega_0 t + \cos 0] \end{aligned} \tag{5.5.10}$$

由式（5.5.10）可知，双边带信号和载波相乘后产生一个低频信号和两个高频信号。为了取出低频信号，只需要加滤波器选出低频，低频信号为

$$v_\Omega(t) = \frac{1}{2}V_{sm}V_{cm}\cos\Omega t \tag{5.5.11}$$

上面讨论的是假设同步信号与发送端的载波信号完全同频同相的情况，但实际较难，下面讨论当同步信号与发送端的载波信号不同频同相的情况。

若同步信号与发射端载波不同步，二者之间存在一相位差，其一般表示式为

$$v_c(t) = V_{cm}\cos(\omega_0 t + \varphi) \tag{5.5.12}$$

式中，φ 为一常量，表示两个载波之间的相位差。

由图 5.5.11 可知，乘法器的输出为

$$\begin{aligned} v_s(t)\cdot v_c(t) &= (V_{sm}\cos\Omega t\cdot\cos\omega_0 t)\cdot V_{cm}\cos(\omega_0 t + \varphi) \\ &= V_{sm}V_{rm}\cos\Omega t\cdot\frac{1}{2}[\cos(2\omega_0 t + \varphi) + \cos\varphi] \end{aligned} \tag{5.5.13}$$

低通滤波器的输出为

$$v_\Omega(t) = \frac{1}{2}V_{sm}V_{rm}\cos\varphi\cdot\cos\Omega t \tag{5.5.14}$$

从上式可以看出，载波初始相位差的存在将直接影响解调输出。若该相位差为一常数，即同步信号与发射端载波的相位差始终保持恒定，同频不同相，则解调输出的低频分量仍与原调制信号呈正比，只不过振幅有所减小，振幅减小将使效率降低。若不同频也不同相，解调输出的效率降低且失真。此时，接收机解调出的信号就会高低起伏，产生失真。

如果解调的是单边带信号，也可以用乘积型同步检波器，分析与双边带类似。理想时，单边带（如上边带）乘积型同步检波器的原理分析如下：

$$v_s(t) = V_{sm}\cos(\omega_c + \Omega)t$$

$$v_c(t)=V_{cm}\cos\omega_0 t \quad v_s(t)\cdot v_c(t)=(V_{sm}\cos(\omega_0+\Omega)t\cdot V_{cm}\cos\omega_0 t \quad v_s(t)\cdot v_c(t)$$

$$=V_{sm}\cos(\omega_0+\Omega)t\cdot V_{cm}\cos\omega_0 t=V_{sm}V_{cm}\frac{1}{2}[\cos(2\omega_0+\Omega)t+\cos\Omega t] \tag{5.5.15}$$

由式（5.5.15）可知，单边带调幅信号和载波相乘后产生一个低频信号和一个高频信号。为了取出低频信号，只需要加滤波器选出低频，低频信号为

$$v_\Omega(t)=\frac{1}{2}V_{sm}V_{cm}\cos\Omega t \tag{5.5.16}$$

对于单边带调幅信号解调，与双边带类似，如果载波存在初始相位差，也将直接影响解调输出，这里不再重复分析。

同步乘积型解调电路中的关键问题是如何获得与发射端载波同步的信号，否则，解调输出的效率会降低且失真。

2. 叠加型同步检波器

将输入信号与同步信号叠加，合成信号的包络与调制信号的变化一致（推导见式（5.5.17）），叠加后信号表现为普通调幅信号效果，因此可以用普通调幅信号解调方法进行解调，即利用包络检波器实现解调，组成框图如图 5.5.12 所示。

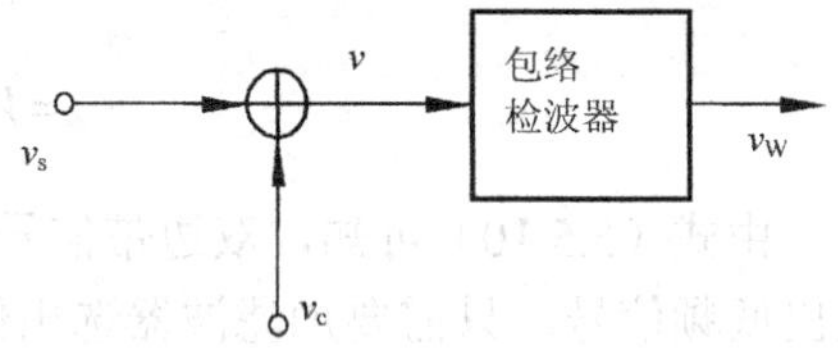

图 5.5.12　叠加型同步检波器的组成框图

由图 5.5.12 可以看出，上边带调幅信号叠加载波信号得到

$$\begin{aligned}v&=v_{DDB}(t)+v_c(t)=V_cM_a\cos\Omega t\cos\omega_c t+V_c\cos\omega_c t\\&=V_c\cos\omega_c t(1+M_a\cos\Omega t)=v_{AM}(t)\end{aligned} \tag{5.5.17}$$

由式（5.5.17）可见，只要满足 $v_c(t)$ 与原来发送端的载波完全相同，合成信号即为不失真的 AM 调幅信号，利用包络检波器可以解调出所需的调制信号。

当信号为单边带（如上边带）时，叠加之后电压信号为

$$\begin{aligned}v&=v_{SSB}(t)+v_c(t)=V_{sm}\cos(\omega_c+\Omega)t+V_c\cos\omega_c t\\&=V_{sm}\cos\omega_c t\cos\Omega t+V_{sm}\sin\omega_c t\sin\Omega t+V_c\cos\omega_c t\\&=V_m\cos(\omega_c t+\theta)\end{aligned}$$

$$V_m=\sqrt{(V_c+V_{sm}\cos\Omega t)^2+(V_{sm}\sin\Omega t)^2}$$

$$\theta=\arctan\left(\frac{-V_{sm}\sin\Omega t}{V_{sm}\cos\Omega t+V_c}\right) \tag{5.5.18}$$

由式（5.5.18）可知，叠加合成信号的包络和相角均受到调制信号的控制，不能不失真地反映原调制信号的变化规律。所以，一般情况下，由包络检波器构成的叠加型同步检波器不能对单边带信号实现线性解调，当然在满足一定的条件，如同步信号有足够大的振幅时，失真可以减小到允许值。

小结： 同步检波电路比包络检波电路复杂，而且需要一个同步信号，但检波线性好，不存在惰性失真和底部切割失真问题。

三种检波电路的比对如表 5.5.1 所示。

表 5.5.1 三种检波电路的比对

分类与电压表达式	普通调幅波 $V_0(1+m_a\cos\Omega t)\cos\omega_0 t$	载波被抑制双边带调幅波 $m_aV_0\cos\Omega t\cos\omega_0 t$	单边带信号 $\frac{m_a}{2}V_0\cos(\omega_0-\Omega)t\left[或\frac{m_a}{2}V_0\cos(\omega_0+\Omega)t\right]$
波形图	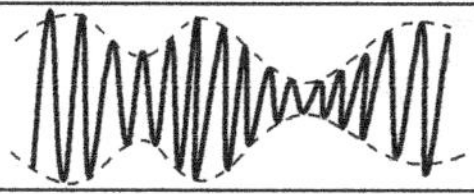		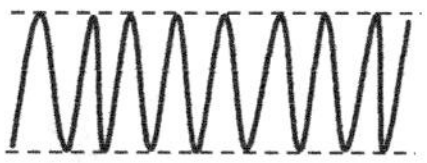
频谱图	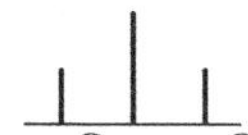 $\omega_0-\Omega$ $\omega_0+\Omega$	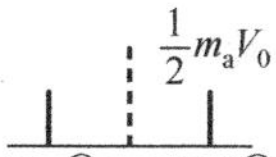 $\frac{1}{2}m_aV_0$ $\omega_0-\Omega$ $\omega_0+\Omega$	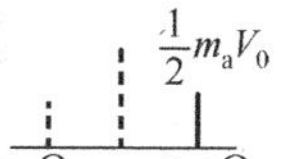 $\frac{1}{2}m_aV_0$ $\omega_0-\Omega$ $\omega_0+\Omega$
信号带宽	$2\left(\frac{\Omega}{2\pi}\right)$	$2\left(\frac{\Omega}{2\pi}\right)$	$\frac{\Omega}{2\pi}$
调制优缺	简单，效率低	效率高，50%，性能较好	效率高，100%，占用带宽窄，难度大
解调方式	包络	同步（乘积或叠加）	同步（乘积）
解调优缺	简单	同步难	同步难

5.6 典型混频电路分析

混频是超外差接收机的特殊名词，混频的过程是一种频谱的线性搬移过程，它把载波为 f_s 的已调信号，不失真地变换成载波为中频 f_I 的已调信号，同时保持调制类型、调制参数不变，即保持原调制规律、频谱结构不变。完成这种功能的电路称为混频器（Mixer）或变频器（Convertor）。

5.6.1 混频器的概念

混频器是通信机的重要组成部件，在接收机一般用下混频（差频），在频谱上将接收到的高频已调制信号搬移到中频上。从时域波形上看，混频前、后的调制规律保持不变，即输出中频信号的波形与输入高频信号的波形形状相同，只是载波频率不同，如图 5.6.1 所示；从频域角度看，混频前后各频率分量的相对大小和互相间隔并不发生变化，即混频是一种频谱的线性搬移，输出中频信号与接收到的高频信号的频谱结构相同，唯一不同的是载频大小，如图 5.6.2 所示。

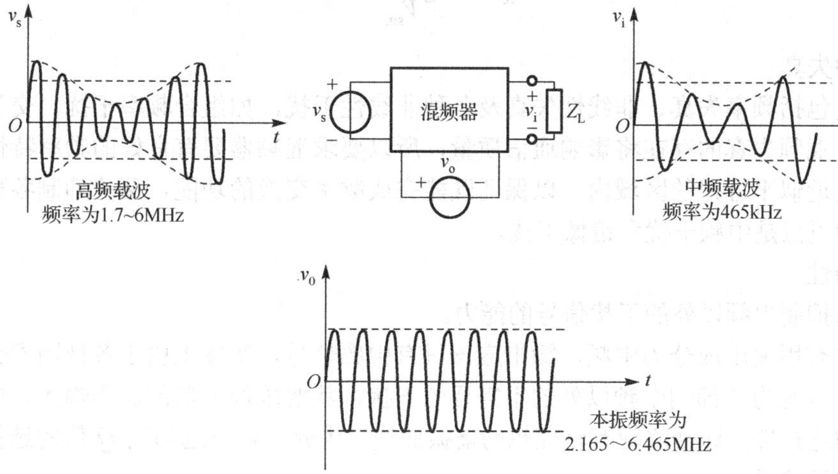

图 5.6.1 混频前后的时域波形示意图

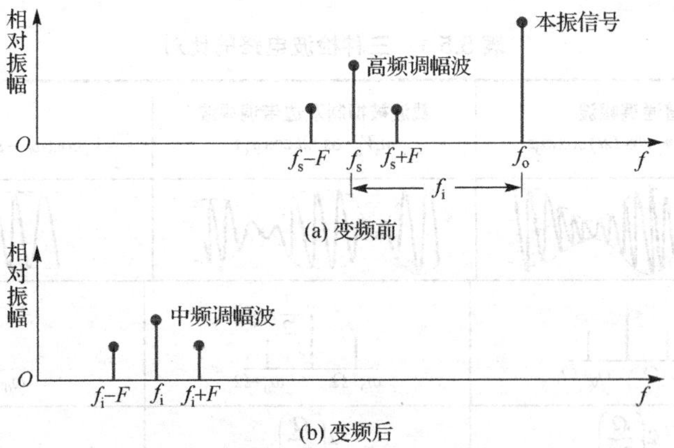

图 5.6.2 混频前后的频域波形示意图

由图 5.6.1 可见，混频的过程与调幅、检波过程一样，也是频谱的线性搬移过程，所以必须利用非线性器件来完成。混频器是一个三端口网络，它有两个输入端口，分别是频率为 f_s 的高频已调波信号 $v_s(t)$ 输入端口和频率为 f_L 的本地振荡信号 $v_L(t)$ 输入端口。一个混频输出端口，输出频率为 f_I 的中频信号 $v_I(t)$。f_I 是 f_s 和 f_L 的差频或和频，$f_I = f_L \pm f_s$ 称为中频。由此可见，混频器在频域上起着频率加（减）的作用。

5.6.2 混频器的指标

混频器的主要性能指标有：混频增益、混频失真、选择性、噪声系数、隔离度等。

（1）混频（变频）增益

混频增益是混频器输出中频电压 V_{im} 与输入信号电压 V_{sm} 的幅值之比。

混频增益（或混频损耗）是评价混频器性能的重要指标。混频增益是指混频输出中频信号电压振幅（或功率）对输入高频信号电压振幅（或功率）的比值，用分贝（dB）表示，即

$$G_{Pc} = 10\lg\frac{P_I}{P_s}$$

$$A_{vc} = 20\lg\frac{V_{im}}{V_{sm}} \tag{5.6.1}$$

（2）混频失真

混频失真包括频率失真、非线性失真及各种非线性干扰，如组合频率干扰、交叉调制、互相调制等。混频失真的存在将影响通信质量，所以要求混频器要有良好的频率特性，应工作在特性曲线近似平方律的区域内，以保证既能完成频率交换的功能，又能抑制各种干扰。非线性干扰的重点是中频干扰和镜像干扰。

（3）选择性

选择性即抑制中频以外的干扰信号的能力。

混频器的有用输出成分为中频，输出应该只有中频信号，实际上由于各种因素会混入很多干扰信号。因此为了抑制中频以外的不需要的干扰，就要求混频器的高频输入、中频输出回路有良好的选择性，即回路应有较理想的谐振曲线。为此，可以选用高 Q 值的选择性回路或集中选择性滤波器。

（4）噪声系数

噪声系数定义为高频输入端信噪比与中频输出端信噪比的比值。

混频器的输入信号噪声功率之比对输出中频信号噪声功率之比的比值，用分贝表示，定义为噪声系数：

$$N_F = 10\lg\frac{(P_S/P_n)_i}{(P_I/P_n)_o} \tag{5.6.2}$$

接收机的噪声系数主要取决于它的前端电路（包含放大核心器件和电路设计），前端电路的噪声将直接影响整个接收机的噪声系数。在没有高频放大器的情况下，接收机的噪声系数主要由混频电路决定。因此，降低混频器的噪声，对减小噪声系数十分重要。

（5）隔离度

理论上要求混频器的各端口之间是隔离的，任一端口的信号功率不会窜通到其他端口。但在实际电路中，总有极少量功率在各端口之间窜通，隔离度就是用来评价这种窜通大小的一个性能指标，定义为本端口功率与窜通到其他端口的功率之比，用分贝表示。

在接收机中，本振端口功率向输入信号端口的窜通危害最大，一般情况下，为保证混频性能，加在本振端口的功率都比较大，当它窜通到输入信号端口时，就会通过输入信号回路加到天线上，产生本振功率的反向辐射，严重干扰邻近接收机。

5.6.3 混频器的电路原理

混频是频谱的线性搬移过程。完成频谱线性搬移功能的关键是获得两个输入信号的乘积，原理框图如图 5.6.3 所示。由框图可知，混频电路原理同调幅电路，只是输入的基带信号变成了已调波信号，载波变成了与已调波信号载波同步变化的本机振荡信号，原理这里不再重复。

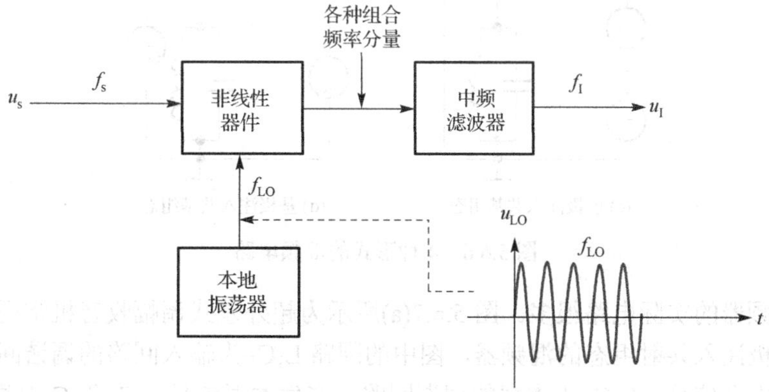

图 5.6.3 混频器的原理框图

与调幅电路相比，混频后由于两个边频分量的距离相对比较大，方便滤波器的实现（这里由于 ω_o 和 ω_s 相差不大，均为 M 级，带宽较宽，所以滤波器方便实现，如图 5.6.4 所示），且利于提高接收机的领道选择性。如果能合理选择中频频率（一般为 $\omega_o-\omega_s$），将有利于减少各种非线性干扰等各项性能指标。

理论上所有的调幅电路都可以作为混频电路，典型的混频器有三极管混频器、二极管环形混频器、由集成模拟乘法器和带通滤波器组成的集成混频器等。与调幅电路的不同点是：

由于两个输入信号中心频率接近，所以干扰增加，要重点考虑，一般的混频电路有 4 种形式，如图 5.6.6 所示，4 种接法使混频电路的增益、抗干扰指标、工作频率等不同。

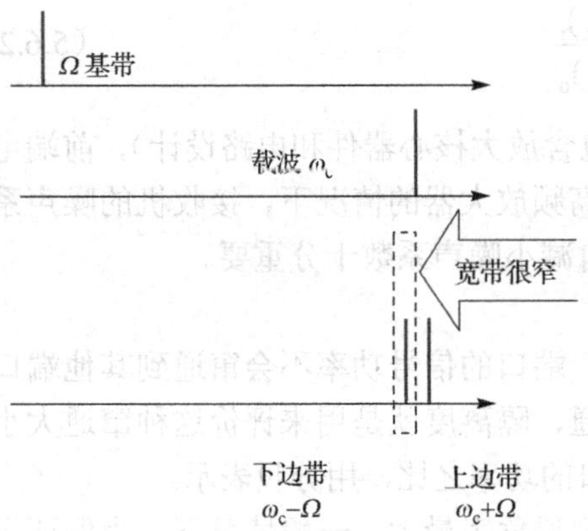

图 5.6.4 DSB 调幅前后的频谱示意图

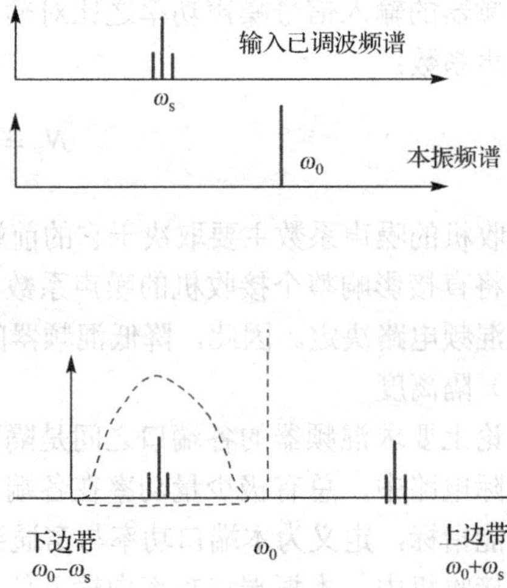

图 5.6.5 混频前后的频谱示意图

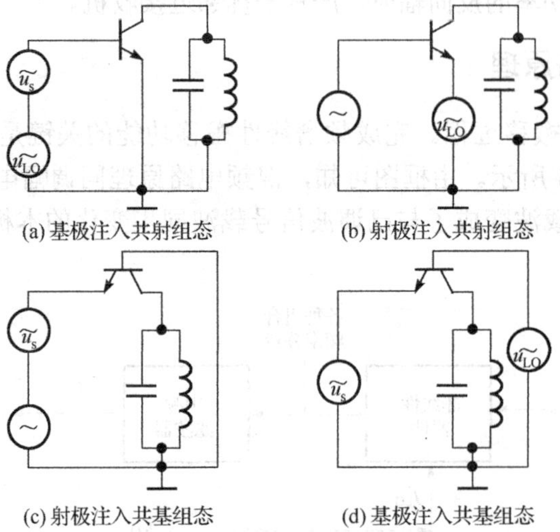

(a) 基极注入共射组态 (b) 射极注入共射组态

(c) 射极注入共基组态 (d) 基极注入共基组态

图 5.6.6 4 种形式的混频电路

晶体管混频器的实际电路很多。图 5.6.7(a)所示为超外差式调幅收音机常用的电路，该电路是一种发射极注入共射组态的混频器，图中的回路 L_1C_1 为输入回路的调谐回路，用于选择所需要的广播电台信号。L_2C_2 为本振的调谐回路，产生本振信号，C_1 和 C_2 是同轴双联电容。接收的广播电台信号和本地振荡信号同时加入三极管的发射极，利用三极管的非线性关系，在三极管的集电极产生各种组合频率分量。由 L_3C_3 构成混频器的输出调谐回路，选取所需要的中频信号。选出的中频信号再送到后面的中频放大器进行放大。

图 5.6.7(b)所示为电视机高频调谐器混频电路，该电路是一种基极注入共射组态的混频器，其中 u_s 为高频放大器送来的高频电视信号，u_{LO} 是电视机产生的本地振荡信号。高频电视信号和本地振荡信号同时加入三极管的发射极，利用三极管的非线性关系，在三极管的集电极产生各种组合频率分量。由 L_1、C_4、C_5 构成混频器的输出回路，用于选择所需要的中频电视信

号。其中，由 L_2、C_7、C_8 构成的 π 形低通滤波器，用于滤除高于中频的干扰信号。L_3、C_8、C_9、C_{10}、R_5 构成了中频放大器的输入回路，它也是混频电路的次级调谐回路。

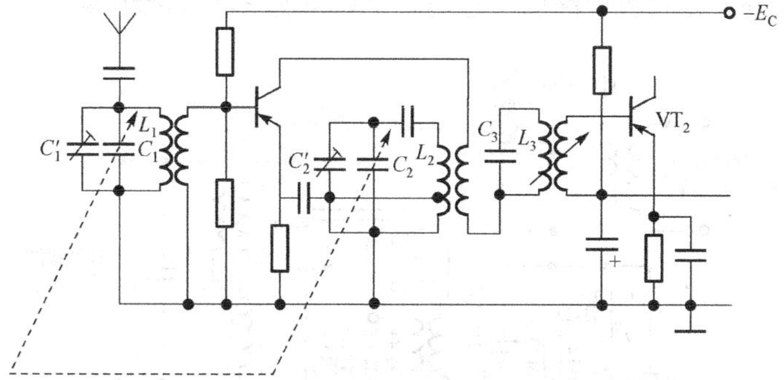

(a) 晶体管中波调幅收音机

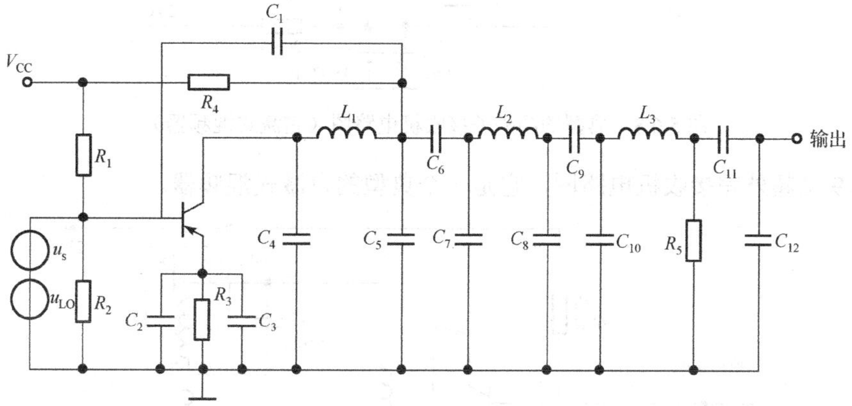

(b) 电视机高频调谐器

图 5.6.7 典型接收机的混频器

根据混频的要求，希望在所接收的频段内，对每一个频率都能满足 f_I=f_L−f_c 的条件。为此通常采用双联电容 C_{1A}、C_{1B} 作为输入回路和振荡回路的联调电容，同时还增加了垫整电容 C_4 和补偿电容 C_2、C_6。经过仔细调整这些补偿元件，就可以在整个波段内做到本振频率基本上能自动跟踪输入信号频率，即保证在可变电容器的任何位置上，本振频率 f_L=f_I+f_c。这种混频器的优点是本振与混频均由同一个晶体管完成，电路简单、节省元件；缺点是本振频率仍受到信号频率牵引，电路工作状态无法同时兼顾本振和混频处在最佳工作状态，并且一般工作频率不高，频率较高的混频器一般由集成模拟乘法器和带通滤波器组成。

混频器是超外差式接收机的重要组成部分。例如，在超外差式广播接收机中（中波广播接收机），把载频频率位于 kHz 波段范围内的各电台 AM 信号变换为中频频率为 465kHz 的 AM 信号。由于采用的是超外差式，所需要的本地频率的频率范围也是 kHz。调频广播中，把载频位于 MHz 的各短波调频台信号变换为中频为 10.7MHz 的调频信号。电视接收机中，把载频位于 MHz 的各电视台的信号变换为 38MHz 的中频信号。

混频器有两大类，即混频器与变频器。非线性器件本身仅实现频率变换，而由另外器件提供本振电压的混频电路称为它激式混频器，简称为混频器。非线性器件本身既产生本地振荡，又实现频率变换，即本振和混频功能由同一个非线性器件（同一个晶体管）完成的混频电路称为自激式混频器，简称为变频器。有时也将振荡器和混频器两部分合起来称为变频器。在实际使用中，通常将“混频”与“变频”两词混用，不再加以区分。

图 5.6.8 就是超外差接收机电路图，它是一个典型的它激式混频器。

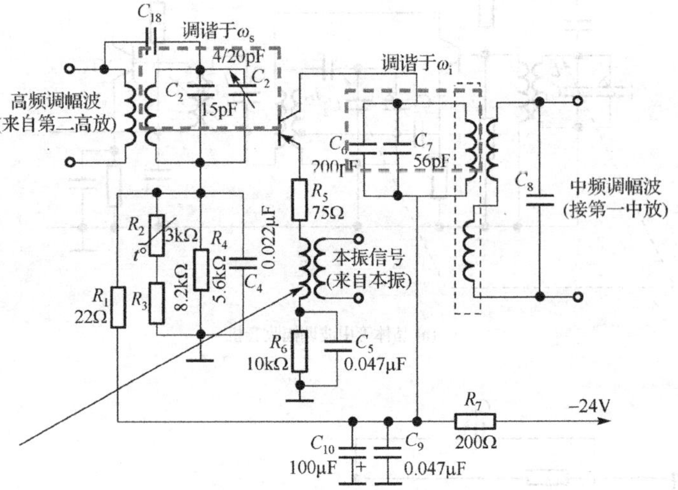

图 5.6.8 典型的超外差接收机电路图（它激式混频器）

图 5.6.9 是超外差接收机电路图，它是一个典型的自激式混频器。

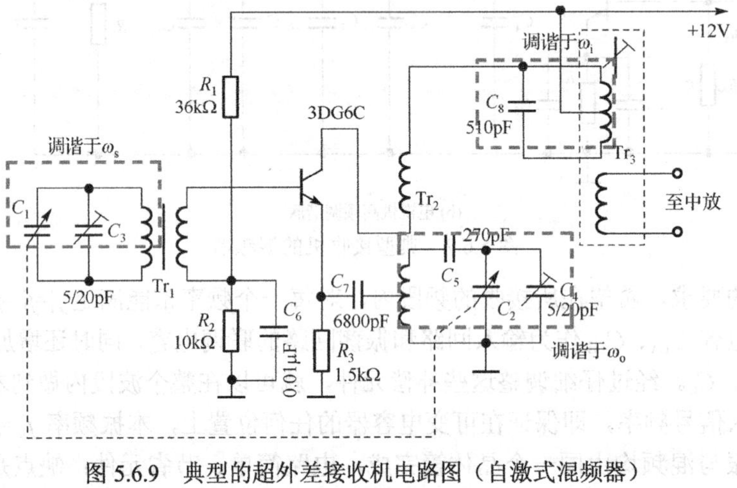

图 5.6.9 典型的超外差接收机电路图（自激式混频器）

混频器将载频为 f_s 的高频已调信号 $v_s(t)$ 不失真地变换为载频为 f_I 且频率固定的中频已调信号 $v_I(t)$，而 f_s、f_I 和 f_L 之间应满足以下关系式之一

当 $f_s < f_L$ 时

$$f_I = f_L - f_s \tag{5.6.3}$$

当 $f_s > f_L$ 时

$$f_I = f_s - f_L \tag{5.6.4}$$

根据信号频率范围的不同，常用的中频有 465kHz、10.7MHz、38MHz 等，如调幅接收机的中频为 465kHz，调频接收机的中频为 10.7MHz，中国电视接收机的中频为 38MHz 等。

广义的混频器也是频率合成器等电子设备的重要组成部分，用来实现频率加减的运算功能。

5.6.4 混频器的干扰和非线性失真

前面已经介绍，混频器中产生混频作用的是非线性器件的非线性特性，不可避免地会产生许多无用的组合频率分量（$|\pm p\pm q|$），当这些频率分量满足一定条件时，它们中的一些分量将会对接收机造成干扰，轻则影响通信质量，重则使有用信号湮没在干扰之中无法接收。与调幅电路的不同点是，由于混频器两个输入信号中心频率接近，所以干扰增加，因此，如何减少各种干扰和非线性失真成为我们必须考虑的问题。

一般情况下，由于混频器件的非线性，混频器将产生各种干扰和失真，它们分别是干扰哨声、寄生通道干扰、交叉调制失真、互相调制失真和强信号阻塞等。前两种干扰是混频器中特有的干扰，后面的失真不仅在混频器中存在，在包含非线性器件的电路（各种放大器）中都有可能产生。下面分别讨论产生这些干扰和失真的原因及避免干扰的措施。

1．干扰哨声（组合频率干扰，Combined Frequency Interference）

输入到混频器的有用信号与本振信号，由于器件的非线性作用，除了产生有用的中频外，还产生许多无用的组合频率分量，如果它们中的有些频率分量正好接近中频（或落在中频滤波器通带内），则这些成分将和有用中频信号同时经过中放加到检波器上。通过检波器的非线性特性，这些接近中频的组合频率f_k与有用中频差拍检波，产生差拍信号ΔF（可听音频），形成干扰哨声。

组合频率

$$f_k=|\pm pf_L\pm qf_s| \tag{5.6.5}$$

形成干扰的条件

$$|\pm pf_L\pm qf_s|=f_I\pm\Delta F \tag{5.6.6}$$

式中，p、q 为f_L、fs 的谐波次数，取值为任意的 0、1、2、…

当ΔF为通频带内的信号（这里为可听音频）时，就会产生干扰哨声。

当f_s为 931kHz，f_L为 931+465=1396kHz 时，假设p=1、q=2，组合频率$f_k=|\pm pf_L\pm qf_s|$，于是有f_k=1396−931×2=466=465+1，此时ΔF为 1kHz，因为一般中频滤波器通频带为 6kHz～8kHz，所以ΔF为通频带内的信号（这里为可听音频）时，就会产生干扰哨声，所以在选择电台频率时，应避免选择这些频率。

解决的方法是合理设置发射的f_s频率或中频频率，如设置f_s为 918kHz，f_L为 918+465=1383kHz，假设p=1、q=2，组合频率$f_k=|\pm pf_L\pm qf_s|$，于是有f_k=1383−918×2= 453=465−12，ΔF为 12kHz，所以ΔF为通频带外的信号时，就不会产生干扰哨声。同样，改变中频也可以达到减弱干扰哨声的目的。

式（5.6.5）中最强的干扰是f_s为中频，p=0、q=1 的组合频率，此时的干扰信号频率$f_k\approx f_I$；其次是p=1、q=2 的组合频率，此时的干扰信号频率$f_k\approx 2f_I$。这两种干扰一旦进入接收机输入端，就具有和有用信号相同的频率变换和传输能力。

小结：综合上述，得到克服干扰哨声的方法是：选定合理静态工作点，减小传输特性中的谐波分量，从而减少组合频率分量，限制输入信号$v(t)$的幅度，适当选择中频频率，合理选择电台的发射载频频率，按照式（5.6.6），要使ΔF为通频带外的信号，就不会产生干扰哨声。

2．寄生通道干扰（组合副波道干扰，Combined Subchannel Interference）

混频器前的输入回路选择性差，使频率为f_n的干扰信号进入混频器中，它与本振频率经

频率变换后产生许多组合频率分量，

$$\Delta f = | \pm pf_{\mathrm{L}} \pm qf_{\mathrm{n}} | = f_{\mathrm{I}} \tag{5.6.7}$$

当这些组合副波道频率 Δf 接近中频时，经中频放大器放大，进入检波器。经检波后在输出端不仅能够听到有用电台的声音，还将听到干扰电台的声音，这种干扰称为寄生通道干扰。

与干扰哨声一样，从理论上讲，p、q 为正整数，由式（5.6.7）求出的 Δf 有无数多个。实际上，只有在 p、q 值较小时才能形成较强的干扰，而当 $p+q\geqslant5$ 时，形成的干扰强度很小，可以不计。

当干扰电台的频率一定时，只要接收机调谐在满足 $\Delta f=|\pm pf_{\mathrm{L}}\pm qf_{\mathrm{n}}|=f_{\mathrm{I}}$ 的频率上，则该干扰电台就会形成寄生通道干扰。

对应于正常的 p、q 值，得到的 Δf 均在 $f_{\mathrm{I}}\pm \mathrm{BW}_{0.7}$ 之外，不会形成干扰。

在式（5.6.7）中，最强的两个干扰如下。

（1）中频干扰（Intermediate Frequency Interference）

干扰信号为 $f_{\mathrm{n}}=f_{\mathrm{I}}$ 时，若 $p=0$、$q=1$，$\Delta f=|0f_{\mathrm{L}}+1f_{\mathrm{I}}|=f_{\mathrm{I}}$（也称为中频直通）。

中频干扰一旦进入混频器输入端，混频器无法将其削弱或抑制，它具有比有用信号更强的传输能力。因为对于中频干扰来讲，混频器实际上起到了中频放大器的作用。当晶体管用作放大器时，可以工作在跨导最大的区域，得到较高的电压增益；而同一晶体管用做混频器时，只能工作在二次方项处。所以在负载相同的情况下，混频器的增益只有做放大器时的1/16～1/2。因此，必须在混频器前将这种干扰抑制掉，一般要求中频抑制比大于等于 30dB。实现方法：一是提高输入回路的选择性，抑制中频信号通过；二是在高频放大器输入回路中接入中频陷波电路或高通滤波器。

（2）镜像干扰（Image Frequency Interference）

镜像干扰只要能接入输入回路到达混频器输入端，其传输能力与有用信号完全相同，混频器无法将其削弱或抑制，所以它将顺利地通过中频放大器经检波而造成严重的干扰。其频谱示意图如图 5.6.10 所示。

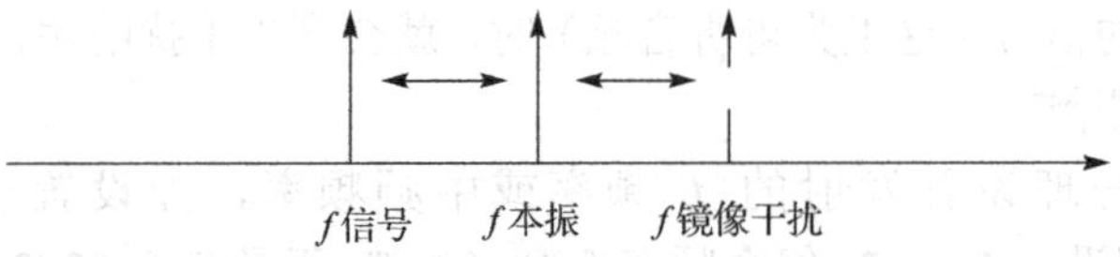

图 5.6.10　镜像干扰频谱示意图

干扰信号为 $f_{\mathrm{n}}=f_{\mathrm{L}}+f_{\mathrm{I}}$ 时，若 $p=1$、$q=1$，$\Delta f=|-1f_{\mathrm{L}}+1(f_{\mathrm{L}}+f_{\mathrm{I}})|=f_{\mathrm{I}}$。

抑制镜像干扰的方法是提高混频器前各级回路的选择性和提高中频频率。当混频器前有高频放大器时，其优良的频率选择性可以提高对镜像干扰信号的抑制能力，因此，一般高质量的接收机，在混频器前常设有一级或二级高频放大器。由于有用信号与干扰信号频率之间的间距是 $2f_{\mathrm{I}}$，因此，提高中频频率可以使两个信号的频率差（与间距）加大，有利于对镜像干扰信号的抑制。

总结：要降低干扰，就是要使 ΔF 为放大电路通频带外的信号，重点要考虑干扰哨声和寄生通道干扰。

干扰哨声是正常输入信号组合后形成的干扰，要抑制干扰哨声，要选定合理的静态工作点，限制输入信号 $v(t)$ 的幅度，适当选择中频频率和电台的发射载频频率。

寄生通道干扰是外来信号的干扰，要提高前级的选择性，重点抑制中频干扰和镜像干扰，抑制中频干扰和镜像干扰的有效方法是提高混频器前各级回路的选择性和提高中频频率。

本章内容小结如下。

振幅调制的过程，是频谱线性搬移过程，它将调制信号频谱从低频段不失真地搬移到高频载波的两端，成为上、下边频（带），然后由选频电路选出某个边带（一般为下边带）。

振幅解调是从已调幅信号中不失真地恢复出原调制信号的过程，它也是频谱线性搬移过程，它将已调制信号的频谱从高频段重新搬回到原来低频的位置。

混频的过程同样是频谱线性搬移过程，它将输入信号的高频频谱不失真地搬移到另一个高频。

振幅调制与解调、混频电路都是频率变换电路，在频域中起频率加、减的作用，它们同属频谱线性搬移电路，都可以用乘法器和相应的滤波器组成的模型来实现。实际电路中，相乘器是利用非线性器件固有的相乘作用而构成的，所以，频谱搬移电路的关键部件是具有相乘作用的非线性器件。

振幅调制与解调、混频电路的不同点是，根据实现功能的不同，相乘区的两个相乘信号不同，滤波器的参数不同，具体的电路设计不同，要考虑降低干扰的方式也不同。

5.7 实验三：实际集成乘法器幅度调制电路举例

所谓调幅就是用低频调制信号去控制高频振荡（载波）的幅度，使其成为带有低频信息的调幅波。目前由于集成电路的发展，集成模拟相乘器得到广泛的应用，为此本实验采用价格较低廉的 MC1496 集成模拟相乘器来实现调幅功能。

MC1496 是一种四象限模拟相乘器，其内部电路及用做振幅调制器时的外部连接如图 5.7.1 所示。由图可见，电路中采用了以反极性方式连接的两组差分对（VT_1～VT_4），且这两组差分对的恒流源管（VT_5、VT_6）又组成了一个差分对，因而亦称为双差分对模拟相乘器。

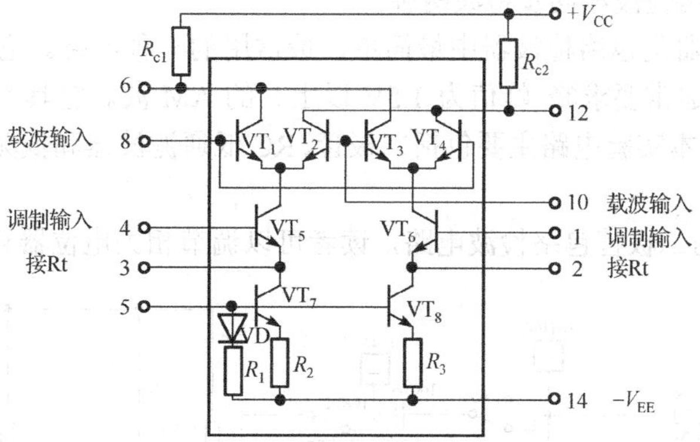

图 5.7.1 MC1496 内部电路及外部连接

用 MC1496 组成的调幅器实验电路如图 5.7.2 所示。图中，与图 5.7.1 相对应之处是：8R08 对应于 RT，8R09 对应于 RB，8R03、8R10 对应于 RC。此外，8W01 用来调节（1）、（4）端之间的平衡，8W02 用来调节（8）、（10）端之间的平衡。8K01 开关控制（1）端是否接入直流电压，当 8K01 置“on”时，1496 的（1）端接入直流电压，其输出为正常调幅波（AM），调整 8W03 电位器，可改变调幅波的调制度。当 8K01 置“off”时，其输出为平衡调幅波（DSB）。晶体管 8Q01 为随极跟随器，以提高调制器的带负载能力。

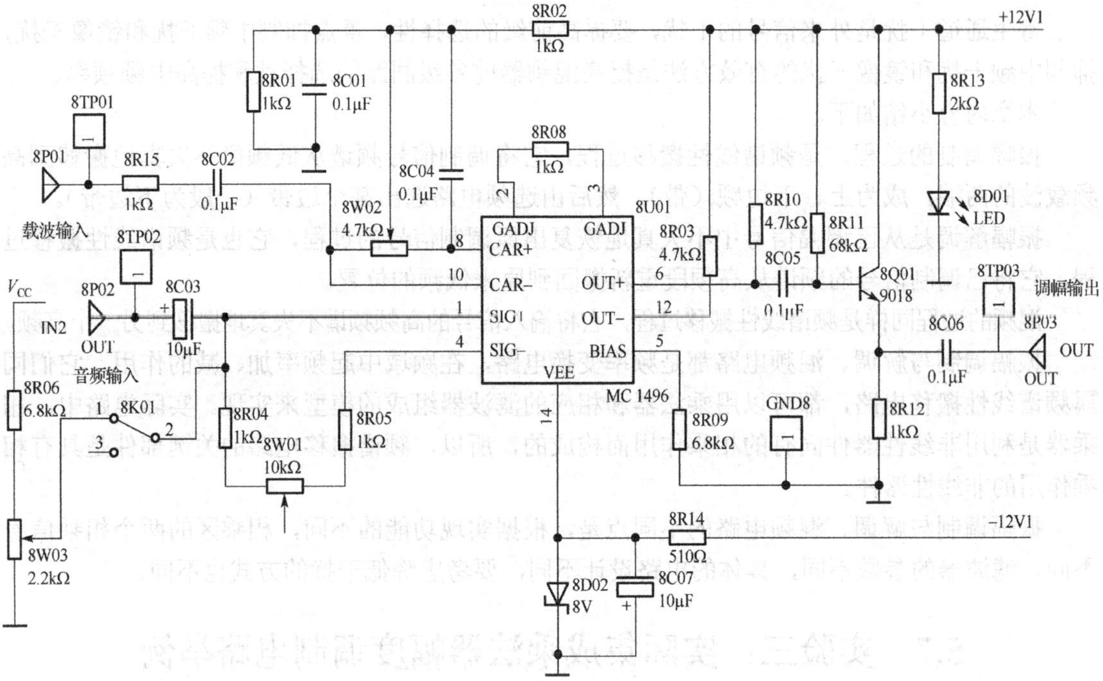

图 5.7.2 实际集成乘法器幅度调制电路

图 5.7.2 为实际的集成乘法器幅度调制电路，通过调整几个电位器可以获得 AM 和 DSB 波形。

5.8 实验四：实际检波电路举例

振幅解调即是从振幅受调制的高频信号中提取原调制信号的过程，也称为检波。通常，振幅解调的方法有包络检波和同步检波两种。

二极管包络检波器是包络检波器中最简单、最常用的一种电路。它适合于解调信号电平较大（俗称大信号，通常要求峰-峰值为 1.5V 以上）的 AM 波。它具有电路简单、检波线性好、易于实现等优点。本实验电路主要包括二极管、RC 低通滤波器和低频放大部分，如图 5.7.2 所示。

图 5.8.1 是实际的二极管包络检波电路，读者可以调节相关电位器查看失真影响。

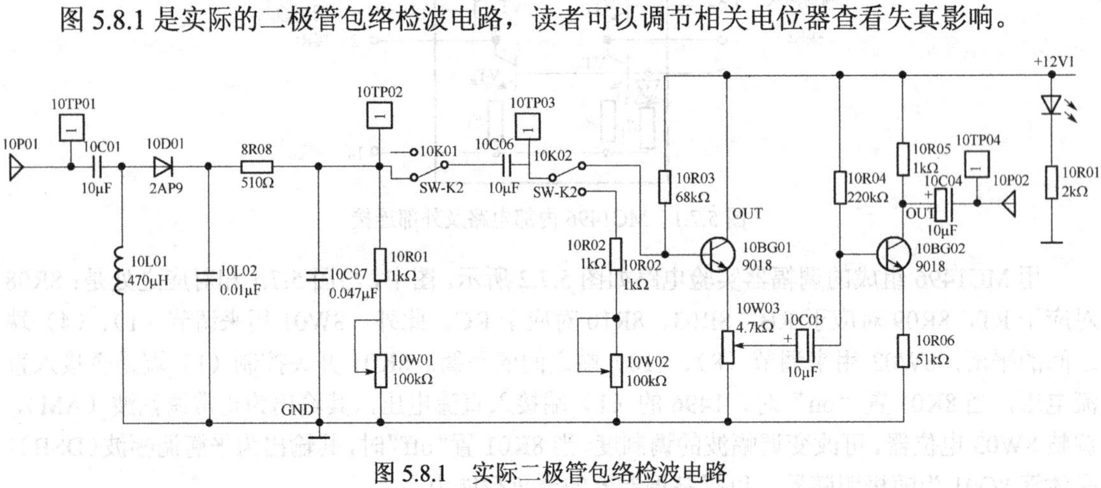

图 5.8.1 实际二极管包络检波电路

5.9 实验五：实际混频电路举例

混频器的功能是将载波为 f_S（高频）的已调波信号不失真地变换为另一载频 f_I（固定中频）的已调波信号，而保持原调制规律不变。例如，在调幅广播接收机中，混频器将中心频率为 535～1605kHz 的已调波信号变为中心频率为 465kHz 的中频已调波信号。此外，混频器还广泛用于需要进行频率变换的电子系统及仪器中，如频率合成器、外差频率计等。

混频器常用的非线性器件有二极管、三极管、场效应管和乘法器。本振用于产生一个等幅的高频信号 U_L，并与输入信号 U_S 经混频器后所产生的差频信号经带通滤波器滤除。目前，高质量的通信接收机广泛采用二极管环形混频器和由差分对管平衡调制器构成的混频器，而在一般接收机（如广播收音机）中，为了简化电路，还是采用简单的三极管混频器，本实验采用晶体三极管做混频电路实验。

为了实现混频功能，混频器件必须工作在非线性状态，而作用在混频器上的除了输入信号电压 U_S 和本振电压 U_L 外，不可避免地还存在干扰和噪声。它们之间任意两者都有可能产生组合频率，这些组合频率如果等于或接近中频，将与输入信号一起通过中频放大器、解调器，对输出级产生干扰，影响输入信号的接收。

干扰是由于混频不满足线性时变工作条件而形成的，因此不可避免地会产生干扰，其中影响最大的是中频干扰和镜像干扰。

混频器的电路模型如图 5.9.1 所示。图 5.9.2 所示为实际混频电路，读者可以计算中频频率并验证。

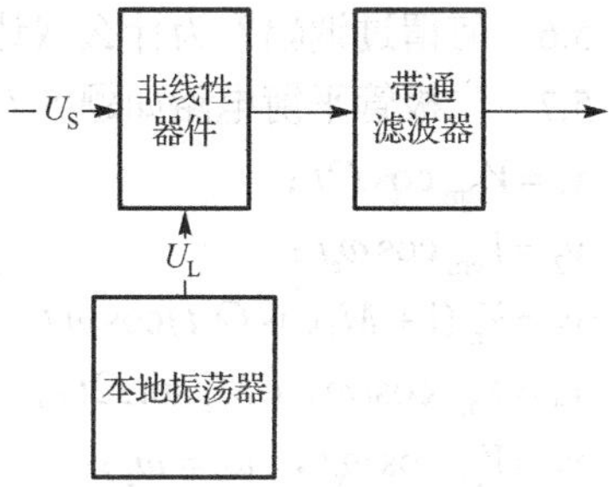

图 5.9.1 混频器电路模型

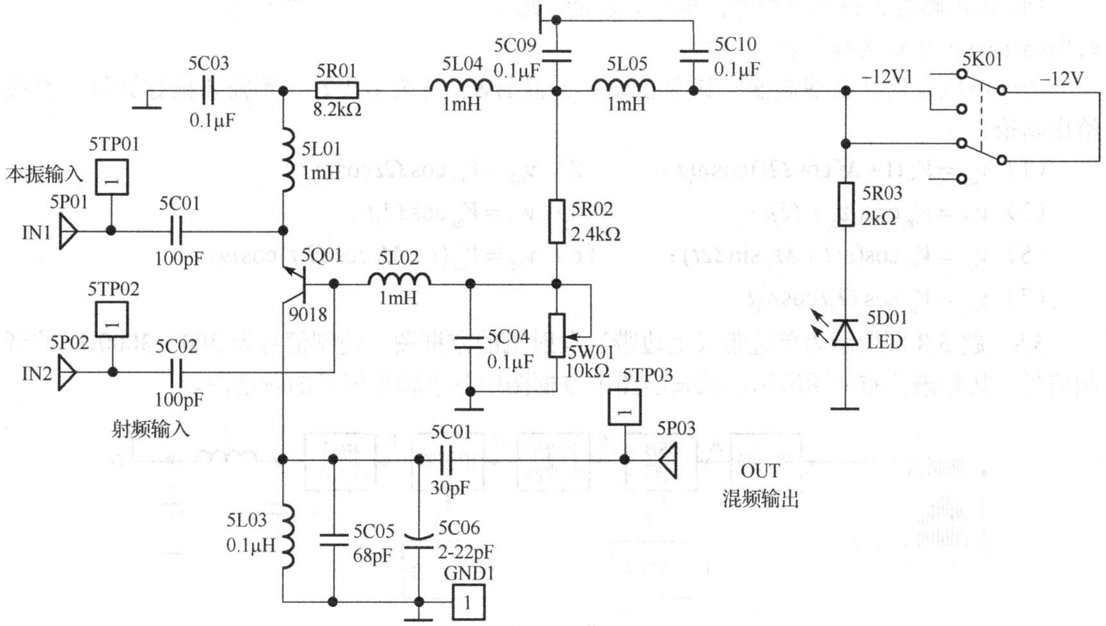

图 5.9.2 实际混频电路

思考题与习题

5.1 已知调制信号 $v_\Omega(t)=[2\cos(2\pi\times2\times10^3t)+3\cos(2\pi\times300t)]$ V，载波信号 $v_c(t)=5\cos(2\pi\times5\times10^5t)$ V，$k_a=1$，试写出调幅波的表示式，画出频谱图，求出频带宽度BW。

5.2 已知调幅波表示式 $v_{AM}(t)=[20+12\cos(2\pi\times500t)]\cos(2\pi\times10^6t)$ V，试求该调幅波的载波振幅 V_{cm}、载波频率 f_c、调制信号频率 F、调幅系数 M_a 和频带宽度BW的值。

5.3 已知调幅波表示式 $v_{AM}(t)=\{5\cos(2\pi\times10^6t)+\cos[2\pi(10^6+5\times10^3)t]+\cos[2\pi(10^6-5\times10^3)t]\}$ V，试求出调幅系数及频带宽度，画出调幅波波形和频谱图。

5.4 有一调幅波的表达式为 $v=25(1+0.7\cos2\pi5000t-0.3\cos2\pi10^4t)\cos2\pi10^6t$：

（1）试求出它所包含的各分量的频率与振幅；

（2）绘出该调幅波包络的形状，并求出峰值与谷值幅度。

5.5 当采用相移法实现单边带调制时，若要求上边带传输的调制信号为 $V_{\Omega m1}\cos\Omega_1t$，下边带传输的调制信号为 $V_{\Omega m2}\cos\Omega_2t$，试画出其实现方框图。

5.6 何谓过调幅？为什么双边带调制信号和单边带调制信号均不会产生过调幅？

5.7 二极管平衡电路如题5.7图所示。现有以下几种可能的输入信号：

$v_1=V_{\Omega m}\cos\Omega t$；

$v_2=V_{cm}\cos\omega_ct$；

$v_3=V_m(1+M_1\cos\Omega_1t)\cos\omega_ct$；

$v_4=V_{4m}\cos(\omega_ct+M_f\sin\Omega t)$；

$v_5=V_{rm}\cos\omega_rt$，$\omega_r=\omega_c$；

$v_6=V_{Lm}\cos\omega_Lt$；

$v_7=V_{7m}\cos\Omega_1t\cos\omega_ct$。

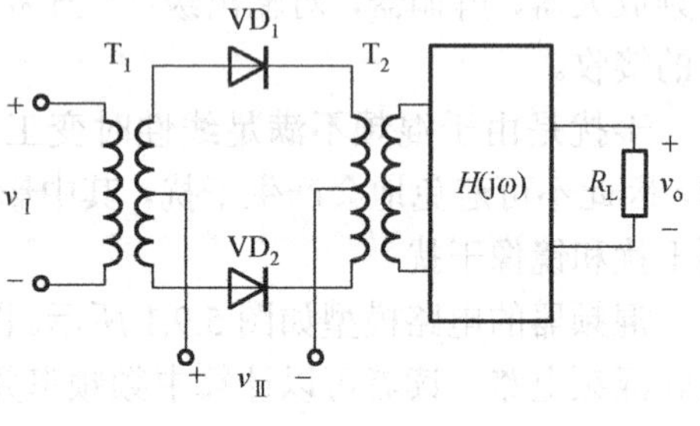

题5.7图

问：该电路能否得到下列输出信号？若能，此时电路中的 v_I 及 v_{II} 为哪种输入信号？

$H(j\omega)$ 应采用什么滤波器？其中心频率 f_0 及 $BW_{0.7}$ 各为多少？（不需要推导计算，直接给出结论）

（1）$v_{o1}=V_m(1+M\cos\Omega t)\cos\omega_ct$；（2）$v_{o2}=V_m\cos\Omega t\cos\omega_ct$；

（3）$v_{o3}=V_m\cos(\omega_c+\Omega)t$；（4）$v_{o4}=V_m\cos\Omega_1t$；

（5）$v_{o5}=V_m\cos(\omega_It+M_f\sin\Omega t)$；（6）$v_{o6}=V_m(1+M_1\cos\Omega_1t)\cos\omega_It$；

（7）$v_{o7}=V_m\cos\Omega_1t\cos\omega_It$。

5.8 题5.8图所示为单边带（上边带）发射机的方框图。调制信号为300～3000Hz的音频信号，其频谱分布如图所示。试画出图中方框图中各点输出信号的频谱图。

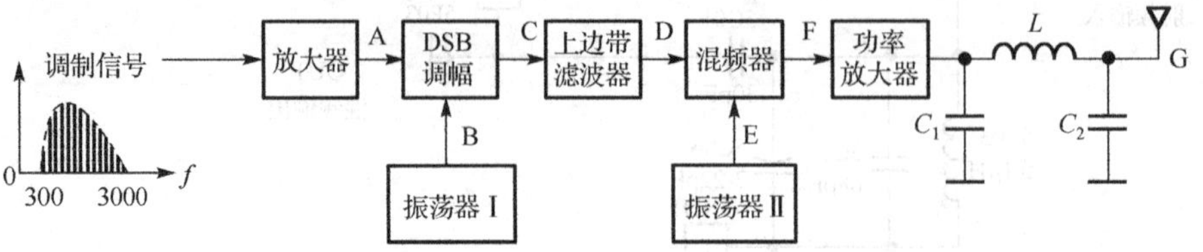

题5.8图

5.9 二极管检波器如题 5.9 图所示。已知二极管的导通电阻 R_D=60Ω，$V_{D(on)}$=0，R=5kΩ，R_L=10kΩ，C=0.01μF，C_C=20μF，输入调幅波的载波频率为 465kHz，调制信号频率为 5kHz，调幅波振幅的最大值为 20V，最小值为 5V，试求：（1）v_A、v_B；（2）能否产生惰性失真和负峰切割失真？

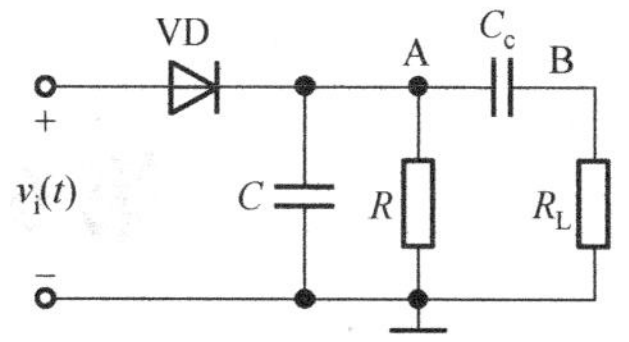

题 5.9 图

5.10 二极管检波电路仍如题 5.9 图所示。电路参数与题 5.9 相同，只是 R_L 改为 10kΩ，输入信号电压 $v_i(t)=1.2\cos(2\pi\times465\times10^3t)+0.36\cos(2\pi\times462\times10^3t)+0.36\cos(2\pi\times468\times10^3t)$ V，试求：

（1）调幅指数 M_a、调制信号频率 F、调幅波的数学表达式；

（2）试问能否产生惰性失真和负峰切割失真？

（3）v_A=?画 A、B 点的瞬时电压波形图。

5.11 包络检波电路如题 5.11 图所示，二极管正向电阻 R_D=100Ω，F=（100～5000）Hz。图(a)中，M_{amax}=0.8；图(b)中，M_a=0.3。试求图(a)中电路不产生负峰切割失真和惰性失真的 C 和 R_{i2} 值。图(b)中当可变电阻 R_2 的接触点在中心位置时，是否会产生负峰切割失真？

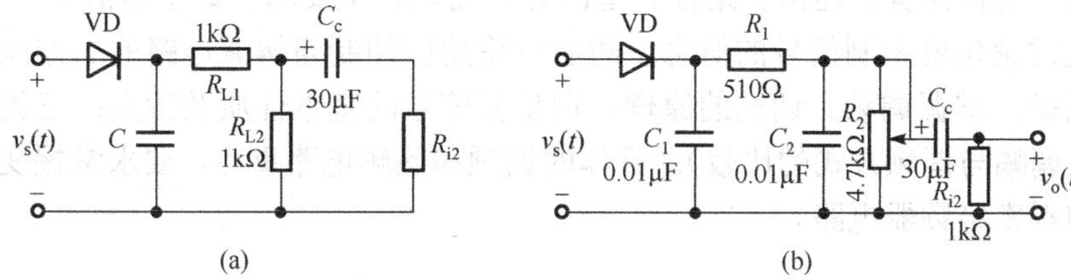

题 5.11 图

5.12 在一超外差式广播收音机中，中频频率 $f_I=f_L-f_c$=465kHz。试分析下列现象属于何种干扰，又是如何形成的。

（1）当收听频率 f_c=931kHz 的电台时，伴有频率为 1kHz 的啸叫声；

（2）当收听频率 f_c=550kHz 的电台时，听到频率为 1480kHz 的强电台播音；

（3）当收听频率 f_c=1480kHz 的电台播音时，听到频率为 740kHz 的强电台播音。

5.13 超外差式广播收音机的接收频率范围为 535～1605kHz，中频频率 $f_I=f_L-f_c$= 465kHz。试问：

（1）当收听 f_c=702kHz 电台的播音时，除了调谐在 702kHz 频率刻度上能收听到该电台信号外，还可能在接收频段内的哪些频率刻度上收听到该电台信号（写出最强的两个）？并说明它们各自通过什么寄生通道形成的。

（2）当收听 f_c=600kHz 的电台信号时，还可能同时收听到哪些频率的电台信号（写出最强的两个）？并说明它们各自通过什么寄生通道形成的。

5.14 晶体三极管混频器的输出频率为 f_I=200kHz，本振频率 f_L=500kHz，输入信号频率为 f_c=300kHz。晶体三极管的静态转移特性在静态偏置电压上的幂级数展开式为 $i_C=I_o+av_{be}+bv_{be}^2+cv_{be}^3$。设还有一干扰信号 $v_M=V_M\cos(2\pi\times3.5\times10^5t)$ 作用于混频器的输入端。试问：

（1）干扰信号 v_M 通过什么寄生通道变成混频器输出端的中频电压？

（2）若转移特性为 $i_C=I_o+av_{be}+bv_{be}^2+cv_{be}^3+dv_{be}^4$，求其中交叉调制失真的振幅；

（3）若改用场效应管，器件工作在平方律特性的范围内，试分析干扰信号的影响。

第 6 章　角度调制与解调电路

采用电磁波传送信息，除可以采用振幅调制方式外，还可以采用频率调制和相位调制方式。用调制信号去控制高频载波的角频率和相位，使载波的瞬时角频率（或瞬时相位）按调制信号的规律线性变化的过程称为频率调制（或相位调制），简称为调频（调相）。实际上，无论是调频还是调相，都表现为高频载波的总相角受调制信号的调变，所以统称为角度调制，简称为调角。它的逆过程为频率解调或相位解调，是从频率（相位）已调波中不失真地恢复出原调制信号的过程。

和振幅调制相比，角度调制的主要优点是抗干扰性强。因为角度调制把调制信息寄载于已调波信号较宽的带宽内的各边频分量之中，更好地克服了信道中噪声和干扰的影响，而且传输带宽越宽，抗噪声性能越好。另外，调频信号所需要的发射功率小。因此，调频广泛应用于调频广播、电视伴音、通信和遥控、遥测等，而调相主要用于数字通信中。

本章首先讨论角度调制信号的概念，随后讨论角度调制与解调电路的工作原理及性能特点，本章重点是：掌握调频、调相的原理；调角波信号的基本性质及特点；三类调制方式的比较（着重是调幅与调频方式的比较）；具体的调频和鉴频电路重点，要求掌握变容二极管直接调频电路和斜率鉴频器电路。

6.1　角度调制信号的概念

6.1.1　角度调制信号的数学表达式

任何高频振荡信号都可以表示为 $v_{\omega}(t)=V_0\cos(\omega_0 t+\theta_0)$，用调制信号 $v_{\Omega}(t)$ 控制高频振荡信号的任一参数，就会得到不同的调制。

振幅调制（Amplitude Modulation，AM）用调制信号 $v_{\Omega}(t)$ 控制高频载波的振幅，在前面已经阐述，这里不再重复。

角度调制包含频率调制和相位调制两类。

1．频率调制（或调频）：FM（Frequency Modulation）

振幅不变，瞬时频率随调制信号 $v_{\Omega}(t)$ 的振幅线性变化，得到的调频信号的瞬时角频率为

$$\omega(t)=\omega_0+k_{\mathrm{f}}v_{\Omega}(t) \tag{6.1.1}$$

式中，k_{f} 为由调制电路决定的比例常数，表示单位调制信号电压引起的角频率的变化量，单位是 rad/s/V。载波的振幅 V_{cm} 并不发生变化。

下面分析调频波的表达式。由式（6.1.1）知，调频信号的瞬时角频率 $\omega(t)$ 在 ω_0 上叠加了按调制信号规律变化的 $\Delta\omega(t)$，即

$$\Delta\omega(t)=k_{\mathrm{f}}v_{\Omega}(t) \tag{6.1.2}$$

通常称 $\omega(t)$ 为瞬时角频率，$\Delta\omega(t)$ 为瞬时角频率的变化量，即瞬时角频偏，简称角频偏。调

频波的瞬时相位为

$$\varphi(t)=\int_0^t[\omega_0+k_f v_\Omega(t)]\mathrm{d}t+\theta_0=\omega_0 t+k_f\int_0^t v_\Omega(t)\mathrm{d}t+\theta_0 \tag{6.1.3}$$

由于正弦信号角频率与相位的内在联系，调频信号的瞬时角频率在跟随 $v_\Omega(t)$ 变化的同时，其瞬时相位也在参考值 $\omega_0 t+\theta_0$ 上叠加了附加相角 $\Delta\varphi(t)$，该附加相角 $\Delta\varphi(t)$ 即为瞬时相位变化量，称为瞬时相移，简称为相移（或相偏）

$$\Delta\varphi(t)=k_f\int_0^t v_\Omega(t)\mathrm{d}t \tag{6.1.4}$$

所以，调频信号的数学表达式为

$$v_{FM}=V_{cm}\cos\varphi(t)=V_{cm}\cos\left[\omega_0 t+\theta_0+\int_0^t k_f v_\Omega(t)\mathrm{d}t\right] \tag{6.1.5}$$

现在以调制信号 $v_\Omega(t)=V_\Omega\cos\Omega t$ 代入式（6.1.4）得

$$\Delta\varphi(t)=k_f\int_0^t v_\Omega(t)\mathrm{d}t=\frac{k_f V_{\Omega m}}{\Omega}\sin\Omega t=M_f\sin\Omega t \tag{6.1.6}$$

这里的 M_f 为调频波的调频指数

$$M_f=\frac{k_f V_\Omega}{\Omega} \tag{6.1.7}$$

将式（6.1.6）代入式（6.1.5）得

$$\begin{aligned}v_{FM}&=V_{cm}\cos\varphi(t)=V_{cm}\cos[\omega_0 t+\theta_0+\int_0^t k_f v_\Omega(t)\mathrm{d}t]\\&=V_{cm}\cos(\omega_0 t+M_f\sin\Omega t+\theta_0)\end{aligned} \tag{6.1.8}$$

2．相位调制（或调相）：PM（Phase Modulation）

振幅不变，相位随调制信号 $v_\Omega(t)$ 的振幅线性变化，得到的调相信号的瞬时相位为

$$\varphi(t)=\omega_0 t+k_p v_\Omega(t)+\theta_0 \tag{6.1.9}$$

式中，k_p 为由调制电路决定的比例常数，表示单位调制信号电压引起的相位的变化量，单位是 rad/V。载波的振幅 V_{cm} 并不发生变化。所以，调相波的数学表达式为

$$v_{PM}=V_{cm}\cos\varphi(t)=V_{cm}\cos(\omega_0 t+\theta_0+k_p v_\Omega(t)) \tag{6.1.10}$$

由式（6.1.9）知，调相信号的瞬时相位 $\varphi(t)$ 在参考值 $\omega_0 t+\theta_0$ 上叠加了按调制信号 $v_\Omega(t)$ 规律变化的 $\Delta\varphi(t)$。也就是说，调相信号的相移随调制信号规律线性变化，即

$$\Delta\varphi(t)=k_p v_\Omega(t) \tag{6.1.11}$$

将式（6.1.9）微分，即可得到调相信号的瞬时角频率

$$\omega(t)=\frac{\mathrm{d}}{\mathrm{d}t}[\omega_0 t+k_p v_\Omega(t)+\theta_0]=\omega_0+k_p\frac{\mathrm{d}v_\Omega(t)}{\mathrm{d}t} \tag{6.1.12}$$

这就是说，调相信号的瞬时相位在跟随 $v_\Omega(t)$ 变化的同时，其角频率也在 ω_0 的基础上产生了 $\Delta\omega(t)$ 的变化量。

综上所述，无论是调频波还是调相波，$\omega(t)$ 和 $\varphi(t)$ 都同时受到调变，其区别仅在于按调制信号规律做线性变化的物理量不同。在调频波中，$\Delta\omega(t)=k_f v_\Omega(t)\propto v_\Omega(t)$；在调相波中，$\Delta\varphi(t)=k_p v_\Omega(t)\propto v_\Omega(t)$。

为了得到更直观的结果，一般假设载波的初相位 $\theta_0=0$。

下面分析调制信号为单音频信号 $v_\Omega(t)=V_{\Omega m}\cos\Omega t$ 时，对载波 $v_c(t)=V_{cm}\cos\omega_0 t$ 进行调频和调相，设 $\omega_c\gg\Omega$，可分别写出调频波和调相波的数学表达式。

调频波的瞬时角频偏为

$$\Delta\omega(t)=k_f v_\Omega(t)=k_f V_{\Omega m}\cos\Omega t=\Delta\omega_m\cos\Omega t \tag{6.1.13}$$

称 $\Delta\omega_m=k_f V_{\Omega m}$ 为最大角频偏，则调频波的瞬时角频率为

$$\omega(t)=\omega_0+\Delta\omega(t)=\omega_0+\Delta\omega_m\cos\Omega t \tag{6.1.14}$$

式中，ω_0 是未调制的载波角频率，称为调频波的中心角频率。对式（6.1.14）积分，可以得到调频波的瞬时相位为

$$\varphi(t)=\omega_0 t+\frac{k_f V_{\Omega m}}{\Omega}\sin\Omega t=\omega_0 t+\Delta\varphi(t) \tag{6.1.15}$$

瞬时相移为

$$\Delta\varphi(t)=\frac{k_f V_{\Omega m}}{\Omega}\sin\Omega t \tag{6.1.16}$$

令 $M_f=\Delta\varphi_m=\dfrac{k_f V_{\Omega m}}{\Omega}$ 为调频波的调频指数，表示调频波的最大相位偏移，M_f 可取大于零的任意值，通常大于 1。此时式（6.1.15）可改写为

$$\varphi(t)=\omega_0 t+M_f\sin\Omega t \tag{6.1.17}$$

所以单音频调制时调频波的数学表达式为

$$v_{FM}(t)=V_{cm}\cos(\omega_0 t+M_f\sin\Omega t) \tag{6.1.18}$$

在单音频调制的情况下，调相信号的瞬时相位为

$$\varphi(t)=\omega_0 t+\Delta\varphi(t)=\omega_0 t+k_p V_{\Omega m}\cos\Omega t \tag{6.1.19}$$

瞬时相移为

$$\Delta\varphi(t)=k_p v_\Omega(t)=k_p V_{\Omega m}\cos\Omega t \tag{6.1.20}$$

令 $M_p=\Delta\varphi_m=k_p V_{\Omega m}$ 为调相信号的调相指数，表示调相波的最大相位偏移。式（6.1.19）可以改写为

$$\varphi(t)=\omega_0 t+\Delta\varphi(t)=\omega_0 t+M_p\cos\Omega t \tag{6.1.21}$$

所以调相波的数学表达式为

$$v_{PM}(t)=V_{cm}\cos(\omega_0 t+M_p\cos\Omega t) \tag{6.1.22}$$

对式（6.1.21）微分，可以求出调相波的瞬时角频率

$$\omega(t)=\omega_0+\Delta\omega(t)=\omega_0-\Delta\omega_m\sin\Omega t \tag{6.1.23}$$

调相波的瞬时角频偏

$$\Delta\omega(t) = -k_{\mathrm{p}} V_{\Omega\mathrm{m}} \Omega \sin \Omega t = -\Delta\omega_{\mathrm{m}} \sin \Omega t \tag{6.1.24}$$

调相波的最大角频偏

$$\Delta\omega_{\mathrm{m}} = k_{\mathrm{p}} V_{\Omega\mathrm{m}} \Omega = M_{\mathrm{p}} \Omega \tag{6.1.25}$$

根据两种调制的数学表达式，将其联系与区别小结如下。

（1）两者的联系

调频波可看成调制信号为 $\int v_{\Omega}(t)\mathrm{d}t$ 的调相波；调相波可看成调制信号为 $\mathrm{d}v_{\Omega}(t)/\mathrm{d}t$ 的调频波。尽管调频波与调相波有不同点，利用频率和相位关系，若将调制信号 $v_{\Omega}(t)$ 先经过微分处理，再对载波进行调频，那么得到的已调信号将是以 $v_{\Omega}(t)$ 为调制信号的调相波；同理，若先将调制信号 $v_{\Omega}(t)$ 经过积分处理，再对载波进行调相，那么得到的已调信号将是以 $v_{\Omega}(t)$ 为调制信号的调频波。这就是说，若将调制信号预处理，可以实现两种调制方法的转换，即可以通过调频方法实现调相，也可以通过调相方法实现调频。

（2）两者的区别

从定义上来说，两种调制的区别是随调制信号线性变化的参数不同。

FM 调制指数与调制信号的振幅呈正比，与调制信号频率呈反比；PM 调制指数与调制信号的振幅呈正比，与调制信号频率无关。

FM 最大频率偏移与调制信号的振幅呈正比，与调制信号频率无关；FM 最大相移则与调制信号频率呈反比。PM 最大频率偏移与调制信号的振幅呈正比，与调制信号频率呈正比；PM 最大相移则与调制信号频率无关。调频波、调相波的主要参数区别如表 6.1.1 所示。

表 6.1.1　调频波、调相波的主要参数区别

	频率调制	相位调制
瞬时角频率	$\omega_{\mathrm{f}}(t) = \omega_0 + k_{\mathrm{f}} V_{\Omega\mathrm{m}} \cos \Omega t$	$\omega_{\mathrm{p}}(t) = \omega_0 - k_{\mathrm{p}} V_{\Omega\mathrm{m}} \Omega \sin \Omega t$
瞬时相角	$\varphi_{\mathrm{f}}(t) = \omega_0 t + \dfrac{k_{\mathrm{f}} V_{\Omega\mathrm{m}}}{\Omega} \sin \Omega t + \theta_0$	$\varphi_{\mathrm{p}}(t) = \omega_0 t + k_{\mathrm{p}} V_{\Omega\mathrm{m}} \cos \Omega t + \theta_0$
调制指数	$M_{\mathrm{f}} = \dfrac{k_{\mathrm{f}} V_{\Omega\mathrm{m}}}{\Omega} = \dfrac{\Delta\omega_{\mathrm{f}}}{\Omega}$	$M_{\mathrm{p}} = k_{\mathrm{p}} V_{\Omega\mathrm{m}}$
最大频偏	$\Delta\omega_{\mathrm{f}} = k_{\mathrm{f}} V_{\Omega\mathrm{m}}$	$\Delta\omega_{\mathrm{p}} = k_{\mathrm{p}} V_{\Omega\mathrm{m}} \Omega$
已调信号	$v_{\mathrm{FM}}(t) = V_{\mathrm{cm}} \cos(\omega_0 t + M_{\mathrm{f}} \sin \Omega t + \theta_0)$	$v_{\mathrm{PM}}(t) = V_{\mathrm{cm}} \cos(\omega_0 t + M_{\mathrm{p}} \cos \Omega t + \theta_0)$

6.1.2　调频波、调相波的时域波形

设 $v_{\Omega}(t) = V_{\Omega\mathrm{m}} \cos \Omega t$，对 $v_{\mathrm{c}}(t) = V_{\mathrm{cm}} \cos \omega_0 t$ 进行调频和调相，所得到的 $\Delta\omega(t)$、$\Delta\varphi(t)$ 及 v_{FM}、v_{PM} 的波形分别如图 6.1.1 所示。

当 $v_{\Omega}(t)$ 为三角波时，对 $v_{\mathrm{c}}(t) = V_{\mathrm{cm}} \cos \omega_0 t$ 进行调制，得到的 $\Delta\omega(t)$、$\Delta\varphi(t)$ 及 v_{FM}、v_{PM} 的波形如图 6.1.2 所示。

从调频波、调相波的时域波形可以看出，对于相同的调制信号，其已调波相差 90°，即调相波超前调频波 90°。但两种调制方式已调波的波形本质相同，调相波可以视为调制信号前移 90° 的调频波。

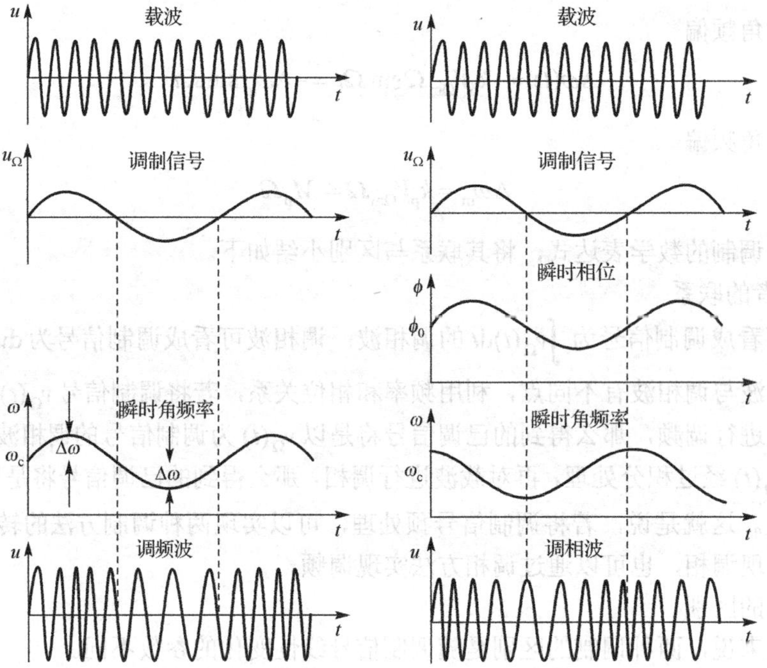

图 6.1.1 调频波、调相波的时域波形

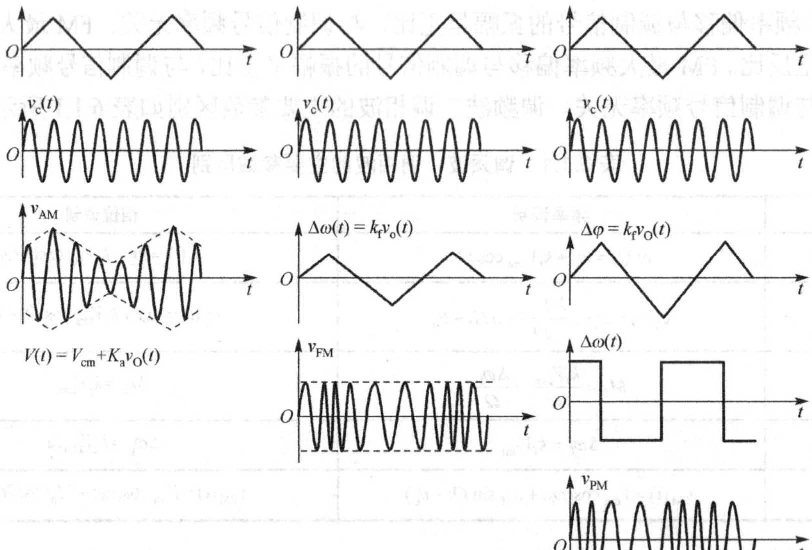

图 6.1.2 调制信号为三角波时调频波、调相波的时域波形

【例 6.1.1】 有一正弦调制信号，频率为 300～3400Hz，调制信号中各频率分量的振幅相同，跳频时最大射偏 Δf_m =75kHz，调相时最大相移 $\Delta\varphi_m$ =1.5rad。试求调频时调制指数的最大范围和调相时最大频偏 Δf_m 的变化范围。

解：在调频时，因为 $\Delta\omega_m = k_f V_{\Omega m}$ 与 Ω 无关，当 Ω 变化时，$\Delta\omega_m$ 不变；

而 $M_f = \dfrac{\Delta\omega_m}{\Omega} = \dfrac{\Delta f_m}{F}$，所以 $M_{f\text{-}max} = \dfrac{\Delta f_m}{F_{min}} = \dfrac{75}{0.3} = 250$，$M_{f\text{-}min} = \dfrac{\Delta f_m}{F_{max}} = \dfrac{75}{3.4} = 22$；显然，

$M_f \propto \frac{1}{F}$ 且大于 1。

调相时，因为 $M_p = k_p V_{\Omega m}$ 与 Ω 无关，当 Ω 变化时，M_p 不变；而 $\Delta\omega_m = M_p \Omega = M_p 2\pi F$，所以 $\Delta f_{m\text{-}min} = M_p F_{min} = 1.5\times 300\text{Hz} = 450\text{Hz}$，$\Delta f_{m\text{-}max} = M_p F_{max} = 1.5\times 3400\text{Hz} = 5100\text{Hz}$；显然调相时，随着 Ω 的变化，Δf_m 会产生很大的变化。

6.1.3 调角信号的频谱

单一频率信号调制时，调频波有如下特点：

（1）已调频波频谱由载频分量和无数对边频分量组成。

（2）边频分量的振幅随 M_f 而变化，调制系数越大，具有较大振幅的边频分量越多。调频波的带宽是有限的，可由下式进行估算

$$\text{BW} \approx 2(M_f + 1)F = 2(\Delta f + F) \tag{6.1.26}$$

（3）根据 M_f 大小的不同，调频分为窄带调频和宽带调频两种。

由前面的分析知，在 $v_\Omega(t)$ 为单频率信号时，所得到的调频、调相两种已调信号瞬时相偏 $\Delta\varphi_{FM}(t) = M_f \sin\Omega t$ 和 $\Delta\varphi_{PM}(t) = M_p \cos\Omega t$ 及数学表达式 v_{FM} 和 v_{PM} 无本质区别，因而 FM、PM 具有相似的频谱结构。可将单频率调制时的调频、调相波的数学表达式写成统一的表达式

$$v(t) = V_{cm}\cos(\omega_0 t + M\sin\Omega t) \tag{6.1.27}$$

式中，以 M 代替 M_f 或 M_p，上式可改写成为

$$v(t) = V_{cm}\cos(\omega_0 t + M\sin\Omega t) = V_{cm}R_e[e^{j\omega_0 t}e^{jM\sin\Omega t}] \tag{6.1.28}$$

式中，$R_e[x(t)]$表示函数 $x(t)$的实部；$e^{jM\sin\Omega t}$ 是 Ω 的周期性函数，其傅里叶级数展开式为

$$e^{jM\sin\Omega t} = \sum_{n=-\infty}^{\infty} J_n(M)e^{jn\Omega t} \tag{6.1.29}$$

式中，$J_n(M)$ 是宗数为 M 的 n（n 为整数）阶第一类贝塞尔函数

$$J_n(M) = \frac{1}{2\pi}\int_{-\pi}^{\pi} e^{jM\sin\Omega t}e^{-jn\Omega t}\,d\Omega t \tag{6.1.30}$$

将式（6.1.29）代入式（6.1.28）中，得到调角波的傅里叶级数展开式为

$$v(t) = V_{cm}R_e\left[\sum_{n=-\infty}^{\infty} J_n(M)e^{j(\omega_0 + n\Omega)t}\right] = V_{cm}\sum_{n=-\infty}^{\infty} J_n(M)\cos(\omega_0 + n\Omega)t$$

利用贝塞尔函数特性，上式可展开成为

$$\begin{aligned} v(t) = {} & V_{cm}J_0(M)\cos\omega_0 t + J_1(M)V_{cm}[\cos(\omega_0 + \Omega)t - \cos(\omega_0 - \Omega)t] + \\ & J_2(M)V_{cm}[\cos(\omega_0 + 2\Omega)t + \cos(\omega_0 - 2\Omega)t] + \\ & J_3(M)V_{cm}[\cos(\omega_0 + 3\Omega)t - \cos(\omega_0 - 3\Omega)t] + \cdots \end{aligned} \tag{6.1.31}$$

上式表明，单音频调制时调角信号的频谱不再是调制信号频谱的不失真搬移，而是由载频和无数对边频分量所组成的。$J_n(M)$ 的大小反映了对应载波或边带的幅度，n 值的大小反映了对应的信号频率（信号频率为 $\omega_0 \pm n\Omega$）。

$J_n(M)$ 随 M 的变化曲线如图 6.1.3 所示。

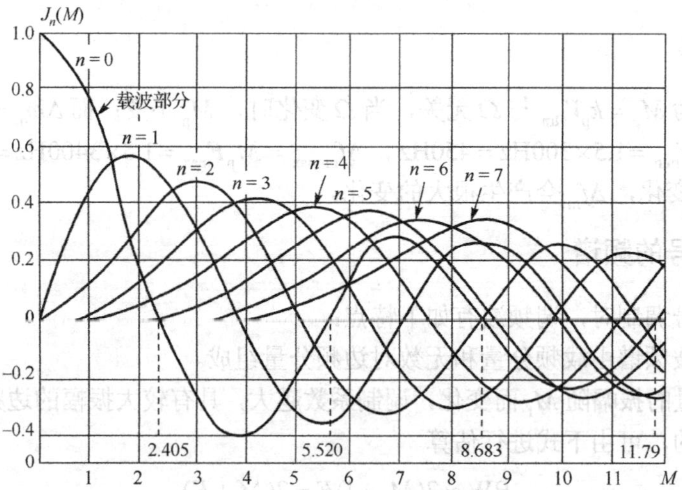

图 6.1.3 $J_n(M)$ 随 M 的变化曲线图

由图 6.1.3 可以得到不同 M_f 时的 $J_n(M)$ 值（小于 10%的值忽略，未列出），详细如表 6.1.2 所示。

表 6.1.2 不同 M_f 时的 $J_n(M)$ 值

m_f	$J_0(m_f)$	$J_1(m_f)$	$J_2(m_f)$	$J_3(m_f)$	$J_4(m_f)$	$J_5(m_f)$	$J_6(m_f)$	$J_7(m_f)$
0.2	0.99	0.10						
0.5	0.94	0.24						
1.0	0.77	0.44	0.11					
2.0	0.22	0.58	0.35	0.13				
3.0	0.26	0.34	0.49	0.31	0.13			
4.0	0.39	0.06	0.36	0.43	0.28	0.13		
5.0	0.18	0.33	0.05	0.36	0.39	0.26	0.13	
6.0	0.15	0.28	0.24	0.11	0.36	0.36	0.25	0.13

由表 6.1.2 得到图 6.1.4，即当 M_f=1 时的频谱图（其他 M_f 的频谱图类推）。

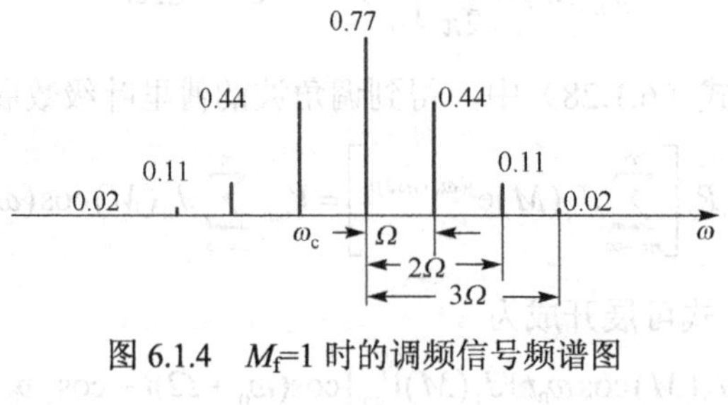

图 6.1.4 M_f=1 时的调频信号频谱图

$J_n(M)$ 有下列性质：

（1）$J_n(M)$ 随着 M 的增大近似周期性地变化，且其峰值下降。

（2）n 为偶数时

$$J_n(M) = J_{-n}(M) \tag{6.1.32}$$

n 为奇数时

$$J_n(M) = -J_{-n}(M) \tag{6.1.33}$$

（3）
$$\sum_{n=-\infty}^{n=\infty} J_n^2(M)=1 \tag{6.1.34}$$

（4）对于某些固定的 M，有如下近似关系：

当 $n>M+1$ 时

$$J_n(M)=0 \tag{6.1.35}$$

总结以上分析，可以得到单频率调制的调角波，其频谱具有如下特点。

（1）单频率调制的调角波有无穷多对边频分量，对称地分布在载频两边，各频率分量的间隔为 F（角频率为 Ω）。

（2）各边频分量振幅为 $J_n(M)V_{\rm cm}$，由对应的贝塞尔函数值确定。奇数次的上、下边频分量振幅相等，相位相反（按照公式，奇数次上边频系数为正号、下边频系数为负号）；偶数次的上、下边频分量振幅相等，相位相同（按照公式，偶数次上边频系数为正号、下边频系数也为正号）。

（3）由贝塞尔曲线函数可以看出，横坐标值 M 越大，具有较大振幅的边频分量数越多。且对应于某些 M 值，载频（n 为零）和某些边频分量的振幅值为零，利用这一点，可以将载频功率转移到边频分量上去（见贝塞尔函数曲线的 M 为 2.405 等点），使传输效率增加。

（4）调角波的频率结构与调制指数 M 密切相关。调幅波在调制信号为单音频余弦波时，仅有两个边频分量，边频分量的数目不会随调幅指数的改变而变化。调角波则不同，它的频谱结构与调制指数 M 有密切关系。M 越大，具有一定幅度的边频数越多，这是调角波频谱的主要特点。

（5）调角波的平均总功率（单位负载）

$$\begin{aligned} P_{\rm av} &= J_0^2(M)\frac{V_{\rm cm}^2}{2}+J_1^2(M)\frac{V_{\rm cm}^2}{2}+J_{-1}^2(M)\frac{V_{\rm cm}^2}{2}+J_2^2(M)\frac{V_{\rm cm}^2}{2}+J_{-2}^2(M)\frac{V_{\rm cm}^2}{2}+\cdots \\ &=\frac{V_{\rm cm}^2}{2}\sum_{n=-\infty}^{\infty} J_n^2(M)=\frac{V_{\rm cm}^2}{2} \end{aligned} \tag{6.1.36}$$

也就是说，当 $V_{\rm cm}$ 一定时，FM、PM 是调制信号频谱的非线性搬移。调制前、后功率不变，只是功率的重新分配。

频谱结构的特点如下。

（1）频谱包含载波频率分量（但是幅度小于 1，与 $M_{\rm f}$ 有关）及无穷多个边频分量；

（2）各边频分量之间的频率间隔为 Ω；

（3）各频率分量的幅度由贝塞尔函数 $J_n(M_{\rm f})$ 决定，载频分量并不总是最大，有时为零；奇次边频分量的相位相反。

6.1.4　调角信号的频谱宽度

由以上分析知，调角信号中除了载波，还包含无穷多个边载分量，各频率之间的间隔为 F，严格说调角信号的带宽应为无限宽。但实际上，由贝塞尔函数曲线 $J_n(M)$ 可见，在调制指数 M 一定的情况下，随着 n 的增大，$J_n(M)$ 的值虽有起伏，但总的趋势是减小的，特别是当阶数 $n>M$ 时，贝塞尔函数值 $J_n(M)$ 已经相当小，并且随 n 的增大迅速下降，其影响可以忽略不计。这时可以认为调频波具有的频带宽度是有限的。通常规定变频分量振幅 $J_n(M)V_{\rm cm}$ 小于载频振幅 $V_{\rm cm}$ 的 1%（或 10%）可忽略。表 6.1.3 中列出了忽略 $J_n(M)<1\%=0.01$ 的分量时，宗数为 M 的 n 阶第一类贝塞尔函数表。

表 6.1.3 宗数为 M 的 n 阶第一类贝塞尔函数表

n \ $J_n(M)$ \ M	0	0.5	1	2	3	4	5	6
0	1	0.939	0.765	0.224	−0.264	−0.397	−0.178	0.151
1		0.242	0.440	0.577	0.339	−0.066	−0.328	−0.277
2		0.03	0.115	0.353	0.486	0.364	0.047	−0.243
3			0.020	0.129	0.309	0.430	0.365	0.115
4			0.003	0.034	0.132	0.281	0.391	0.358
5				0.007	0.043	0.132	0.261	0.362
6					0.011	0.049	0.131	0.246
7					0.003	0.015	0.053	0.130
8						0.004	0.018	0.057

所以，保留下来的边频分量确定了调角信号的带宽，由表看出 M_f 越大，要考虑的边频分类越多，带宽也就越宽。

调角信号实际占据的有效频谱宽度为

$$BW_{\varepsilon} = 2LF \tag{6.1.37}$$

式中，L 为有效的上边频（或下边频）分量的数目；F 为调制信号的频率。在高质量的通信系统中，取 ε=0.01，即忽略 $J_n(M)<1\%$的分量，相应地用 $BW_{0.01}$ 表示；在中等质量通信体统中，取 ε=0.1，忽略 $J_n(M)<10\%$的分量，相应地用 $BW_{0.1}$ 表示；如果 L 不是整数，应该用大于并靠近该数值的正整数取代。实际上，利用贝塞尔函数的性质，当 $n>M+1$ 时，$J_n(M)\approx 0$。所以，调角信号的有效频谱宽度可以用卡森公式近似表示为

$$BW_{CR} = 2(M+1)F \tag{6.1.38}$$

称 BW_{CR} 为卡森带宽。BW_{CR} 介于 $BW_{0.01}$ 与 $BW_{0.1}$ 之间，但比较接近 $BW_{0.1}$。由于 $\Delta f_m=MF$，上式又可表示为

$$BW_{CR} = 2(F+\Delta f_m) \tag{6.1.39}$$

当 $M \ll 1$ 时，为窄带调制，此时有

$$BW_{CR} \approx 2F\ (\Delta f_m \ll F) \tag{6.1.40}$$

窄带调制时，频带宽度与调幅波基本相同，窄带调频广泛应用于移动通信台中。

当 $M \gg 1$ 时，为宽带调制，此时有

$$BW_{CR} \approx 2\Delta f_m\ (F \ll \Delta f_m) \tag{6.1.41}$$

宽带调频的频带宽度可按最大频偏的两倍来估算，调制频率影响较小，又称为恒定带宽调制。

前面图 6.1.4 已经画出了调角波 M_f=1 时的频谱图，下面的图 6.1.5 画出了当 $V_{\Omega m}$ 一定，调制信号频率 F 变化时，调频波、调相波的频谱。

分析：对于 FM，由 M_f 公式，知道 M_f 与 F 呈反比，F 增加一倍，M_f 就减小一半，最终使 $\Delta f_m = k_f V_{\Omega m}/2\pi$ 一定；对于 PM，$M_p = k_p V_{\Omega m}$ 一定，$\Delta\omega_m = M_p\Omega = M_p 2\pi F$，$F$ 增加一倍，$\Delta\omega_m$ 就增加一倍。

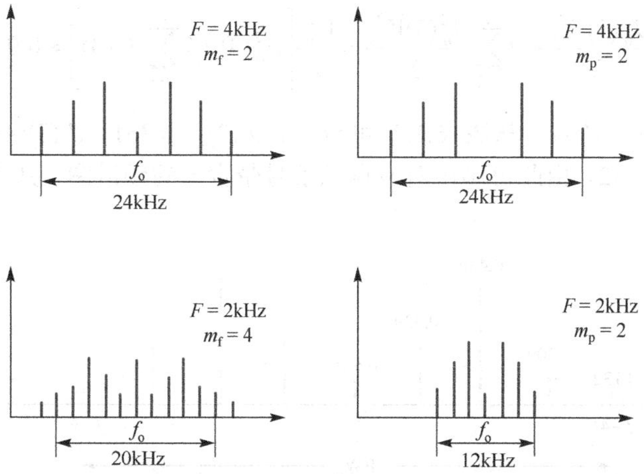

(a) 调频波频谱　　(b) 调相波频谱

图 6.1.5　$V_{\Omega m}$ 一定，F 变化时，调频波、调相波的频谱图

一般情况，调角波频带宽度比调幅波宽得多，只适用于频率较高的甚高频和超高频段中。但当 $M \ll 1$ 时，为窄带调制，此时有 $\mathrm{BW_{CR}} \approx 2F$，此时，频带宽度与调幅波基本相同，窄带调频广泛应用于移动通信台中。

FM：调制信号强度固定、频率 F 改变时，边频数量改变，但带宽基本不变。

PM：调制信号强度固定、频率 F 改变时，边频数量不变，但带宽改变。

显然，FM 的频带利用率要比 PM 好，带宽不受基带信号 F 的改变而影响。对于调相波，频带宽度在调制信号频率的高端和低端相差很大，对频带的利用很不经济。可见，当调制信号振幅不变而频率变化时，调频波的频带宽度变化不大，而调相波的频带宽度则变化很大。实际通信系统中，给定的传输频带宽度往往是固定的。采用调频按调制信号最高频率 F_{max} 设计带宽，当 F 降低时，带宽略有富裕；若采用调相，按 F_{max} 设计传输系统带宽，F 降低时，频带余量很大，使系统通频带不能充分利用。所以实际通信系统中，多采用调频制式，很少采用调相。本书后面章节重点介绍调频和鉴频电路的原理。

【例 6.1.2】 已知音频调制信号的最低频率 F_{min}=20Hz，最高频率 F_{max}=20kHz；若要求最大射偏 Δf_m=45kHz：

（1）求出相应调频信号的调频指数 M_f、带宽 BW 和带宽内各频率分量的功率之和（假定调制信号总功率为 1W）；画出 F=15kHz 对应的频谱图；

（2）求出相应调相信号的调相指数 M_p、带宽和最大频偏。

解：（1）调制信号的调频指数 M_f 与调制频率呈反比，即 $M_f = \dfrac{\Delta\omega_m}{\Omega} = \dfrac{\Delta f_m}{F}$

所以

$$M_{f\text{-max}} = \frac{\Delta f_m}{F_{min}} = \frac{45\text{kHz}}{20\text{Hz}} = 2250$$

$$M_{f\text{-min}} = \frac{\Delta f_m}{F_{max}} = \frac{45\text{kHz}}{15\text{kHz}} = 3$$

$$\mathrm{BW_{CR}} = 2\times(3+1)\times 15\text{kHz} = 120\text{kHz}$$

因为调制信号总功率为 1W，故 $V_{cm} = \sqrt{2}\text{V}$，所以带宽内功率之和为

$$P=\frac{J_0^2(3)V_{\rm cm}^2}{2}+2\sum_{n=1}^{4}\frac{J_n^2(3)V_{\rm cm}^2}{2}=\frac{V_{\rm cm}^2}{2}\left[J_0^2(3)+2\sum_{n=1}^{4}J_n^2(3)\right]\approx 0.996\text{W}$$

F=15kHz 对应的 M_f=3；从表 6.1.2 可查出，$J_0(3)=-0.261$，$J_1(3)=0.339$，$J_2(3)=0.486$，$J_3(3)=0.309$，$J_4(3)=0.132$，由此可画出对应调频信号带宽内的频谱图，共 9 条谱线，如图 6.1.6 所示。

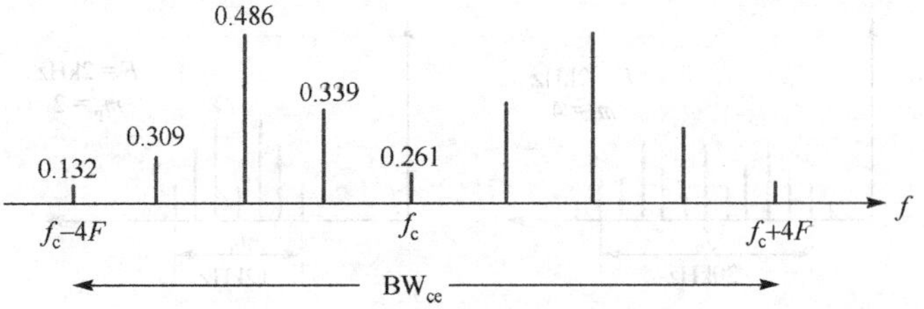

图 6.1.6　例 6.1.2 的调频信号频谱

（2）调相信号的最大频偏与调制信号频率呈正比，为了保证所有调制信号频率对应的最大频偏不超过 45kHz，故除了最高调制频率外，其余调制频率对应的最大频偏必然小于 45kHz。另外，调相信号的调相指数 M_p 与调制频率无关。

由 $\Delta f_m = M_p F$，得

$$M_p=\frac{\Delta f_{\text{m-max}}}{F_{\max}}=\frac{45\times10^3}{15\times10^3}=3$$

故

$$\Delta f_{\text{m-min}}=M_pF_{\min}=3\times20\text{Hz}=60\text{Hz}\text{；}\quad \text{BW}_{\rm CR}=2\times(3+1)\times15\times10^3\text{Hz}=120\text{kHz}$$

由以上结果可知，若调相信号最大频偏限制在 45kHz 以内，则带宽仍为 120kHz，与调频信号相同，但各调制频率对应的最大频偏变化很大，最小者仅为 60Hz。

6.2　调频电路的主要性能指标

由前面可知，调角波本质上是一样的，所以本章后面的理论重点介绍调频电路，附带介绍调相电路。

产生调频信号的电路称为调频器，对它有 4 个主要要求：

（1）已调波的瞬时频率与调制信号成比例地变化，这是基本要求；

（2）未调制时的载波频率，即已调波的中心频率具有一定的稳定度（视应用场合不同而有不同的要求）；

（3）最大频移与调制信号频率无关；

（4）无寄生调幅或寄生调幅尽可能小。

调频电路具体指标如下。

（1）调制线性

调频电路的作用是产生瞬时角频率按调制信号线性变化的调频信号，因此，调频电路的基本特性是希望输出信号的瞬时频率偏移 $\Delta f(t)$ 随 $v_\Omega(t)$ 调制电压的变化而线性变化，调制特性曲线如图 6.2.1 所示。

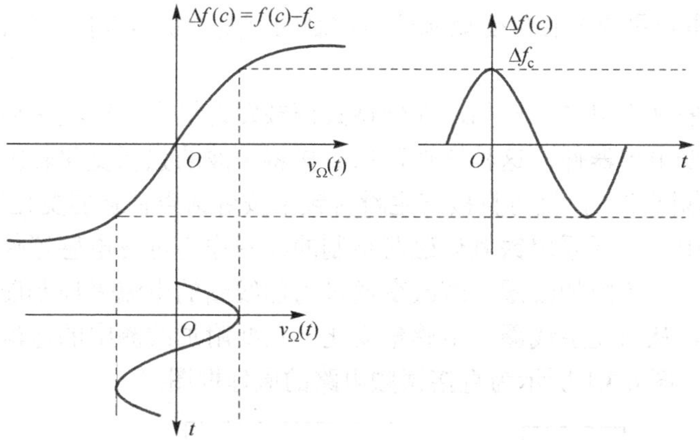

图 6.2.1　调频特性曲线

（2）调频灵敏度

调频灵敏度指单位调制电压的变化产生的频偏，定义为

$$S_f = \left.\frac{\mathrm{d}(\Delta f)}{\mathrm{d}v_\Omega}\right|_{v_\Omega=0} \quad \text{（线性范围内，单位为 Hz/V）} \qquad (6.2.1)$$

显然，S_f 越大，调制信号对瞬时频率的控制能力越强，调频灵敏度取决于图 6.2.1 中线性直线的斜率。

（3）最大线性频偏

实际电路的调频特性是非线性的，其中线性部分是能够实现的最大频偏，最大线性频偏取决于图 6.2.1 中线性的 $\Delta f(t)$ 范围。

（4）载频稳定度和准确度

调频电路的载频（中心频率）稳定度和准确度是保证接收机能够正常接收而且不会造成信道互相干扰的重要保证，实际是振荡器的稳定度和准确度。

6.3　调频信号的产生

实现调频的电路称为调频器，狭义地说，就是一个频率调制器，广义地说，它还包含高频振荡器。

产生调频信号的方法有很多，归纳起来主要有两类：第一类是用调制信号直接控制载波的瞬时频率（直接调频）；第二类是先将调制信号积分，然后对载波进行调相，得到调频波，即由调相得到调频（间接调频）。本节分别介绍这两类调频方法的基本原理。

6.3.1　直接调频方法

根据调频信号的瞬时频率随调制信号线性变化这一基本特征，最直接的调频方法是用调制信号 $v_\Omega(t)$ 直接控制振荡器的振荡频率 f_c，使其不失真地反映调制信号的变化规律，振荡器的中心频率即为载波频率。

直接调频的基本原理是用调制信号直接线性地改变载波振荡的瞬时频率，因此，凡是能直接影响载波瞬时振荡频率的元件或参数，只要能够用调制信号去控制它们，并从而使载波瞬时振荡频率按调制信号变化规律线性地改变，都可以完成直接调频的任务。

如前所述，将电容量或电感量受调制信号控制的可变电抗器件接入振荡器的振荡回路中，就能实现调频。

可变电抗器件的种类很多，例如，在便携式调频发射机中，广泛采用驻极体传声器或电容式传声器作为可变电容器件，这种器件可以直接将声波的强弱变化转换为电容量的变化。因此，将它接入振荡回路中，就可直接产生瞬时频率按讲话声音强弱变化的调频信号。又如，在扫频图示测量仪中，广泛采用铁氧体磁芯绕制的线圈作为可变电感器件，主线圈作为振荡回路的电感，还绕了一个附加线圈。若改变通过附加线圈的电流来控制磁场的变化，就能使磁心的磁导率变化，从而使主线圈的电感量变化。只要附加线圈中的电流受调制信号控制，就能达到调频目的。图 6.3.1 所示为直接调频电路的原理框图。

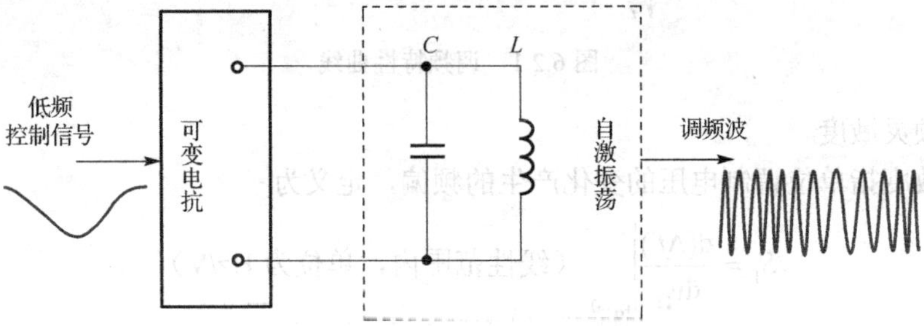

图 6.3.1 直接调频电路原理框图

目前应用最广泛的可变电抗器件是利用反偏工作的 PN 结呈现的势垒电容而构成的变容二极管，它具有工作频率高、固有损耗小和使用方便等优点。

变容二极管的特性如下。

变容二极管是根据 PN 结势垒电容能够随反向电压变化而变化设计的一种特殊二极管，结电容随外加偏压 U 变化的关系如图 6.3.2 所示，其表达式为

$$C = A(U - U')^{-n} \tag{6.3.1}$$

式中，A 为与变容二极管所用半导体的性质相关的常数；n 为电容变化系数，是变容二极管的主要参数之一，取决于 PN 结的类型。n 越大，电容变化量随偏压变化越显著，U'与变容二极管的势垒电位差等有关。

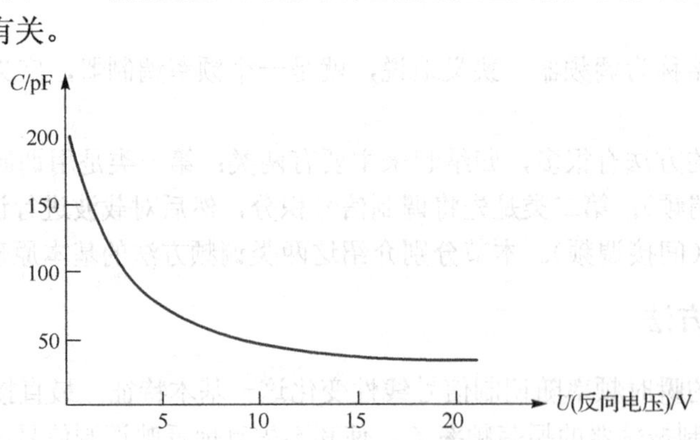

图 6.3.2 变容二极管随外加偏压 U 变化的特性

直接调频电路中，变容二极管作为振荡回路可变电容进行调频的原理如图 6.3.3 所示。

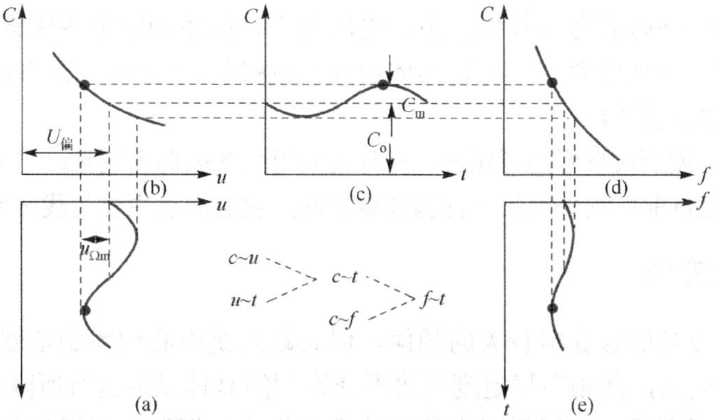

图 6.3.3　可变电容进行调频的原理示意图

调频的步骤如下：在图 6.3.3 中，由于图(b)变容二极管特性，图(a)调制信号幅度变化时将引起图(c)电容变化；又由于图(d)振荡电路特性，图(c)的电容变化又引起图(e)振荡频率的变化。此电路即完成了以调制信号幅度控制已调波频率的过程。图 6.3.4 就是一个典型的变容二极管直接调频电路，其中 C_D、C_1、C_2、L 决定调频电路输出频率的大小，其振荡回路等效图如图 6.3.4(b)所示。

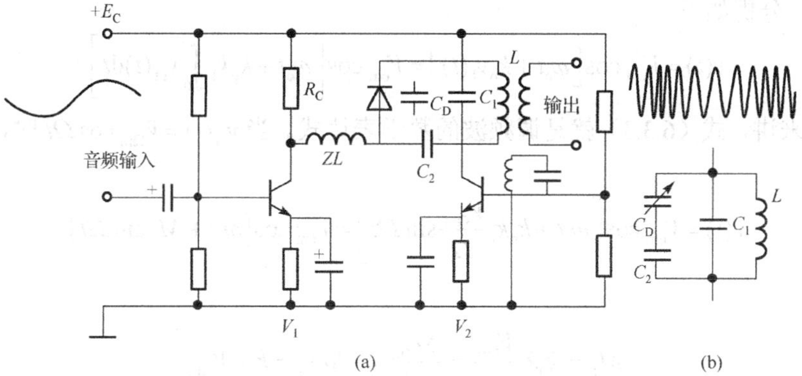

图 6.3.4　典型的变容二极管直接调频电路

图 6.3.5 也是一个简单的变容二极管直接调频电路，这里振荡回路总电容为

$$C_{\Sigma} = C_1 + \frac{C_2 C_j}{C_2 + C_j} \tag{6.3.2}$$

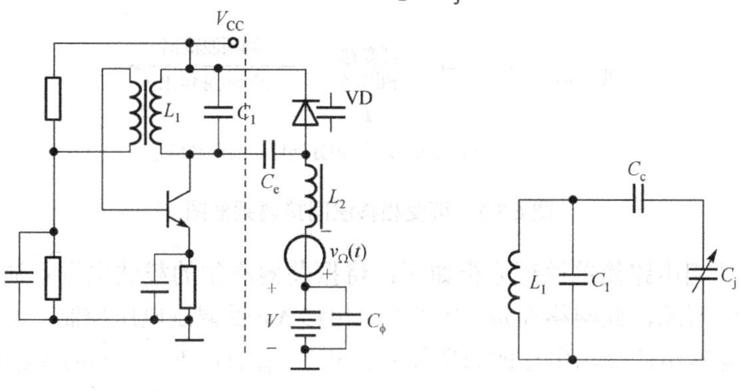

(a) 调频电路　　(b) 振荡回路等效电路

图 6.3.5　简单的变容二极管直接调频电路

实际设计调频电路时要考虑频偏大小、输出功率、频率稳定度等因素，有时，为了进一步提高频率稳定度，可采用变容二极管晶体振荡器直接调频电路，它的缺点是频偏较小，要采用倍频的放大来扩展频偏。

为产生频偏大、调制线形好的调频波，有时也采用张弛振荡器调频，由于其在电路的实现上便于集成化，它也是目前广泛采用的一种调频振荡器，它的缺点主要是载波频率不能做高。

6.3.2 间接调频方法

直接调频的优点是能够获得较大的频偏，但其缺点是中心频率稳定度低，即便是使用晶体振荡器直接调频电路，其频率稳定度也比不受调制的晶体振荡器有所降低。

借助调相来实现调频，可以采用高稳定的晶振作为主振器，利用积分器对调制信号积分后的结果，对这个稳定的载频信号在后级进行调相，就可以得到频率稳定度很高的调频波。

间接调频电路（也称调相电路）的关键是性能优良的调相电路。调相电路有多种实现方式，从原理上讲大致有三种实现方法，即可变相移法、矢量合成法和可变时延法，本书重点介绍可变相移法。

根据调频与调相的内在联系，将调制信号积分后得到 v_1 后再对载波进行调相，即可以得到调频信号，分析如下

$$v(t) = V_{\rm cm}\cos\left[\omega_{\rm c}t + k_{\rm p}v_1(t)\right] = V_{\rm cm}\cos\left[\omega_{\rm c}t + k_{\rm p}k_1\int_0^t v_\Omega(t){\rm d}t\right] \tag{6.3.3}$$

对于信号 v_Ω 来讲，式（6.3.3）就是调频波的数学表达式。当 $v_\Omega(t) = V_{\Omega\rm m}\cos\varOmega t$ 时，此式可以表示为

$$v(t) = V_{\rm cm}\cos\left[\omega_{\rm c}t + k_{\rm p}k_1\frac{V_{\Omega\rm m}}{\varOmega}\sin\varOmega t\right] = V_{\rm cm}\cos\left[\omega_{\rm c}t + M_{\rm f}\sin\varOmega t\right] \tag{6.3.4}$$

式中

$$M_{\rm f} = k_{\rm p}k_1\frac{V_{\Omega\rm m}}{\varOmega} = \frac{\Delta\omega_{\rm m}}{\varOmega},\quad \Delta\omega_{\rm m} = k_{\rm p}k_1V_{\Omega\rm m} \tag{6.3.5}$$

由式（6.3.5）可见，调相器的作用是产生受 v_Ω 线性控制的附加相移，它是实现间接调频的关键。

间接调频信号实现框图如图 6.3.6 所示。间接调频电路主要由两部分组成，即积分电路和调相电路。

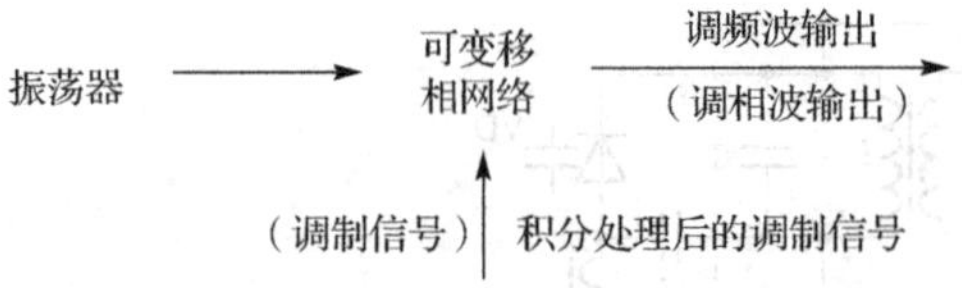

图 6.3.6 可变相移法间接调频框图

可变相移法调相电路简单原理分析如下：将振荡器产生的载波电压 $v_{\rm c}$ 通过一个可控相移网络，如图 6.3.6 所示，此网络在 $\omega_{\rm c}t$ 上产生的相移 $\Delta\varphi$ 受调制电压控制，且呈线性关系，即 $\Delta\varphi = kv_\Omega$，则相移网络的输出电压即为所需的调相波 $v_{\rm PM}(t) = V_{\rm cm}\cos\left[\omega_{\rm c}t + k_{\rm p}v_\Omega(t)\right]$。

可变相移网络有多种实现电路，如 RC 相移电路、变容二极管与电感构成的谐振回路的相移电路等，其中应用最广的是变容二极管调相电路，下面介绍其典型电路。

变容二极管调相的实现模型如图 6.3.7 所示。

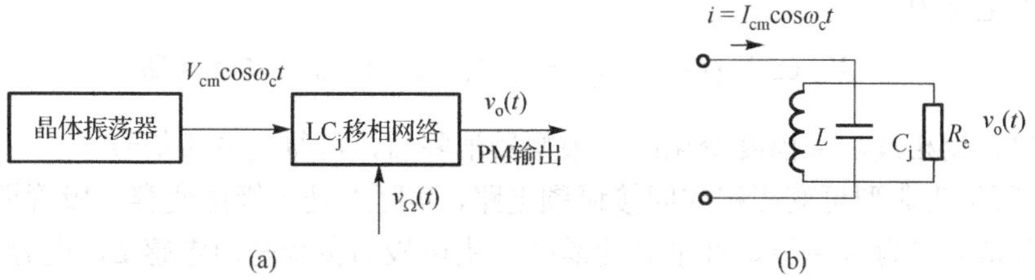

图 6.3.7　可变相移法调相电路的实现模型与电路

当调制信号为小信号时，由变容二极管特性，可得变容二极管结电容为

$$C_j = \frac{C_{jQ}}{(1+m\cos\Omega t)^n} \tag{6.3.6}$$

未调制或调制信号为 0 时，$C_j = C_{jQ}$，回路两端的电压与激励电流同频同相，由 LC 回路特性，得到电路谐振频率为

$$\omega_0 = \frac{1}{\sqrt{LC_{jQ}}} = \omega_c \tag{6.3.7}$$

调制信号不为 0 时，LC 回路谐振频率为

$$\omega(t) = \frac{1}{\sqrt{LC_j}} = \omega_0(1+m\cos\Omega t)^{\frac{n}{2}} = \omega_c(1+m\cos\Omega t)^{\frac{n}{2}} \tag{6.3.8}$$

若调制信号为小信号

$$\omega(t) \approx \omega_c\left(1+\frac{n}{2}m\cos\Omega t\right) = \omega_c + \Delta\omega(t) \tag{6.3.9}$$

$$\Delta\omega(t) = \frac{n}{2}m\omega_c\cos\Omega t \tag{6.3.10}$$

假设

$$|\varphi_z| < \frac{\pi}{6}(\text{rad})$$

则有

$$\tan\varphi_z \approx \varphi_z$$

$$\varphi_z(\omega_c) = -\arctan\frac{2Q_e[\omega_c-\omega(t)]}{\omega_c(t)} \approx -\frac{2Q_e[\omega_c-\omega(t)]}{\omega_c(t)} \tag{6.3.11}$$

当 $\Delta\omega(t) \ll \omega_c$，则有

$$\begin{aligned}\varphi_z(\omega_c) &\approx -\frac{2Q_e[\omega_c-\omega(t)]}{\omega_c(t)} = \frac{2Q_e\Delta\omega(t)}{\omega_c} \\ &= 2Q_e\times\frac{n}{2}m\cos\Omega t = Q_e mn\cos\Omega t = M_p\cos\Omega t\end{aligned} \tag{6.3.12}$$

式中，$M_p=Q_e mn$。

这就是说，当频率为 ω_c 的载波通过此回路后，由于调制信号作用，回路失谐，在回路两端得到的输出电压为

$$v_o = V_{cm}\cos[\omega_c t + \varphi_z(\omega_c)] = I_m Z(\omega_c)\cos(\omega_c t + M_p \cos\Omega t)$$

显然这是调幅、调相波。将幅度变化经由限幅器消除后，可得到调相信号。

图 6.3.8 所示为典型可变相移式间接调频电路，实际上是一级由变容二极管调相的单调谐放大器，输入信号来自频率稳定性很高的晶振，集电极的负载是由电感 L、电容 C_1、C_c 及变容管 C_j 组成的并联谐振回路，由它构成一级调相电路。当没有调制信号时，由 L、C_1、C_c 及变容管静态电容 C_{jQ} 决定的谐振频率等于晶振频率 ω_0，回路并联阻抗为纯电阻，因而回路两端电压与电流同相。当有调制信号时，变容管势垒电容 C_j 随调制电压的改变而改变，因而回路对载频处于不同的失谐状态。当 C_j 减小时（此时相当于谐振频率提高，工作频率 ω_0 小于谐振频率），并联阻抗呈感性，回路两端电压超前于电流；反之，当 C_j 增大时，并联阻抗呈容性，回路两端电压滞后于电流。因此，调制信号通过控制 C_j 的大小就能使谐振回路两端电压产生相应的相位变化，实现调相。若调制信号从 2 端输入，则输出为调相波。现因由 1 端经积分器 R_6C_5 输入，则输出为调频波。

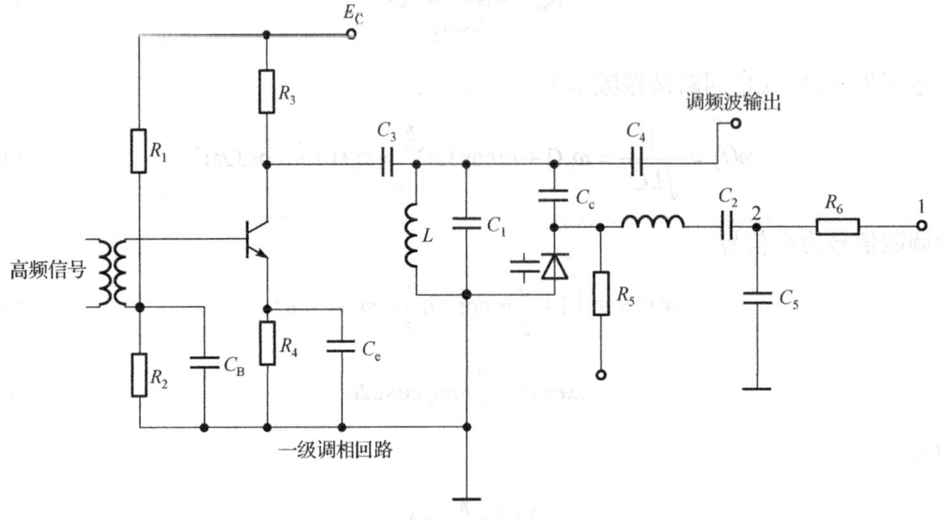

图 6.3.8 典型可变相移式间接调频（调相）电路

图 6.3.9 也是一种典型的变容二极管调相电路。

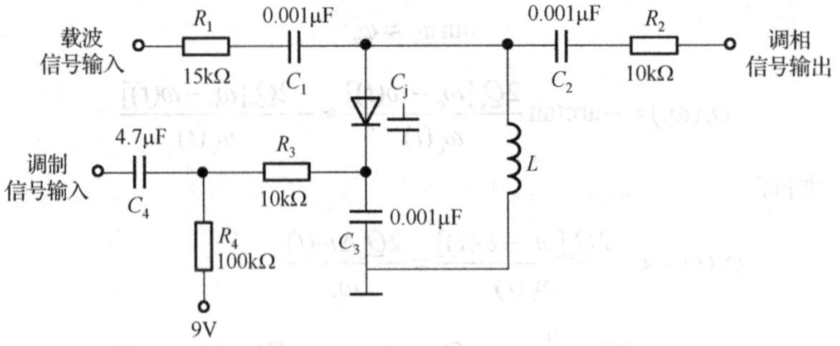

图 6.3.9 典型的变容二极管调相电路

图中 R_1、R_2 分别是输入和输出隔离电阻，将谐振回路与这个二端口网络的输入、输出隔

离开来，R_4 是变容二极管控制电路中偏压源与调制信号之间的隔离电阻，电容 C_1、C_2、C_4 是隔直流耦合电容，C_3 是滤波电容。R_3、C_3 一般为高音频滤波电路，若 C_3 的取值满足其容抗远小于 R_3，则 R_3C_3 电路的作用可等效为一积分电路，因此实际加在变容二极管上的调制电压为

$$v'_{\Omega}(t)=\frac{1}{C_3}\int_0^t i_{\Omega}\mathrm{d}t\approx\frac{1}{R_3C_3}\int_0^t v_{\Omega}\mathrm{d}t$$

显然，在这种情况下，图 6.3.9 所示电路便转换为间接调频电路。

综上所述，当等幅载波信号通过谐振频率受调制信号控制的谐振回路时，其输出将是含有寄生调幅的调相波，其最大不失真相移受到谐振回路相频特性非线性的限制。在失真允许的条件下，最大不失真相移应限制在 π/6 rad 以下。

为了增大最大不失真相移有时会采用多级单回路构成的变容二极管调相电路，图 6.3.10 所示为三级单回路变容二极管调相电路。图中每个回路都由一个变容二极管调相，而各变容二极管受同一调制信号调制，以便使三个回路产生相同的相移，这样使该电路总的相移近似为三个回路的相移之和。图中 470kΩ 和三个 0.002μF 的并联电容组成的电路满足积分器的条件，因此加到三个变容二极管上的电压为调制信号电压的积分，所以该电路的输出是调频信号，实现了间接调频的目的。

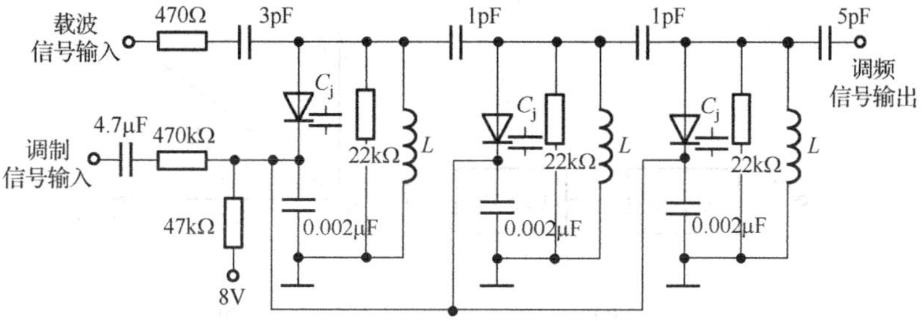

图 6.3.10　三节单回路变容二极管调相电路

6.3.3　扩展最大频偏的方法

最大线性频偏是频率调制器的主要质量指标。在实际调频设备中，需要的最大线性频偏往往不是简单的调频电路能够达到的，因此，如何扩展最大线性频偏是设计调频设备的一个关键问题。

常用的方法是用倍频器加混频器使最大频偏扩展，图 6.3.11 所示为其典型框图。

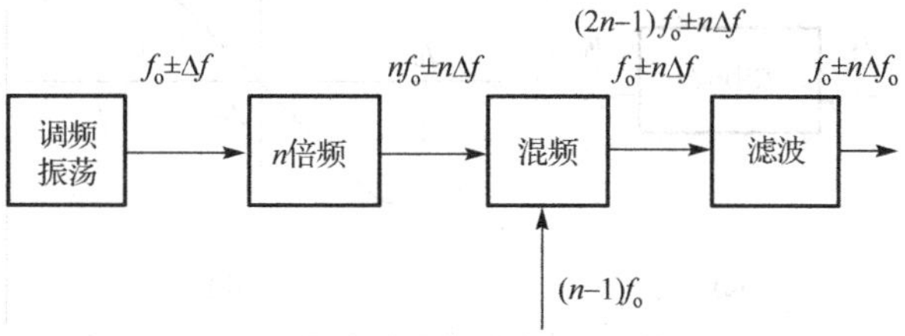

图 6.3.11　最大频偏扩展的典型框图

该调频波通过倍频次数为 n 的倍频器时，它的瞬时角频率将增大为原来的 n 倍，再将 n 倍的调频波通过混频器，则由于混频器具有频率加减的功能，可以使调频波的中心角频率降低或者增高，但不会引起最大角频偏变化。可见，混频器可以在保持调频波最大角频偏不变的条件下增高或者降低中心角频率。换句话说，混频器可以不失真地改变调频波的相对角频偏。

利用倍频器和混频器的上述特性，可在要求的中心频率上展宽线性频偏。例如，首先利用倍频器增大调频波的最大频偏，而后利用混频器将调频波的中心频率降低到规定的数值。

在变容管直接调频电路中，虽然其相对频偏 Δf 与调制电压 f_Ω 呈正比，但它可能达到的最大相对频偏却受到调谐回路非线性形失真的限制，因此，当最大相对频偏一定时，要增大 Δf，就只有提高 f_c。一般先在较高频率上产生调频波，而后通过混频器将中心频率降低到规定值，这种方法比采用倍频器和混频的方法简单。

6.4 调频波解调电路原理

调角波的解调就是从调角波中恢复出原调制信号的过程。调频波的解调电路称为频率检波器或鉴频器（Frequency Discriminator，FD），调相波的解调电路称为相位检波器或鉴相器（Phase Discriminator，PD）。它们的任务是把载波频率（或相位）的变化变换成电压的变化，实现鉴频（鉴相）的电路称为鉴频（相）器。本节重点讨论调频波的解调。

就其功能而言，尽管鉴频器的输出 $V_o(t)$是在输入信号 $V_i(t)$的作用下产生的，但二者却是不同的两种信号，如图 6.4.1 所示为鉴频器功能。显然，鉴频器将输入调频波的瞬时频率 $f(t)$[或频偏 $\Delta f(t)$]的变化变换成了输出电压 $V_o(t)$的变化，将这种变换特性称为鉴频特性。

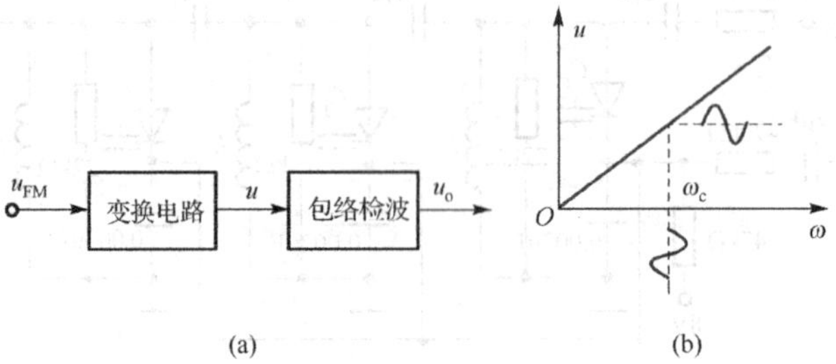

图 6.4.1 鉴频器功能

输出电压与瞬时频率 $f(t)$之间的关系曲线在理想情况下为直线，但实际上该关系曲线往往有弯曲，呈“S”形，简称“S”曲线，如图 6.4.2 所示。

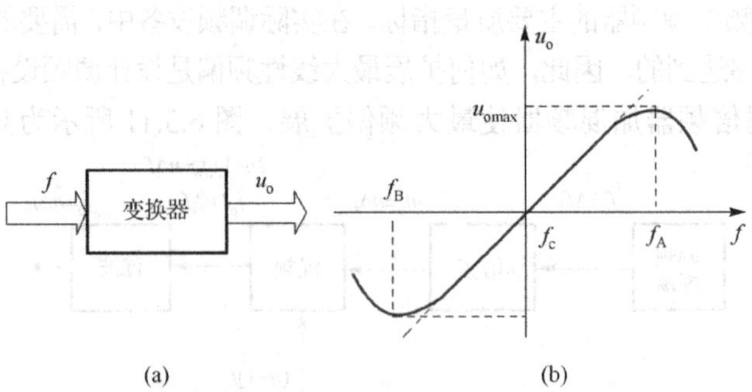

图 6.4.2 鉴频器及鉴频特性

实际中，该曲线的斜率可正可负，视具体电路而定。由图可见，在调频波中心频率 f_c（$\Delta f(t)=0$）处，输出电压 $V_o=0$；当 $f>f_c$（$\Delta f(t)>0$）时，$V_o>0$；当 $f<f_c$（$\Delta f(t)<0$）时，$V_o<0$。当然，我们总希望得到的 V_o–$\Delta f(t)$特性曲线是线性的，实际上只能在 $f(t)$的一定范围内近似实现线性鉴频。鉴频器的主要性能指标大都与鉴频特性曲线有关。

6.4.1　鉴频器的主要指标

（1）鉴频线性范围

鉴频线性范围是指鉴频特性曲线中近似直线段的频率范围，用 $2\Delta f_{max}$ 表示，表明了鉴频器不失真解调时所允许的频率变化范围。因此 Δf_{max} 应大于输入调频波最大频偏的两倍，即

$$2\Delta f_{max}>2\Delta f_{m} \tag{6.4.1}$$

$2\Delta f_{max}$ 也可以称为鉴频器的带宽。

（2）鉴频灵敏度 S_d（单位为 V/Hz 或 V/kHz）

S_d 定义为在中心频率附近，单位频偏产生的解调输出电压的大小，即 $\Delta f(t)=0$（或 $f(t)=f_c$）附近曲线的斜率

$$S_d=\frac{\partial v_o}{\partial \Delta f}\Big|_{\Delta f(t)=0} \tag{6.4.2}$$

显然，鉴频灵敏度越高，意味着鉴频特性曲线越陡峭，鉴频能力越强。

6.4.2　实现鉴频的方法

实现鉴频的方法很多，但常用的有直接鉴频和间接鉴频两种。

1．直接鉴频

直接鉴频典型方法有直接脉冲计数式鉴频法（Pulse Count Discriminator）。调频信号的信息寄托在已调波的频率上，从某种意义上讲，信号频率就是信号电压或电流波形单位时间内过零点（或零交点）的次数。对于脉冲或数字信号，信号频率就是信号脉冲的个数。基于这种原理的鉴频器称为零交点鉴频器或脉冲计数式鉴频器。

脉冲计数式鉴频器是先将输入调频波通过具有合适特性的非线性变换网络，将它变换成调频等宽脉冲序列。由于该等宽脉冲序列含有反映瞬时频率变化的平均分量，因而通过低通滤波器就能输出反映平均分量变化的解调电压。也可将该调频等宽脉冲序列直接通过脉冲计数器得到反映瞬时频率变化的解调电压。脉冲计数式鉴频器原理示意图如图 6.4.3 所示。

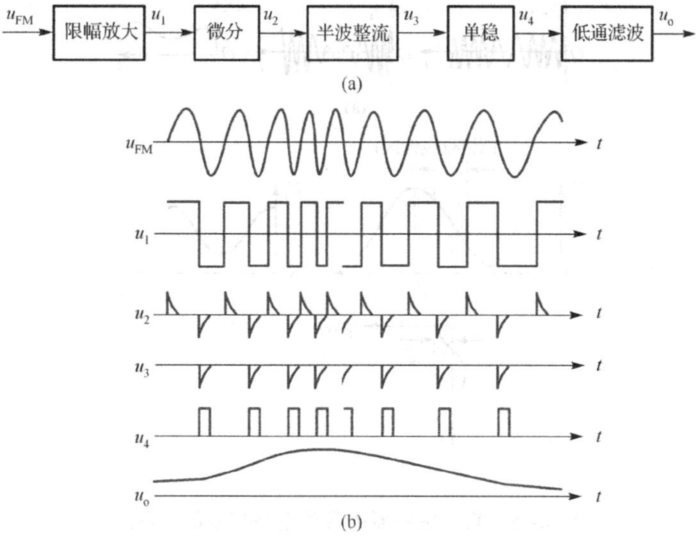

图 6.4.3　脉冲计数式鉴频器原理示意图

2．间接鉴频

间接鉴频包含振幅鉴频法和相位鉴频法，振幅鉴频法又分为斜率鉴频器和直接时域微分法两大类，下面分别介绍。

（1）振幅鉴频法

① 斜率鉴频器（Slope Discriminator）

调频波的振幅恒定，故无法直接用包络检波器解调。鉴于二极管峰值包络检波器线路简单、性能好，希望把包络检波器用于调频解调器中，显然，若能将等幅的调频信号变换成振幅也随瞬时频率变化、既调频又调幅的FM-AM波，就可以通过包络检波器解调此调频信号。用此原理构成的鉴频器称为振幅鉴频器。斜率鉴频器工作原理如图6.4.4所示。

斜率鉴频的实现模型如图 6.4.4(a)所示，先将输入调频波通过具有合适频率特性的线性变换网络，经变换后得到调频调幅波，其幅度正比于输入调频波瞬时频率的变化，然后通过包络检波器输出反映振幅变化的解调电压。斜率鉴频器的典型电路及波形示意图如图 6.4.5所示。

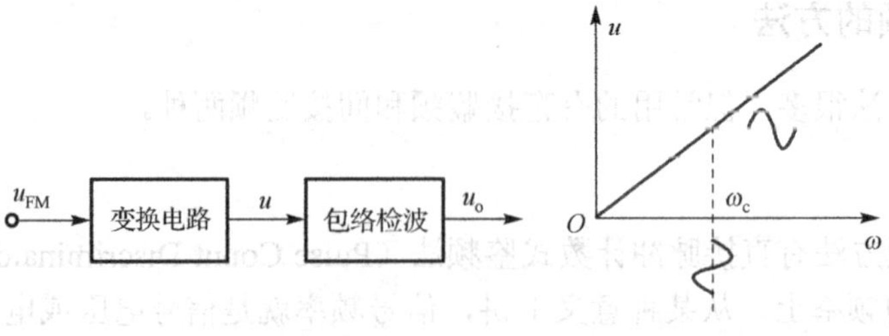

(a) 斜率鉴频器框图　　(b) 变换电路特性

图6.4.4　斜率鉴频器原理

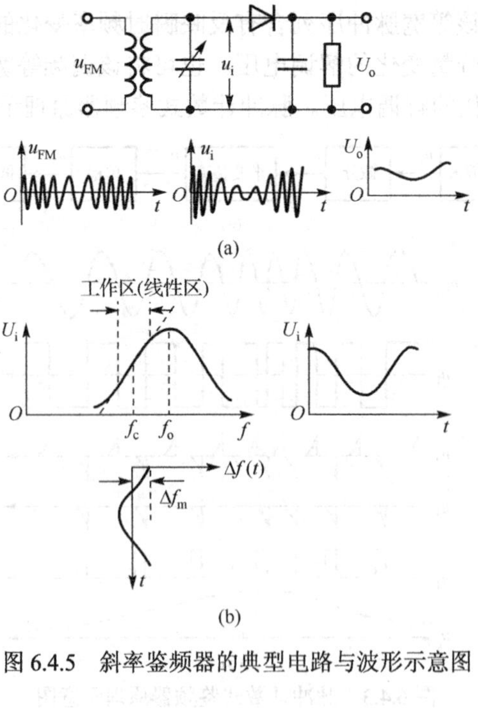

图6.4.5　斜率鉴频器的典型电路与波形示意图

② 微分鉴频器

设调制信号为 $u_\Omega=f(t)$，调频波为

$$u_{\mathrm{FM}}(t)=U\cos\left[\omega_{\mathrm{c}}t+k_{\mathrm{f}}\int_0^t f(\tau)\mathrm{d}\tau\right]$$
$$u=\frac{\mathrm{d}u_{\mathrm{FM}}(t)}{\mathrm{d}t}=-U[\omega_{\mathrm{c}}+k_{\mathrm{f}}f(t)]\sin\left[\omega_{\mathrm{c}}t+k_{\mathrm{f}}\int_0^t f(\tau)\mathrm{d}\tau\right] \tag{6.4.3}$$

由式（6.4.3）可以看出，输出电压幅度与瞬时频率呈正比，包络检波器检出包络的变化，即检测出原始调制信号。微分鉴频原理如图 6.4.6 所示。典型微分鉴频电路如图 6.4.7 所示。

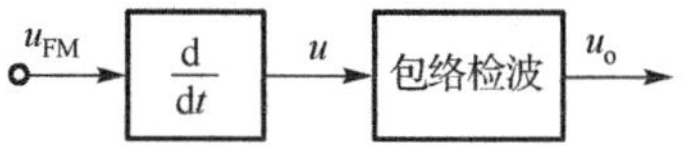

图 6.4.6　微分鉴频原理

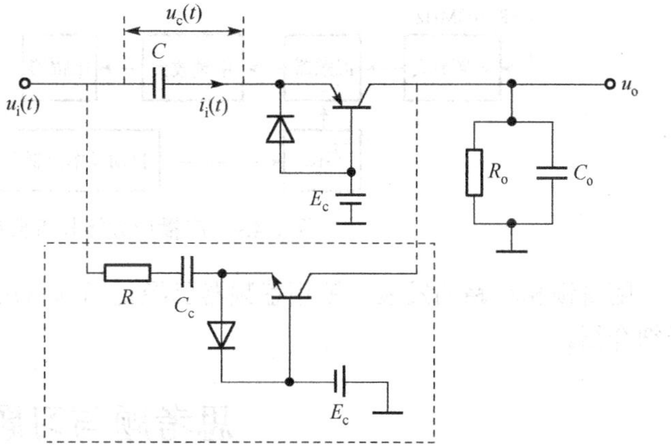

图 6.4.7　典型微分鉴频电路

（2）相位鉴频器（Phase Discriminator）

相位鉴频器的实现模型如图 6.4.8 所示，图中的变换电路具有线性的频率-相位转换特性，它可以将等幅的调频信号变成相位也随瞬时频率变化的、既调频又调相的 FM-PM 波。电路先将输入调频波通过具有合适频率特性的线性变换网络，将调频波变换成调频调相波，其相位的变化与输入调频波瞬时频率的变化呈正比，再经相位检波器（鉴相器）将它与输入调频波的瞬时相位进行比较，检出反映附加相移变化的解调电压。相位鉴频法的关键是相位检波器。相位检波器或鉴相器就是用来检出两个信号之间的相位差，完成相位差-电压变换作用的部件或电路。

在超外差式调频接收机中，鉴频通常在中频频率（如调频广播接收机的中频频率 10.7MHz）上进行。在调频信号的产生、传输和通过调频接收机前端电路的过程中，不可避免地会引入干扰和噪声。干扰和噪声对 FM 信号的影响主要表现为调频信号出现了不希望有的寄生调幅和寄生调频。一般在末级中放和鉴频器之间设置限幅器就可以消除由寄生调幅所引起的鉴频器的输出噪声（当然，具有自动限幅能力的鉴频器，如比例鉴频器之前不需此限幅器）。可见，限幅与鉴频一般是连用的，故统称为限幅鉴频器。

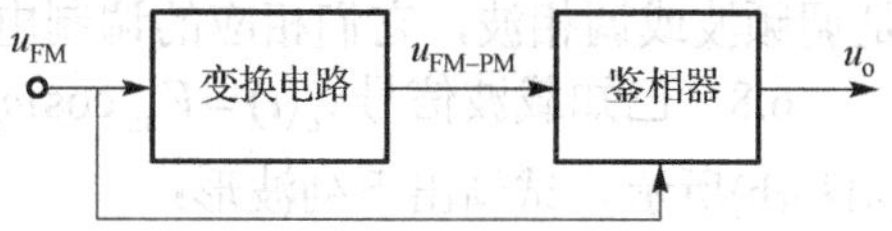

图 6.4.8　相位鉴频器的实现模型

限幅器的作用是将输入信号的振幅变化去掉，得到等幅信号的一种非线性电路。

图 6.4.9 所示为广播调频接收机典型方框图。为了获得较好的接收机灵敏度和选择性，除限幅级、鉴频器及几个附加电路外，其主要方框均与 AM 超外差接收机相同。

对于输入白噪声，调幅制的输出噪声频谱呈矩形，在整个调制频率范围内，所有噪声都

一样大。但调频制的噪声频谱（电压谱）呈三角形，随着调制频率的增大，噪声也增大。调制频率范围愈宽，输出的噪声也愈大，采用预、去加重网络后，对信号不会产生变化，但信噪比却得到较大的改善。

在调频接收中存在门限效应，因此在系统设计时要尽可能地降低门限值，在鉴频器的输入端的输入信噪比要在门限值之上。但在调频通信和调频广播中，经常会遇到无信号或弱信号的情况，这时输入信噪比就低于门限值，输出端的噪声就会急剧增加，静噪电路作用是为了获得较高的输出信噪比。

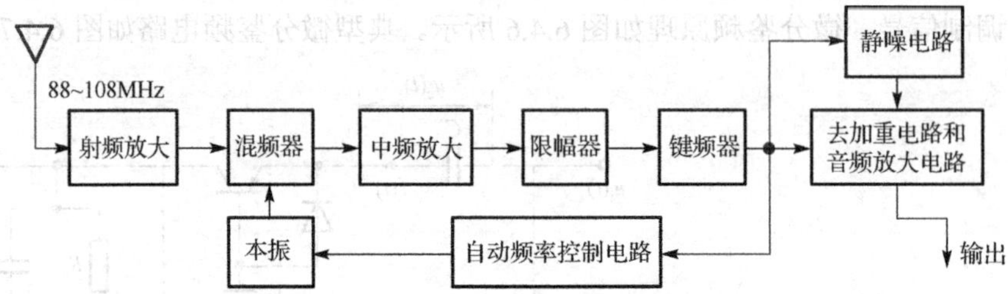

图 6.4.9 广播调频接收机典型方框图

随着锁相环路的发展，锁相鉴频器已经是当前常用的鉴频器。实际的鉴频电路这里不再详细介绍。

思考题与习题

6.1 什么是角度调制？

6.2 调频波和调相波有哪些共同点和不同点？它们有何联系？

6.3 调角波和调幅波的主要区别是什么？

6.4 调频波的频谱宽度在理论上是无限宽，在传送和放大调频波时，工程上如何确定设备的频谱宽度？

6.5 为什么调幅波调制度 M_a 不能大于 1，而调角波调制度可以大于 1？

6.6 有一余弦电压信号 $v(t)=V_m\cos[\omega_0 t+\theta_0]$。其中 ω_0 和 θ_0 均为常数，求其瞬时角频率和瞬时相位。

6.7 有一已调波电压 $v(t)=V_m\cos(\omega_c+A\omega_1 t)t$，试求它的 $\Delta\varphi(t)$、$\Delta\omega(t)$ 的表达式。如果它是调频波或调相波，它们相应的调制电压各为什么？

6.8 已知载波信号 $v_c(t)=V_{cm}\cos\omega_c t$，调制信号为周期性方波和三角波，分别如题 6.8 图(a)和(b)所示。试画出下列波形：

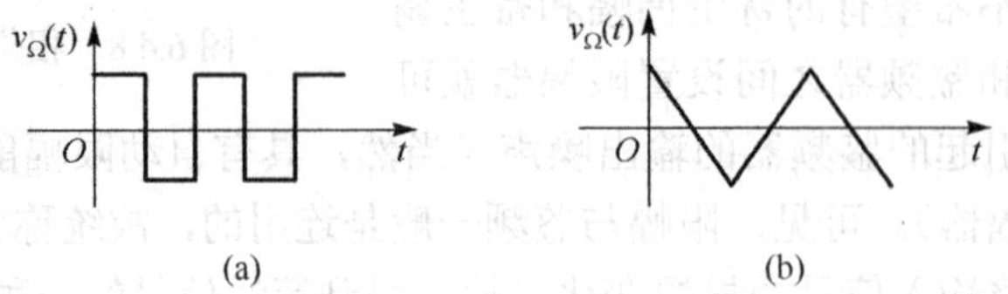

题 6.8 图

（1）调幅波，调频波；

（2）调频波和调相波的瞬时角频率偏移 $\Delta\omega(t)$、瞬时相位偏移 $\Delta\varphi(t)$（坐标对齐）。

6.9　有一个 AM 波和 FM 波，载频均为 1MHz，调制信号均为 $v_{\Omega}(t)=0.1\sin(2\pi\times10^3 t)\text{V}$。频率调制的调频灵敏度 $k_{\text{f}}=1\text{kHz/V}$，动态范围大于 20V。

（1）求 AM 波和 FM 波的信号带宽；

（2）若 $v_{\Omega}(t)=20\sin(2\pi\times10^3 t)\text{V}$，重新计算 AM 波和 FM 波的带宽；

（3）由以上两项计算结果可得出什么结论？

6.10　已知 $v(t)=500\cos(2\pi\times10^8 t+20\sin2\pi\times10^3 t)\text{mV}$。

（1）若为调频波，试求载波频率 f_{c}、调制频率 F、调频指数 M_{f}、最大频偏 Δf_{m}、有效频谱宽度 BW_{CR} 和平均功率 P_{av}（设负载电阻 $R_{\text{L}}=50\Omega$）。

（2）若为调相波，试求调相指数 M_{p}，调制信号 $v_{\Omega}(t)$（设调相灵敏度 $k_{\text{p}}=5\text{rad/V}$，最大频偏 Δf_{m}）。

6.11　已知载波信号 $V_{\text{c}}(t)=V_{\text{cm}}\cos\omega_{\text{c}}t=5\cos2\pi\times50\times10^6 t\ \text{V}$，调制信号 $V_{\Omega}(t)=1.5\cos2\pi\times2\times10^3 t\ \text{V}$。

（1）若为调频波，且单位电压产生的频偏为 4kHz，试写出 $\omega(t)$、$\varphi(t)$ 和调频波 $v(t)$ 表达式。

（2）若为调相波，且单位电压产生的相移为 3rad，试写出 $\omega(t)$、$\varphi(t)$ 和调相波 $v(t)$ 表达式。

（3）计算上述两种调角波的 BW_{CR}，若调制信号频率 F 改为 4kHz，则相应频谱宽度 BW_{CR} 有什么变化？若调制信号的频谱不变，而振幅 $V_{\Omega\text{m}}$ 改为 3V，则相应的频谱宽度有什么变化？

6.12　已知 f_{c}=20MHz，V_{cm}=10V，F_1=2kHz，$V_{\Omega\text{m}1}$=3V，F_2=3kHz，$V_{\Omega\text{m}2}$=4V，若 $\Delta f_{\text{m}}/V$=2kHz/V，试写出调频波 $v(t)$ 的表达式，并写出频谱分量的频率通式。

第7章 高频功率放大器

7.1 概 述

无线通信系统中，发射机发射信号都要求有一定的功率。特别是传输信号的距离越远，需要的发送功率越大。而发射机中的振荡器产生的信号功率很小，需要经多级高频功率放大器才能获得足够的功率，送到天线辐射出去。

在高频电路中，为了获得足够大的高频输出功率，需要设置高频功率放大器。

高频功率放大器的主要功能是放大高频信号，并且在高效输出大功率为目的的同时减小非线性失真。它是各种无线发射设备的主要组成部分，在通信电子线路中占有重要的地位。

高频功率放大器的输出功率范围，小到便携式发射机的毫瓦级，大到无线电广播电台的几十千瓦，甚至兆瓦级。目前，功率为几百瓦以上的高频功率放大器，其有源器件大多为电子管，几百瓦以下的高频功率放大器则主要采用双极晶体管和大功率场效应管。同时，我们知道能量是不能放大的，高频信号的功率放大，其实质是在输入高频信号的控制下将电源直流功率转换成高频功率，因此除要求高频功率放大器产生符合要求的高频功率外，还应要求具有尽可能高的转换效率。

在低频放大电路中为了获得足够大的低频输出功率，必须采用低频功率放大器。高频功率放大器与低频功率放大器相比较，其共同特点是输出功率较大，效率较高。但两者之间有着本质的差异：低频功率放大器的工作频率低，相对频带宽度大，如一般工作在20～20000Hz，高端频率与低端频率相差1000倍。而高频功率放大器的工作频率较高，相对频带宽度却很小。例如，调幅广播的带宽为9kHz，若中心频率取900kHz，则相对频带宽度仅为1%。因此，对于低频功率放大器，由于工作频带较宽，一般都是采用无调谐负载。而高频功率放大器为了达到对选择性（频带）的要求，一般采用可调谐放大器。通常以具有选频滤波功能的选频回路作为输出负载，因此常被称为谐振功率放大器；其功能是放大窄带已调信号，提供足够强的以载频为中心的窄带信号功率。当然，在某些载波信号频率要求变化范围较大的短波、超短波电台的中间放大级，为了避免对不同载频的频繁调谐，也有以传输线变压器或其他宽带匹配电路为输出负载的宽带高频功率放大器，常被称为非调谐功率放大器。

由于高频功放要求高频工作，信号电平高和高效率，因而工作在高频状态和大信号非线性状态是高频功率放大器的主要特点。因此，高频功率放大器的研究方法不能用线性等效电路的分析方法，要准确地分析有源器件（晶体管、场效应管和电子管）在高频状态和非线性状态下的工作情况是十分困难和烦琐的，从工程应用角度来看也无此必要。工程上普遍采用图解法或工程近似分析法。所谓图解法，与低频电子线路类似，就是利用电子器件的特性曲线来对它的工作状态进行分析。工程近似分析法是将电子器件的工作特性用某些近似解析式来表示，在其基础上对放大器的工作状态进行分析。

低频电子线路课程中，我们知道，放大电路可以按照电流导通角的不同，可分为甲、乙、丙三种放大工作状态。电流导通角为 360°全导通，称为甲类工作状态；电流导通角为 180°

半导通，称为乙类工作状态；电流导通角小于 180°，称为丙类工作状态。低频功率放大器一般均为甲类工作状态，放大过程中失真较小，但工作效率偏低；而高频功率放大器大多工作在丙类工作状态，有着较高的工作效率，但放大过程中失真较大，但由于采用了调谐回路作为负载，调谐回路具有选频滤波功能，因此在输出端仍能还原出原始波形。

7.2　谐振功率放大器基本工作原理

7.2.1　谐振功率放大器的基本电路组成

谐振功率放大器的原理电路如图 7.2.1 所示。除电源和偏置电路外，它由晶体管、输入回路和输出回路三部分组成。其中 VT 为高频晶体大功率管，有较高的特征频率 f_T。高频晶体管的主要功能是在基极输入信号的控制下，将集电极电源 E_C 提供的直流能量转换为高频交流信号能量；E_B 为基极偏置电压，调整 E_B，可改变放大器工作状态，此放大电路中晶体管工作状态一般调整为丙类工作状态；E_C 为集电极电源电压，为放大电路提供转换电能；集电极外接 LC 并联谐振回路作为放大器调谐负载。

谐振功率放大器电路有输入回路和输出回路，晶体管基极、发射极、基极偏置电源和外加输入激励组成输入回路，晶体管集电极、发射极、集电极直流电源和集电极负载组成输出回路。偏置电压 E_B 和外加输入激励控制集电极电流的导通和截止，基极偏置电压通常为负值，输入信号为大信号，可达 1～2V，甚至更大；输出回路通过晶体管完成直流能量和高频交流能量的转换。高频谐振功率放大器的主要功能就是将直流电能转换为交流电能，从而实现信号功率放大的目的，LC 并联谐振回路作为负载，可以起到选频和阻抗变换两方面的作用。

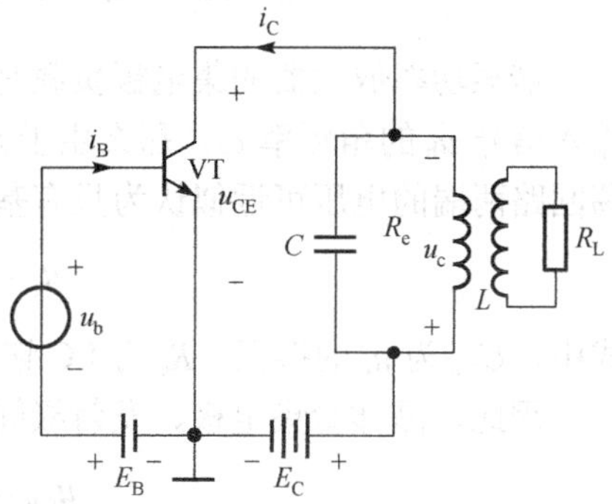

图 7.2.1　谐振功率放大器的原理电路

7.2.2　谐振功率放大器的基本工作原理

高频晶体管伏安特性如图 7.2.2 中虚线所示。由于输入信号一般较大，可用折线近似表示其伏安特性，如图 7.2.2 中实线所示。图中 U_B' 为管子导通电压，如晶体管为硅管，则为 0.7V 左右，g_m 为特性斜率。

若输入信号为一余弦电压，即

$$u_b = U_{bm}\cos\omega t \tag{7.2.1}$$

则管子基极和发射极之间电压 u_{BE} 为

$$u_{BE} = E_B + u_b = E_B + U_{bm}\cos\omega t \tag{7.2.2}$$

当放大器工作在丙类状态时，基极偏置电压小于管子导通电压，$E_B<U_B'$，在这种工作状态下，晶体管为小半周导通状态，集电极电流 i_C 则为周期性的余弦脉冲，其最大值为 i_{Cmax}，电流导通的相角为 2θ，其中 θ 为一个信号周期内集电极电流导通角 2θ 的一半，称为半导通角，丙类工作状态下，$\theta<\pi/2$。把周期性的集电极电流脉冲 i_C 按傅里叶级数展开，可分解为直流、

基波和各次谐波，因此，集电极电流 i_C 可写为

$$i_C = I_{C0} + i_{c1} + i_{c2} + \cdots = I_{C0} + I_{c1m}\cos\omega t + I_{c2m}\cos 2\omega t + \cdots \tag{7.2.3}$$

式中，I_{C0} 为直流电流，I_{c1m}、I_{c2m} 分别为基波、二次谐波电流的幅值。

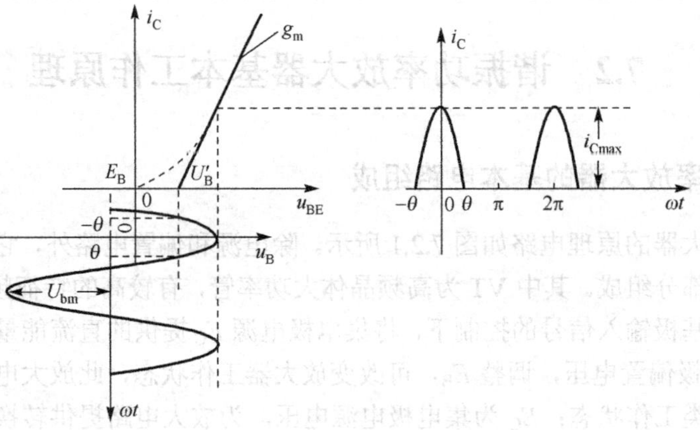

图 7.2.2 谐振功率放大器丙类状态输入电压、集电极电流示意图

谐振功率放大器的集电极负载是一高 Q 值的 LC 并联谐振回路，如果谐振角频率 ω_0 等于输入信号 u_b 的角频率 ω，那么由于并联谐振回路的选频滤波作用，只有基波信号被选中，振荡回路两端的电压可近似认为只有基波电压，即

$$u_c = U_{cm}\cos\omega t = I_{c1m}R_e\cos\omega t \tag{7.2.4}$$

式中，U_{cm} 为 u_c 的振幅；R_e 为 LC 谐振回路的谐振电阻。

因此，晶体管集电极、发射极间电压 u_{CE} 为

$$u_{CE} = E_C - u_c = E_C - U_{cm}\cos\omega t \tag{7.2.5}$$

u_b、i_C、i_{c1}、u_c、u_{CE} 之间的时间关系波形如图 7.2.3 所示。

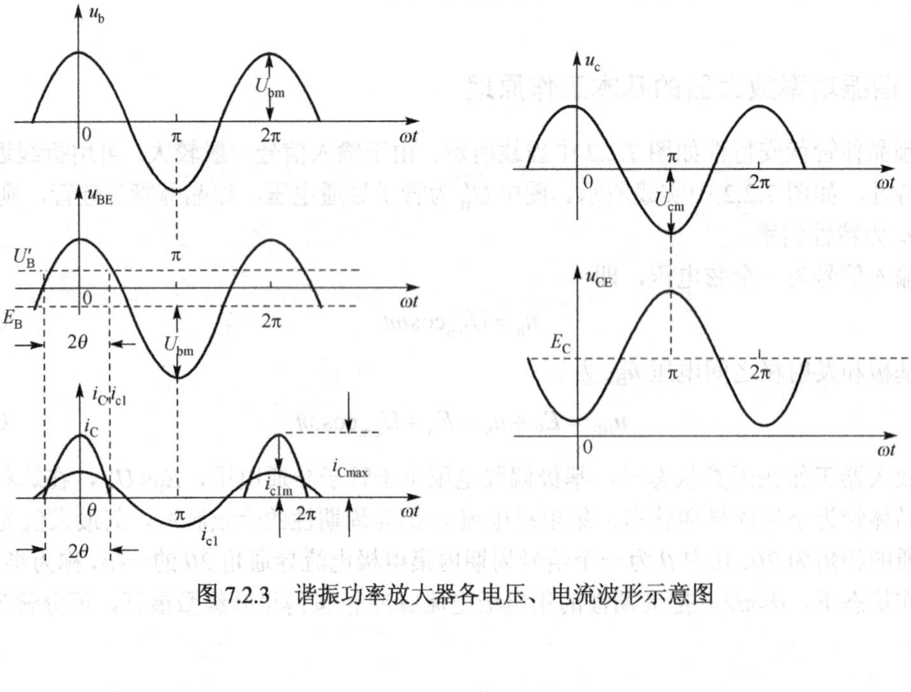

图 7.2.3 谐振功率放大器各电压、电流波形示意图

由图可见，输入信号为余弦信号波形，但由于是丙类放大，晶体管在一个信号周期内只有部分时间导通，所以集电极电流 i_C 为余弦脉冲，但在输出回路端，由于 LC 并联谐振回路有选频滤波作用，选频出基波信号，集电极输出电压仍为余弦波形，实现了对信号无失真的功率放大。

7.2.3　谐振功率放大器的能量分析

由式（7.2.3）可知，

$$i_C = I_{C0} + i_{c1} + i_{c2} + \cdots = I_{C0} + I_{c1m}\cos\omega t + I_{c2m}\cos 2\omega t + \cdots$$

根据傅里叶级数分解理论，其中

$$I_{C0} = \frac{1}{2\pi}\int_{-\pi}^{\pi} i_C \mathrm{d}(\omega t) = i_{Cmax}\alpha_0(\theta) \tag{7.2.6}$$

$$I_{c1m} = \frac{1}{\pi}\int_{-\pi}^{\pi} i_C \cos\omega t \mathrm{d}(\omega t) = i_{Cmax}\alpha_1(\theta) \tag{7.2.7}$$

$$\vdots$$

$$I_{cnm} = \frac{1}{\pi}\int_{-\pi}^{\pi} i_C \cos n\omega t \mathrm{d}(\omega t) = i_{Cmax}\alpha_n(\theta) \tag{7.2.8}$$

式中，I_{C0}、I_{c1m}、I_{c2m}、…、I_{cnm} 分别为集电极电流的直流分量、一次谐波分量、二次谐波分量及各高次谐波分量的振幅；式中的 α 为余弦脉冲分解系数。由式（7.2.6）、式（7.2.7）、式（7.2.8）可见，只要知道电流脉冲的最大值 i_{Cmax} 和导通角 θ 就可以计算直流分量、一次谐波分量、二次谐波分量及各高次谐波分量的振幅。图 7.2.4 所示为导通角与各分解系数之间的关系曲线。从图中可清楚地看到各次谐波分量随导通角变化的趋势。谐波次数越高，振幅就越小。因此，在谐振功率放大器中只需研究直流功率与基波功率。

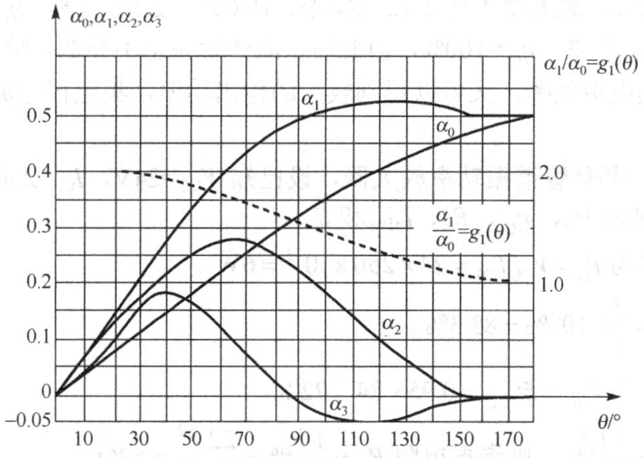

图 7.2.4　余弦脉冲分解系数曲线

在集电极电路中，LC 振荡回路得到的高频功率为

$$P_O = \frac{1}{2}I_{c1m}V_{cm} = \frac{1}{2}I_{c1m}^2 R_\Sigma = \frac{1}{2}\frac{V_{cm}^2}{R_\Sigma} \tag{7.2.9}$$

集电极电源 E_C 供给的直流输入功率为

$$P_{\rm D}=E_{\rm C}I_{\rm C0} \tag{7.2.10}$$

直流输入功率 $P_{\rm D}$ 与集电极输出高频功率 $P_{\rm O}$ 之差为集电极耗散功率 $P_{\rm C}$，即

$$P_{\rm C}=P_{\rm D}-P_{\rm O} \tag{7.2.11}$$

集电极效率 $\eta_{\rm C}$ 定义为输出高频功率 $P_{\rm O}$ 与直流输入功率 $P_{\rm D}$ 之比，即

$$\eta_{\rm C}=\frac{P_{\rm O}}{P_{\rm D}}=\frac{1}{2}\frac{I_{\rm c1m}V_{\rm cm}}{E_{\rm C}I_{\rm C0}} \tag{7.2.12}$$

集电极效率是表示集电极回路能量转换的重要参数。谐振功率放大器就是要尽量获取大的 $P_{\rm O}$ 和尽量高的 $\eta_{\rm C}$。由式（7.2.12）可知，集电极效率 $\eta_{\rm C}$ 正比于比值 $I_{\rm c1m}/I_{\rm C0}$ 与 $V_{\rm cm}/E_{\rm C}$ 的乘积，前者称为波形系数 $g_1(\theta)$，即

$$g_1(\theta)=\frac{I_{\rm c1m}}{I_{\rm C0}}=\frac{\alpha_1(\theta)}{\alpha_0(\theta)} \tag{7.2.13}$$

后者称为集电极电压利用系数 ξ，即

$$\xi=\frac{V_{\rm cm}}{E_{\rm C}} \tag{7.2.14}$$

因此

$$\eta_{\rm C}=\frac{1}{2}g_1(\theta)\xi \tag{7.2.15}$$

式中，ξ 为集电极电源电压利用系数；$g_1(\theta)$为波形系数，其随 θ 的变化规律如图 7.2.4 中虚线所示，θ 越小，$g_1(\theta)$越大，放大器的效率越高。但随着导通角的减小，余弦脉冲中的基波分量幅度将相应减小，从而导致放大器的输出功率减小。效率 $\eta_{\rm C}$ 和输出功率 $P_{\rm O}$ 是高频功率放大器的两个重要性能指标，要综合平衡考虑。

比如，在 $\xi=1$ 的条件下，$\theta=180°$，$g_1(\theta)=1$，$\eta_{\rm C}=50\%$，放大器工作于甲类状态；$\theta=90°$，$g_1(\theta)=1.57$，$\eta_{\rm C}=78.5\%$，放大器工作于乙类状态；$\theta=60°$，$g_1(\theta)=1.8$，$\eta_{\rm C}=90\%$，放大器工作于丙类状态；$\theta=0$，$g_1(\theta)=2$，$\eta_{\rm C}=100\%$，但此时，晶体管完全不导通，输出功率 $P_{\rm O}=0$。因此，为了既获得较高的集电极效率，又可以得到较大的输出功率，集电极电流导通角 θ 的最佳值为 60°～80°。

【例 7.2.1】 某一晶体管谐振功率放大器，设已知 $V_{\rm CC}=24{\rm V}$，$I_{\rm C0}=250{\rm mA}$，$P_{\rm O}=5{\rm W}$，电压利用系数 $\xi=0.95$，试求 $P_{\rm D}$、$\eta_{\rm C}$、$R_{\rm P}$、$I_{\rm c1m}$ 和 θ。

解： 电源总功率为 $P_{\rm D}=V_{\rm CC}I_{\rm C0}=24\times250\times10^{-3}=6{\rm W}$。

效率为 $\eta_{\rm C}=\frac{P_{\rm O}}{P_{\rm D}}=\frac{5}{6}\times100\%=83.3\%$。

谐振输出电压值为 $V_{\rm cm}=\xi V_{\rm CC}=0.95\times24=22.8{\rm V}$。

输出功率为 $P_{\rm O}=\frac{1}{2}\frac{V_{\rm cm}^2}{R_{\rm P}}$，则谐振电阻 $R_{\rm P}=\frac{1}{2}\frac{V_{\rm cm}^2}{P_{\rm O}}=\frac{22.8^2}{2\times5}=52\Omega$。

由于 $P_{\rm O}=\frac{1}{2}I_{\rm c1m}V_{\rm cm}$，输出基波电流值为 $I_{\rm c1m}=\frac{2P_{\rm O}}{V_{\rm cm}}=\frac{2\times5}{22.8}=438.6{\rm mA}$。

因为 $\eta_{\rm C}=\frac{1}{2}g_1(\theta)\xi$，$g_1(\theta)=\frac{2\eta_{\rm C}}{\xi}=\frac{2\times0.883}{0.95}=1.75$，查表得 $\theta=66°$。

7.3　谐振功率放大器的工作状态分析

7.3.1　工程近似分析方法

高频晶体管的输入/输出特性曲线与低频晶体管类似，忽略其高频效应，其工作特性曲线如图 7.3.1 所示。由于晶体管处于大信号非线性工作区，其特性曲线可用折线近似。晶体管的输出特性，在放大区忽略基调效应的情况下，可认为特性曲线是一组与横轴平行的水平线。在饱和区，用这些特性曲线从放大区进入饱和区的临界点相连起来的一条直线加以近似。同时谐振回路具有理想的选频滤波特性，其上只能产生基波电压，而其他分量的电压均可忽略。

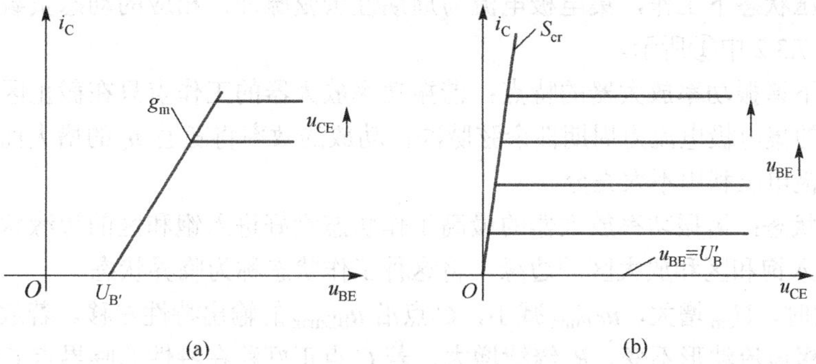

图 7.3.1　高频晶体管输入输出特性曲线

高频晶体管的动态负载线是在晶体管的特性曲线上画出的谐振功率放大器瞬时工作点的轨迹。小信号放大器负载为纯电阻，晶体管仅仅在放大区工作，因此可近似等效为一个线性元件，因此小信号放大器瞬时工作点的轨迹就是负载线，是一条直线，称为交流负载线。谐振功率放大器是非线性工作，各个区域的特性曲线方程不同，因此各个区域工作点的移动规律也不同，所以称其为动态负载线。

在以 u_{BE} 作为参变量的三极管输出特性曲线上作出的动态负载线如图 7.3.2 所示。

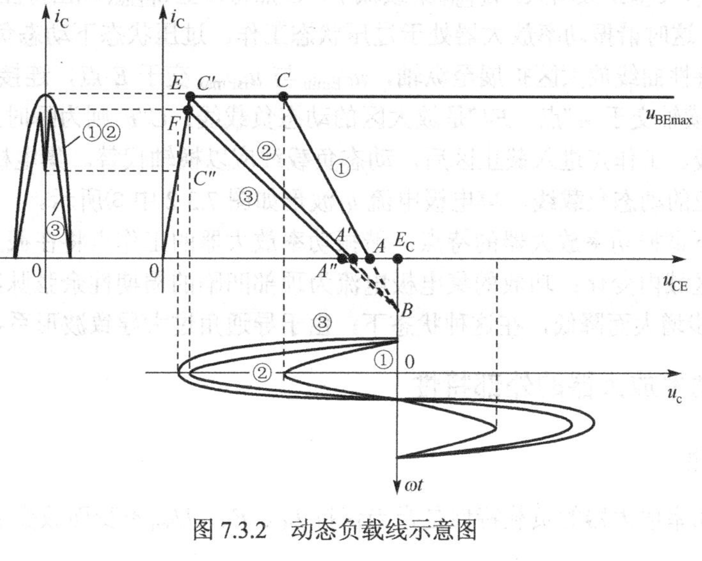

图 7.3.2　动态负载线示意图

7.3.2 谐振功率放大器的工作状态

谐振功率放大器的工作状态是根据 $u_{BE}=u_{BEmax}$、$u_{CE}=u_{CEmin}$ 时瞬时工作点 C 在晶体管特性曲线上所处位置确定的。如果 C 点落在输出特性的放大区内，则工作状态为欠压状态；如果 C 点正好落在临界点上时，则工作状态为临界状态；如果 C 点落在饱和区内，则工作状态为过压状态。谐振功率放大器的工作状态由 E_C、E_B、U_{bm}、U_{cm} 这 4 个参量共同决定，缺一不可，其中任何一个参量的变化都会改变 C 点所处的位置，工作状态也就会相应地发生变化。

（1）欠压状态：是指谐振功率放大器的最高工作状态还未进入饱和区的状态，即瞬时工作点 C 未进入饱和区的工作状态，将这种工作状态称为欠压状态。

当 R_e 比较小时，$U_{cm}=I_{c1m}R_e$ 也比较小，瞬时工作点 C 点处在输出特性的放大区，谐振功率放大器在欠压状态下工作，集电极电流为周期性余弦脉冲，相应的动态负载线、集电极电流 i_C 波形如图 7.3.2 中①所示。

欠压状态下谐振功率放大器的特点：谐振功率放大器的工作点只在截止区和线性放大区内变化；功放的集电极电流为周期性余弦脉冲；功放的效率将随着 u_c 的增大而增大，在这种状态下，集电极电压利用不太充分。

（2）临界状态：谐振功率放大器的最高工作状态刚好进入饱和区的边缘状态，即瞬时工作点 C 刚好进入饱和区和放大区的边缘，将这种工作状态称为临界状态。

当 R_e 增大时，U_{cm} 增大，u_{CEmin} 减小，C 点沿 u_{BEmax} 的输出特性左移。若放大器仍处于欠压状态，集电极电流波形不变。R_e 继续增大，若 C 点正好移在特性的临界点 C'时，放大器处于临界状态工作，集电极电流仍为周期性余弦脉冲，相应的动态负载线、集电极电流 i_C 波形如图 7.3.2 中②所示。

临界状态下谐振功率放大器的特点：谐振功率放大器的工作点只在截止区和线性放大区内变化；功放的集电极电流为周期性余弦脉冲；功放的输出功率最大，高频功放一般工作在此状态。

（3）过压状态：当谐振功率放大器的激励足够大时，功放的最高工作状态将进入饱和区，即瞬时工作点 C 在饱和区的工作状态，称为过压状态。

继续增大 R_e，U_{cm} 继续增大，u_{CEmin} 继续减小，C 点将移至 u_{BEmax} 输出特性的饱和区（图 7.3.2 中以 C''表示），这时谐振功率放大器处于过压状态工作。过压状态下动态负载线可这样得出：将 u_{BEmax} 输出特性曲线放大区扩展至纵轴，u_{CEmin} 与 u_{BEmax} 交于 E 点，连接 EB 与临界饱和线交于 F 点，与横轴交于 A''点，FA''是放大区的动态负载线，$C''F$ 则为瞬时工作点落入饱和区后的动态负载线。工作点进入截止区后，动态负载线应以横轴代替。集电极电流 i_C 波形为一凹陷脉冲，相应的动态负载线、集电极电流 i_C 波形如图 7.3.2 中③所示。

过压状态下谐振功率放大器的特点：谐振功率放大器的工作点将在截止区、线性放大区和饱和区三个区域内变化；功放的集电极电流为顶部凹陷的周期性余弦脉冲；功放的效率将随着 u_c 的进一步增大而降低，在这种状态下，由于导通角过大导致波形系数较小。

7.3.3 谐振功率放大器的外部特性

1. 负载特性

高频谐振功率放大器的负载特性是指当保持 E_C、E_B、U_{bm} 不变而改变 R_e 时，谐振功率放

大器的电流 I_{C0}、I_{c1m}，电压 U_{cm}，输出功率 P_O，集电极损耗功率 P_C，电源功率 P_D 及集电极效率 η_C 随之变化的曲线。

从上面动态特性曲线随 R_e 变化的分析可以看出，R_e 由小到大，工作状态由欠压变到临界再进入过压，相应的集电极电流由余弦脉冲变成凹陷脉冲，如图 7.3.3(a)所示。

由前面可知

$$I_{C0} = i_{Cmax}\alpha_0(\theta)$$

$$I_{c1m} = i_{Cmax}\alpha_1(\theta)$$

$$U_{cm} = I_{c1m}R_e$$

根据图 7.3.3(a)中 i_C 的变化和 R_e 变化情况可得到 I_{C0}、I_{c1m}、U_{cm} 的曲线，如图 7.3.3(b)所示。

由于 $P_D=E_C \cdot I_{C0}$，因此 P_D 的变化规律与 I_{C0} 相同。又因为

$$P_O = \frac{1}{2}I_{c1m}U_{cm}$$

因此，在欠压状态，$P_O \propto U_{cm}$，在过压状态，$P_O \propto I_{c1m}$。再根据

$$P_C = P_D - P_O$$

$$\eta_C = \frac{P_O}{P_D}$$

可得到功率、效率随 R_e 的变化曲线，如图 7.3.3(c)所示。

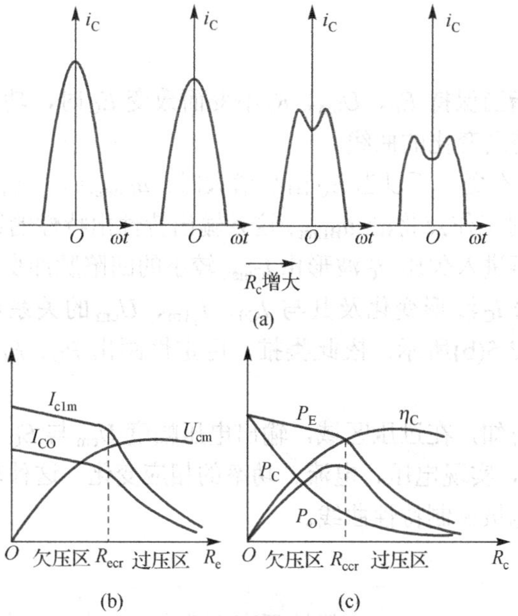

图 7.3.3　谐振功率放大器负载特性曲线

2. 放大特性

高频谐振功率放大器的放大特性是指当保持 E_C、E_B、R_e 不变，而改变 U_{bm} 时，谐振功率放大器电流 I_{C0}、I_{c1m}，电压 U_{cm} 及功率、效率的变化曲线。其放大特性曲线如图 7.3.4 所示。

i_C 波形及 I_{C0}、I_{c1m}、U_{cm}、P_O、P_D、η_C 随 U_{bm} 的变化曲线分别如图 7.3.4(a)、(b)、(c)所示。

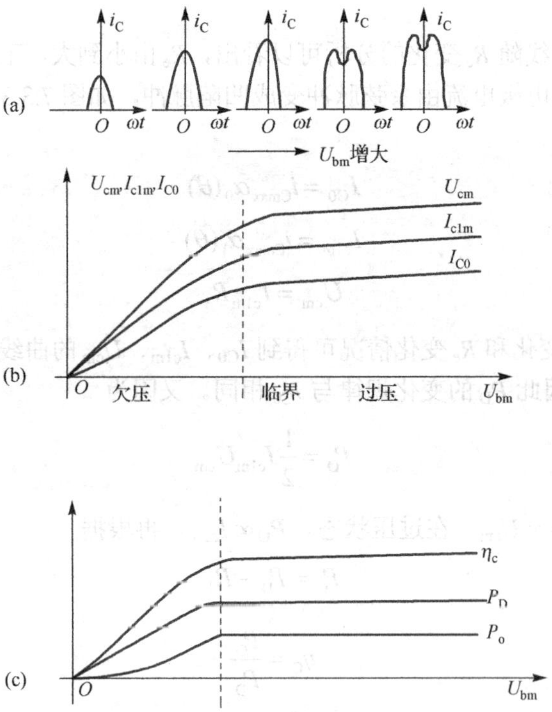

图 7.3.4　谐振功率放大器放大特性曲线

3．集电极调制特性

集电极调制特性是指当保持 E_B、U_{bm}、R_e 不变而改变 E_C 时，功率放大器电流 I_{C0}、I_{c1m}，电压 U_{cm} 及功率、效率随之变化的曲线。

由于 $u_{BEmax}=E_B+U_{bm}$ 不变，所以当 E_C 由小增大时，$u_{CEmin}=E_C-U_{cm}$ 也将由小增大，因而由 u_{CEmin}、u_{BEmax} 决定的瞬时工作点将沿 u_{BEmax} 这条输出特性由特性的饱和区向放大区移动，工作状态由过压变到临界再进入欠压，i_C 波形由 i_{Cmax} 较小的凹陷脉冲变为 i_{Cmax} 较大的尖顶脉冲，如图 7.3.5(a)所示。根据 i_C 波形变化及其与 I_{C0}、I_{c1m}、U_{cm} 的关系可画出 I_{C0}、I_{c1m}、U_{cm} 与 E_C 的关系曲线，如图 7.3.5(b)所示。依此类推，可定性画出 P_D、P_O、η_C 与 E_C 的关系曲线，如图 7.3.5(c)所示。

由集电极调制特性可知，在过压区域，输出电压幅度 U_{cm} 与 E_C 呈正比。利用这一特点，可以通过控制 E_C 的变化，实现电压、电流、功率的相应变化，这种功能称为集电极调幅，所以称这组特性曲线为集电极调制特性曲线。

4．基极调制特性

基极调制特性是指当 E_C、U_{bm}、R_e 保持不变而改变 E_B 时，功放电流 I_{C0}、I_{c1m}，电压 U_{cm} 及功率、效率的变化曲线。

当 E_B 增大时，会引起 θ、i_{Cmax} 增大，从而引起 I_{C0}、I_{c1m}、U_{cm} 增大。由于 E_C 不变，$u_{CEmin}=E_C-U_{cm}$ 则会减小，这样势必导致工作状态会由欠压变到临界再进入过压。进入过压状态后，集电极电流脉冲高度虽仍有增加，但凹陷也不断加深，其 i_C 变化波形如图 7.3.6(a)所示。根据图 7.3.6(a)，可定性画出 I_{C0}、I_{c1m}、U_{cm} 随 E_B 的变化曲线，如图 7.3.6(b)所示。P_O、P_D、η_C 随 E_B 变化的曲线，如图 7.3.6(c)所示。

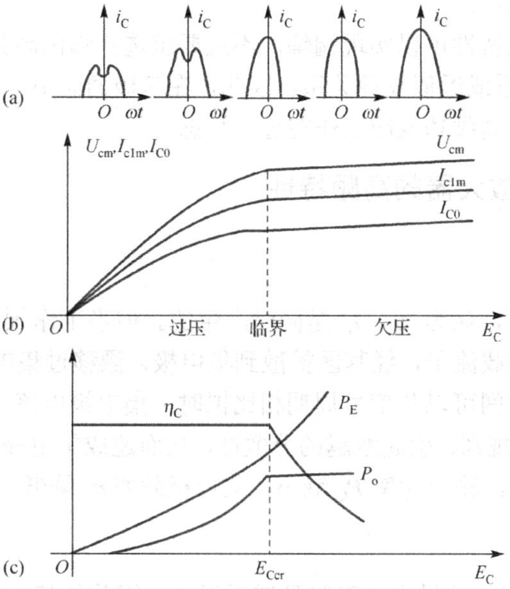

图 7.3.5　谐振功率放大器集电极调制特性曲线

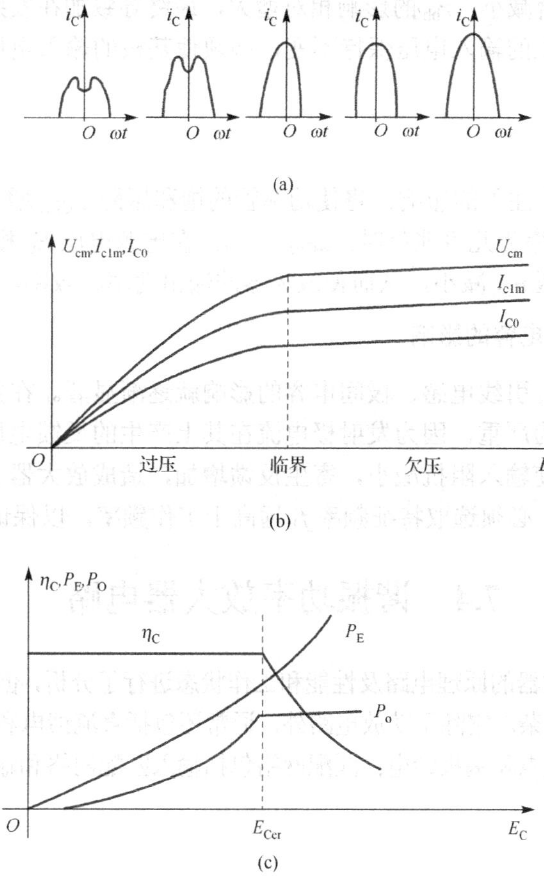

图 7.3.6　谐振功率放大器基极调制特性曲线

由图 7.3.6 可见，在欠压区域，集电极电压的幅度 U_{cm} 与 E_B 基本呈正比，利用这一特点，可通过控制 E_B 实现对电流、电压、功率的控制，称这种工作方式为基极调制，所以称这组特性曲线为基极调制特性曲线。

利用高频功放的调制特性可以实现调幅，不过要求选择输出高频信号振幅 U_{cm} 与直流电压（E_C 或 E_B）呈线性关系或近似线性关系。因此，在基极调制中，高频功放应工作在欠压状态；而在集电极调制中，高频功放应工作在过压状态。

7.3.4 高频谐振功率放大器的高频特性

1．基区渡越效应

晶体管在低频工作时，认为 i_C、i_E 是同时产生的。但当工作频率较高时，在激励电压加于输入端后，发射极发射载流子，经基区扩散到集电极，漂移过集电结，形成集电极电流 i_C。当这一渡越过程所需的时间可以与信号周期相比拟时，集电极电流 i_C 比 i_B、i_E 均要落后一相角 φ，且由于电子运动不规则，引起渡越的分散性，从而造成集电极电流脉冲峰值减小，脉冲展宽，最终导致 I_{c1m} 减小，输出功率 P_O 减小，集电极效率 η_C 降低。

2．$r_{bb'}$ 影响

当频率增高时，由于 i_C 的最大值下降且滞后于 i_E，因此使基极电流 i_B 增大，将导致 I_{b1m} 增大，发射结的阻抗显著减小，$r_{bb'}$ 的影响相对增大，最终导致加在发射结的有效输入电压下降。若要求加至发射结上的输入电压保持不变，必须使基极的输入电压增大，从而输入功率增大，功率增益下降。

3．饱和压降影响

工作频率升高加上大注入的影响，将使功率管的饱和压降 u_{CES} 增大（工作频率为几十兆赫时，$u_{CES}>3V$；工作频率为几百兆赫时，$u_{CES}>5V$）。在电源电压 E_C 相同时，饱和压降增大，导致集电极临界输出电压 u_{cm} 减小，从而使放大器的输出功率、效率、功率增益均相应减小。

4．引线电感、极间电容的影响

当工作频率更高时，引线电感、极间电容的影响就逐渐显著。在共射极放大电路中，发射极引线电感的影响最为严重，因为发射极电流在其上产生的反馈电压将导致增益和输出功率的下降。极间电容将使输入阻抗减小，寄生反馈增加，造成放大器工作不稳定。因此，在设计谐振功率放大器时，必须选取特征频率 f_T 远高于工作频率，以保证正常工作。

7.4 谐振功率放大器电路

前文对谐振功率放大器的原理电路及性能和工作状态进行了分析，但实际的谐振功率放大器电路往往要比原理电路复杂。它除了功放电路外，通常还包括直流馈电和匹配网络两个部分，其中直流馈电包括集电极馈电和基极馈电；匹配网络包括输入匹配网络和输出匹配网络。

7.4.1 直流馈电线路

直流电源加到功放管各极上去的线路称为直流馈电线路。直流馈电线路包括集电极馈电线路和基极馈电线路。下面结合集电极馈电线路和基极馈电线路说明旁路电容 C_c、扼流圈 L_c 的应用方法。

1. 集电极馈电线路

馈电原则：直流能量能有效地加到功放管的集电极和发射极之间，而不能再有其他耗损；高频基波分量应有效地流过负载回路，除了回路应尽可能小地消耗基波分量能量外，还应有效地消除高频谐波分量；输送到负载上的谐波分量应尽可能小；直流电源及馈电元件的接入应尽可能减小分布参数的影响。

集电极馈电线路的两种形式：串联馈电线路和并联馈电线路。

（1）串联馈电线路

晶体管、电源、谐振回路三者是串联连接的，故称为串联馈电线路，如图 7.4.1(a)所示。图中，V_{CC}、L_c、C_c 处于高频地电位，使得回路不容易受分布参数影响。

集电极中的直流电流从 V_{CC} 经扼流圈 L_c 和回路电感 L 流入集电极，经发射极回到电源负端；从发射极出来的高频电流经过旁路电容 C_c 和谐振回路再回到集电极。L_c 的作用是阻止高频电流流过电源，因为电源有内阻，高频电流流过会损耗功率，而且当多级放大器公用电源时，会产生不希望的寄生反馈。C_c 的作用是提供交流通路，C_c 产生的阻抗要远小于回路的高频阻抗。为有效地阻止高频电流流过电源，L_c 呈现的阻抗应远大于 C_c 的阻抗。

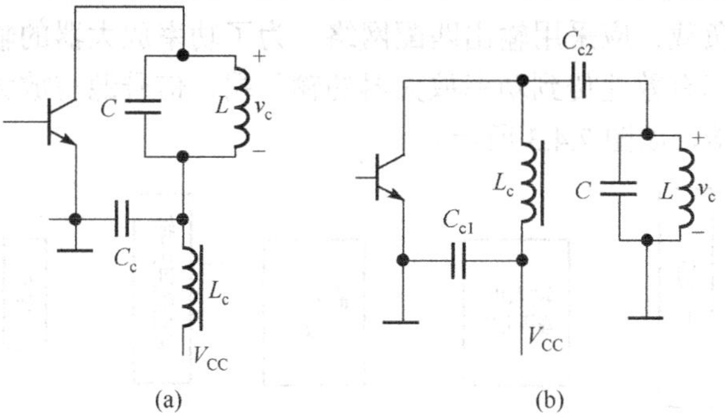

图 7.4.1　集电极馈电线路

（2）并联馈电线路

晶体管、电源、谐振回路三者是并联连接的，故称为并联馈电线路。如图 7.4.1(b)所示。图中，回路一端为直流地电位，L、C 元件一端可以接地，安装方便。由于正确使用了扼流圈 L_c 和耦合电容 C_{c1} 和 C_{c2}，图 7.4.1(b)中交流有交流通路，直流有直流通路，并且交流不流过直流电源。需要指出的是，图 7.4.1 中无论何种馈电形式，均有 $u_{ce}=U_{CC}-u_c$。

2. 基极馈电线路

基极馈电线路也有串联和并联两种形式。图 7.4.2(a)中，输入信号、R_B 上的压降构成直流自偏压、三极管的输入端三者相互并联，称为并联馈电电路；图 7.4.2(b)中，输入信号、R_E 上的压降构成直流自偏压、三极管的输入端三者相互串联，称为串联馈电路。图 7.4.2(c)与图 7.4.2(a)类似，由 L_B 自身压降构成较小近乎为零的自偏压，也属于并联馈电电路。

图中，L_B 、C_B 及自偏压组成馈电电路，L_B 对直流信号相当于短路，对交流信号相当于开路；而 C_B 对直流信号相当于开路，对交流信号相当于短路，给交流信号提供通路。偏压没有通过外加电源提供，而是由基极直流偏置流过 R_B 产生的压降或发射极直流电压流过 R_E 产生的压降，这种提供偏置电压的方式称为自给偏压。自给偏压的优点是偏压能随激励大小变化，使晶体管的各极电流受激励变化的影响减小，电路工作较稳定。

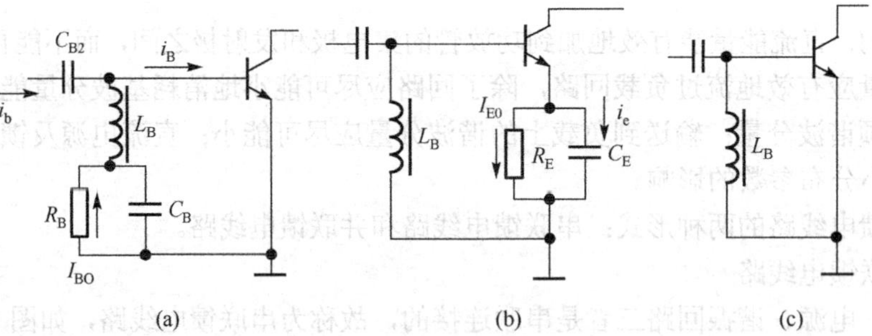

图 7.4.2　基极馈电线路

7.4.2　匹配滤波网络

高频功率放大器中都要采用一定形式的回路，以使它的输出功率能有效地传输到负载。这种保证外负载与谐振功率放大器最佳工作要求相匹配的网络常称为匹配网络。如果谐振功率放大器的负载是下级放大器的输入阻抗，应采用级间耦合网络；如果谐振功率放大器的负载是天线或其他终端负载，应采用输出匹配网络。为了功率放大器的输出功率有效地传给负载，或将信号源的功率有效地传到功率放大器的输入端，信号源与放大器及放大器与负载都应通过匹配网络来连接，如图 7.4.3 所示。

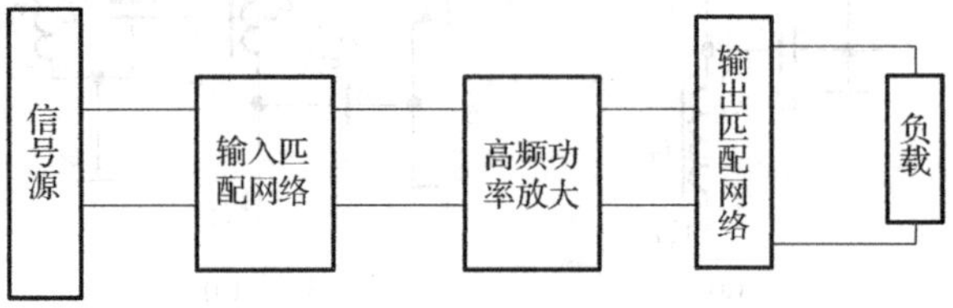

图 7.4.3　匹配滤波网络示意图

输出匹配网络介于功率管和外接负载之间，对它的主要要求如下。

（1）匹配网络应有选频作用，充分滤除不需要的直流和谐波分量，以保证外接负载上仅输出高频基波功率。通常，滤波性能的好坏用滤波度 Φ_n 表示，即

$$\Phi_n = \frac{I_{cnm}/I_{c1m}}{I_{Lnm}/I_{L1m}}$$

式中，I_{c1m}、I_{cnm} 分别表示集电极电流脉冲中基波分量及 n 次谐波分量的幅度；I_{L1m}、I_{Lnm} 则表示外接负载中电流基波分量及 n 次谐波分量的幅度。Φ_n 越大，滤波性能越好。

（2）匹配网络还应具有阻抗变换作用，即把实际负载 Z_L 的阻抗转变为纯阻性，且其数值应等于谐振功率放大器所要求的负载电阻值，以保证放大器工作在所设计的状态。若要求大功率、高效率输出，则应工作在临界状态，因而需将外接负载变换到临界负载电阻。

（3）匹配网络应能将功率管给出的信号功率高效率传送到外接负载 R_L 上，即要求匹配网络的效率高。

（4）在有 n 个电子器件同时输出功率的情况下，应保证它们都能有效地传送功率给公共负载，同时又要尽可能地使这几个电子器件彼此隔离，互不影响。

图 7.4.4 所示为几种常用的 LC 匹配网络。它们是由两种不同性质的电抗元件构成的 L 形、T 形、π 形的双端口网络。由于 LC 元件消耗功率很小，故可以高效地传输功率。同时，由于 LC 匹配网络对频率具有选择作用，因此，它们属于窄带性质的匹配网络。关于 LC 匹配电路的参数计算内容前面已做叙述，这里不再介绍。

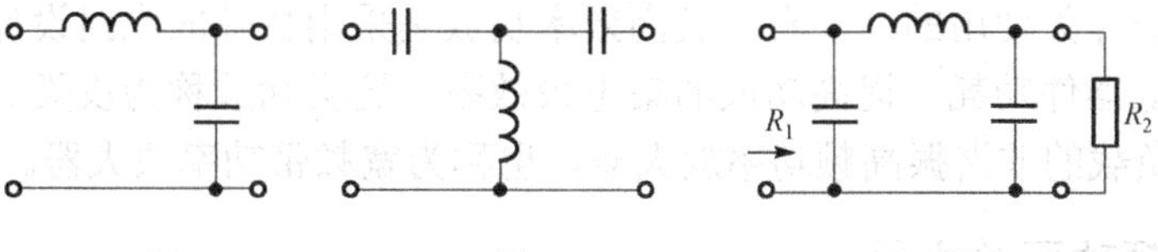

图 7.4.4　常用 LC 匹配网络

图 7.4.5 所示为一固定频率的超短波输出放大器的实际 LC 匹配网络电路，其中，C_1、C_2、L_1 构成π形匹配网络，L_2 是为抵消天线的容抗而设立的。

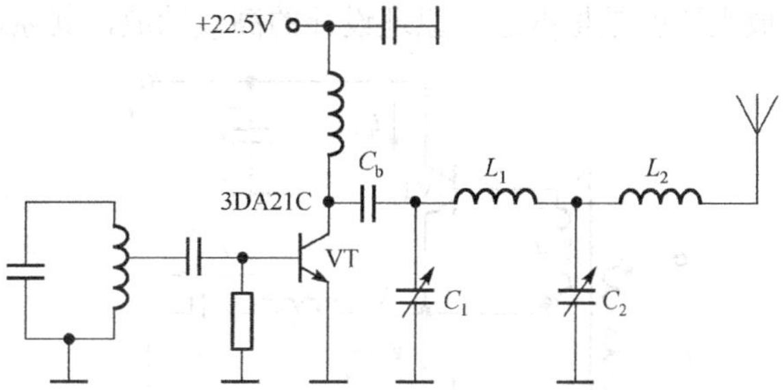

图 7.4.5　实际 LC 匹配网路电路

此外，通常还有采用互感耦合回路作为匹配网络的谐振功率放大器，它可以实现多波段工作，实际电路如图 7.4.6 所示。

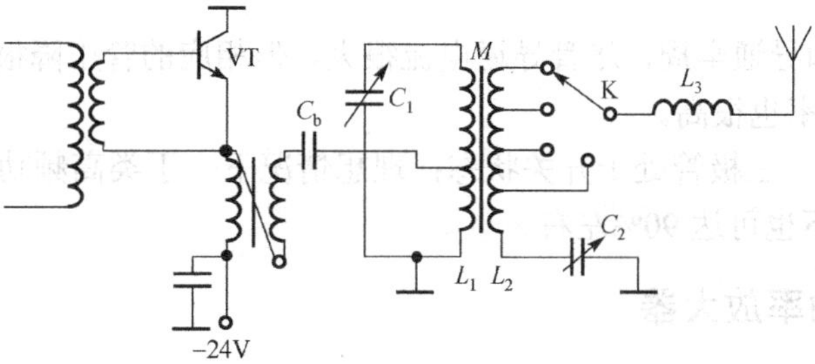

图 7.4.6　实际 LC 匹配网路电路

除上述电路，在高频功放中，不论是输出级还是中间级，有时会采用与低频功放类似的推挽连接线路，其主要目的也是提高输出功率。

7.5　其他高频功率放大电路

高频功率放大器的主要任务是如何尽可能地提高其输出功率与效率。甲、乙、丙类放大器就是沿着不断减小电流通角来不断提高放大器效率的。电流导通角的减小是有一定限度的。

因为电流导通角太小时，效率虽然很高，但因基波电流下降太多，输出功率反而下降。要想维持基波电流不变，就必须加大激励电压，这又可能因激励电压过大，而引起管子的击穿。

对高频功率放大器的主要要求是获得足够高的效率和足够大的功率。在提高效率方面，除了前面所讲的丙类高频功放外，近年来又出现了丁类、戊类等功率放大器，它们采用固定 θ_c 为 90°，但尽量降低管子的耗散功率的办法，来提高功率放大器的效率。

两大类高效率的高频功率放大器，一类是丁类开关型高频功放，这里有源器件不是作为电流源，而是作为开关使用的；还有一类高效率功放是采用特殊的电路设计技术设计功放的负载回路，以降低器件功耗，提高功放的集电极效率，这类功放称为戊类高频功放。此外，还有以传输线为负载的非谐振高频功率放大器，也称为宽频带功率放大器。

7.5.1 丁类高频功率放大器

在丙类高频功放中，提高集电极效率 η_C 是依靠减小集电极电流的导通角 θ 来实现的。这使集电极电流只在集电极电压 u_{CE} 为最小值附近的一段时间内导通，从而减小了集电极损耗，提高了集电极效率。若能使集电极电流导通期间，集电极电压为零或接近于零，则就可以进一步提高效率。丁类功率放大器就是根据这一原理设计的高效功放，其原理电路如图 7.5.1 所示。

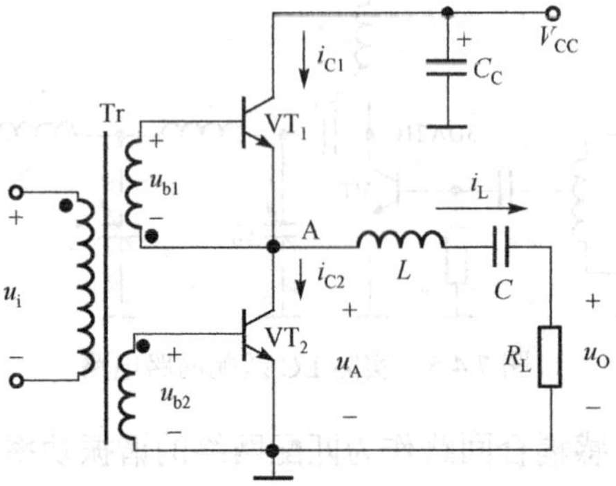

图 7.5.1 丁类高频功率放大器原理电路

VT_1、VT_2 各饱和导通半周，尽管导通电流很大，但相应的管压降很小，这样每管的管耗就很小，放大器的效率也很高。

丁类放大电路中，三极管处于开关状态；理想情况下，丁类高频功率放大电路的效率可达 100%，实际情况下也可达 90%左右。

7.5.2 戊类高频功率放大器

戊类功率放大电路，三极管单管处于开关状态，其特点是选取适当的负载网络参数，使它的瞬态响应最佳。在开关导通或断开的瞬间，只有当器件的电压或电流降为零后，才能导通或断开。这样，即使开关转换时间与工作周期比较长，也能避免在开关器件内同时产生大的电压或电流，避免了在开关转换瞬间器件的功耗，从而克服了丁类放大器的缺点。

7.5.3 宽带高频功率放大器

匹配负载由非谐振网络构成的放大器，称为非谐振功率放大器。非谐振匹配网络通常为传输线变压器。用传输线变压器作为匹配负载的功率放大器，其上限工作频率可以到几百兆赫乃至上千兆赫，因此这种非谐振功率放大器也称为宽带高频功率放大器。因为这种放大器不需要调谐，在整个通频带内都能获得较好的线性放大，所以它特别适合于频率相对变化范围较大和经常需要更换频率的发射机。

从前面的章节可知，传输线变压器对不同频率是以不同的方式传输能量的，对输入信号的高频频率分量以传输线模式传输为主；对输入信号的低频频率分量以变压器模式传输为主，频率愈低，变压器模式愈突出。因此，其工作频带宽，频率覆盖系数可达 10^4，而普通高频变压器的频率覆盖系数只有几百或几千。通带的低频范围得到扩展，这是依靠高磁导率的磁芯获得很大的初级电感的结果。通带的上限频率不受磁芯上限频率的限制，由于高频是以传输线的原理传输能量的。大功率运用时，可以采用较小的磁环也不致使磁芯饱和与发热，因而减小了放大器的体积。图 7.5.2 所示为传输线变压器两种等效电路图。

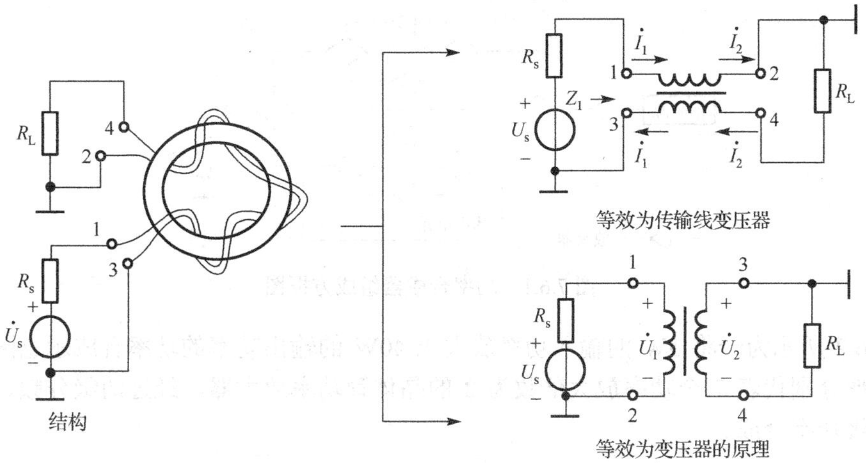

图 7.5.2 传输线变压器等效电路图

图 7.5.3 给出了一个两级宽带高频功率放大电路，其匹配网络采用了三个传输线变压器。由图可见，两级功放都工作在甲类状态，并采用本级直流负反馈方式展宽频带，改善非线性失真。三个传输线变压器均为 4:1 阻抗变换器。前两个级联后作为第一级功放的输出匹配网络，总阻抗比为 16:1，使第二级功放的低输入阻抗与第一级功放的高输出阻抗实现匹配。第三个使第二级功放的高输出阻抗与 50Ω 的负载电阻实现匹配。

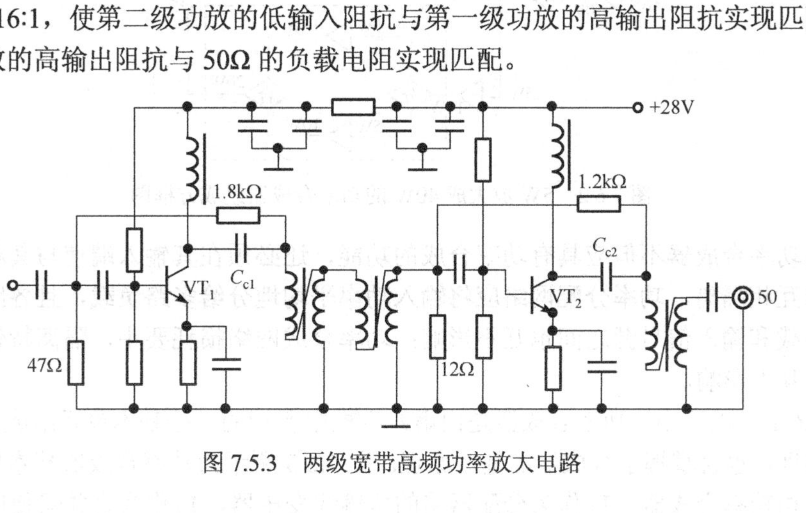

图 7.5.3 两级宽带高频功率放大电路

7.6 功率合成技术

实际应用中，往往需要高频功率放大器输出大功率，由于技术上的限制和考虑，单个高频晶体管的输出功率一般只限于几十瓦至几百瓦，单个功率管无法满足实际输出功率的要求。这时，可利用多个功率放大电路对同一个输入信号进行放大，将各功率放大器的输出功率在一个公共的负载上叠加，得到一个远远大于单管输出的功率，这便是功率合成技术。利用功率合成技术可以获得几百瓦甚至上千瓦的高频输出功率。

图 7.6.1 所示为常用的功率合成器组成方框图。图上除了信号源和负载外，还采用了两种基本器件：一种是用三角形代表的晶体管功率放大器（有源器件），另一种是用菱形代表的功率分配和合并电路（无源器件）。在所举的例子中，输出级采用了 4 个晶体管。根据同样原理，也可扩展至 8 个、16 个，甚至更多的晶体管。

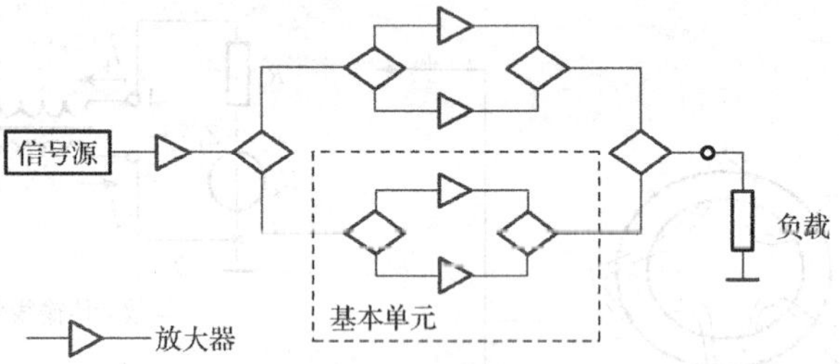

图 7.6.1 功率合成器组成方框图

图 7.6.2 所示为一将 5W 的输入功率放大成 40W 的输出功率的功率合成示意图。图中，空白三角形分别代表 7 个功率放大倍数为 2 的晶体管功率放大器，经过两级分频、三级功率放大、两级功率合成。

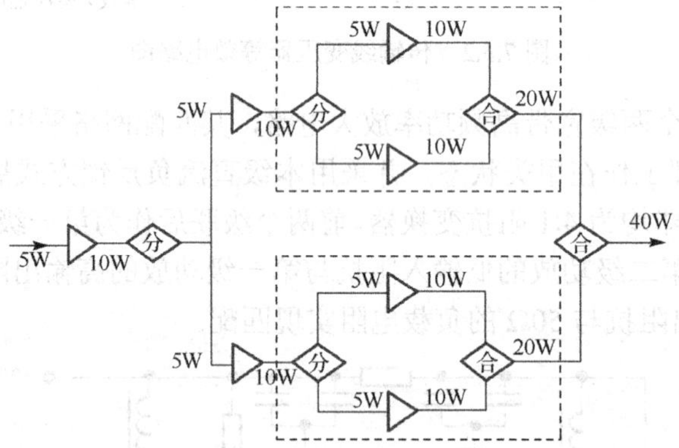

图 7.6.2 5W 放大成 40W 的功率合成器组成方框图

理想的功率合成器不但应具有功率合成的功能，还必须在其输入端使与其相接的前级各功率放大器互相隔离，功率分配网络应将输入功率平均地分给多路负载，且各路负载之间互不影响，负载和输入信号源之间也互不影响；功率合成网络损耗要小，隔离特性要好，使两路输入信号互不影响。

由图 7.6.1 可以看出，功率合成器是由虚线方框中所示的一些基本单元组成的，掌握它们的线路和原理，也就掌握了合成器的基本原理。图 7.6.3 所示为功率合成器基本单元的一种线路，称为同相功率合成器。T_1 作为分配器用的传输线变压器，T_2 作为合并器使用。

图 7.6.4 所示为反相功率合成器的原理线路。这种放大器的工作原理和推挽功率放大器基本相同。其也具有上述同相功率合成器的特点，即不会因一个晶体管性能变化或损坏而影响另一晶体管正常安全工作。

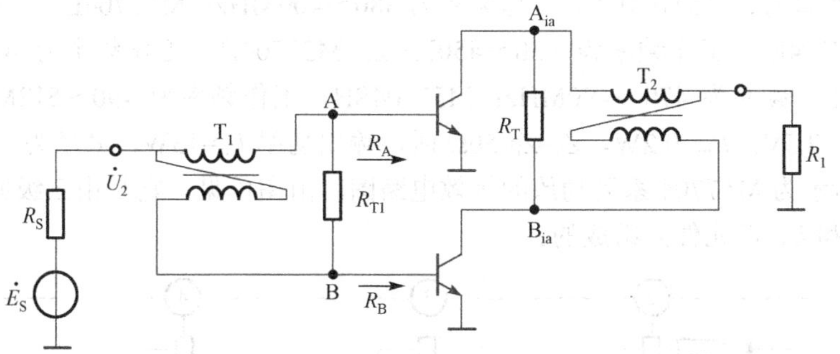

图 7.6.3　同相功率合成器

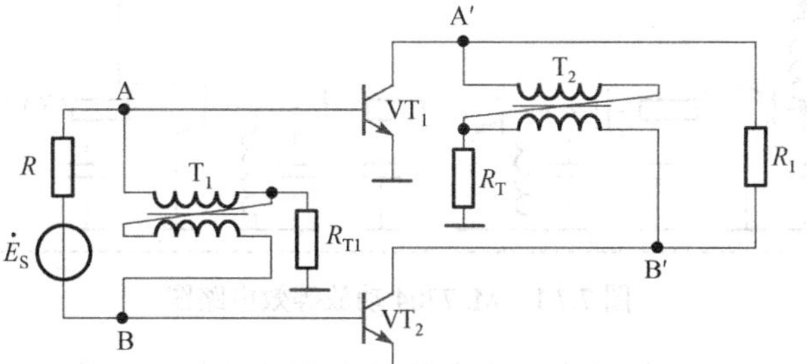

图 7.6.4　反相功率合成器

图 7.6.5 所示为一反相功率合成器的实际线路。它工作频率为 1.5～18MHz，输出功率为 100W。线路中用了不少传输线变压器。其中 T_2 和 T_7 作为输入端和输出端的分配器和合并器；T_1 和 T_8 作为不平衡-平衡的变换器；T_5 和 T_6 作为阻抗变换器；T_3 作为反相激励的阻抗变换器。由图可以看出，每个晶体管的最佳负载阻抗约为 9.25Ω。

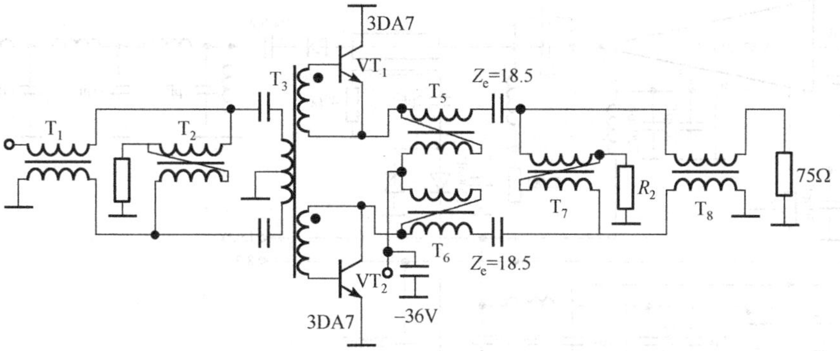

图 7.6.5　反相功率合成器实际线路

7.7　集成功率放大电路

随着半导体技术的发展，出现了一些集成高频功率放大器件。这些功放器件体积小、可靠性高、外接元件少，输出功率一般在几瓦至十几瓦之间。如日本三菱公司的 M57704 系列、美国 Motorola 公司的 MHW 系列便是其中的代表产品。

三菱公司的 M57704 系列高频功放是一种厚膜混合集成电路，可用于频率调制移动通信系统。包括多个型号：M57704UL，工作频率为 380～400MHz；M57704L，工作频率为 400～420MHz；M57704M，工作频率为 430～450MHz；M57704H，工作频率为 450～470MHz；M57704UH，工作频率为 470～490MHz；M57704SH，工作频率为 490～512MHz。电特性参数为：当 V_{CC}=12.5V，P_{in}=0.2W，Z_o=Z_i=50Ω 时，输出功率 P_o=13W，效率为 30%～40%。

图 7.7.1 所示为 M57704 系列功放的等效电路图。由图可见，它是由三级放大电路、匹配网络（微带线和 *L*、*C* 元件）组成的。

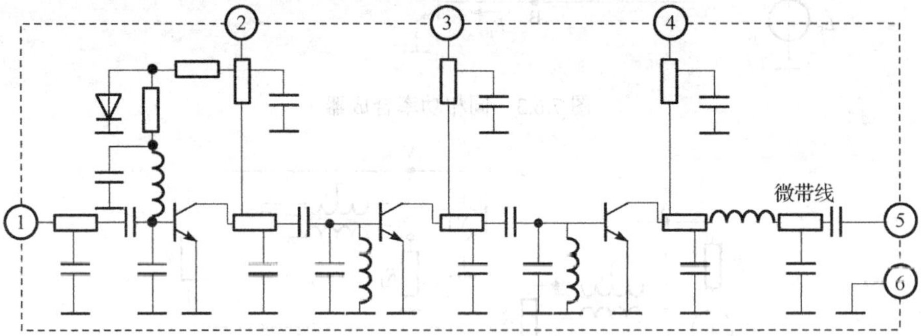

图 7.7.1　M57704 功放等效电路图

图 7.7.2 所示为 TW-42 超短波电台中发信机高频功放部分电路图。TW-42 电台采用频率调制，工作频率为 457.7～458MHz，发射功率为 5W。由图 7.7.2 可见，输入等幅调频信号经 M57704H 功率放大后，一路经微带线匹配滤波后，再经过 VD115 送多节 LC 形网络，然后由天线发射出去；另一路经 VD113、VD114 检波，V104、V105 直流放大后，送给 V103 调整管，然后作为控制电压从 M57704H 的第②脚输入，调节第一级功放的集电极电源，这样可以稳定整个集成功放的输出功率。第二、三级功放的集电极电源是固定的 13.8V。TW-42 电台采用频

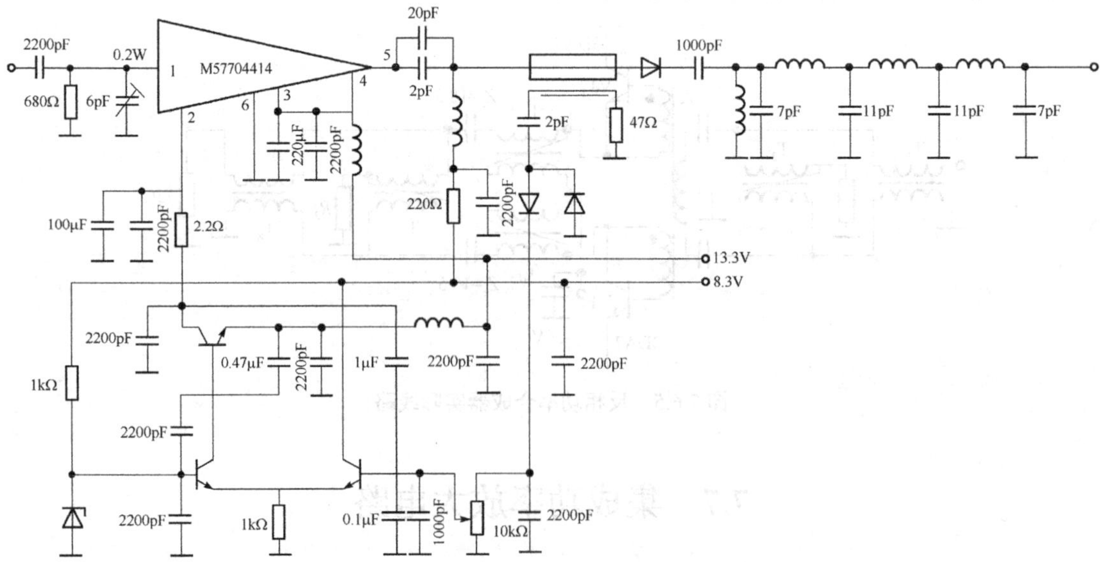

图 7.7.2　TW-42 超短波电台中发信机高频功放部分电路图

率调制，工作频率为457～458MHz，发射功率为5W。由图可见，输入等幅调频信号经M57704H功率放大后，一路经微带线匹配滤波后，再经过V115送多节LC的π形网络，然后由天线发射出去；另一路经V113、V114检波，V104、V105直流放大后，送给V103调整管，然后作为控制电压从M57704H的第②脚输入，调节第一级功放的集电极电源，可以稳定整个集成功放的输出功率。第二、三级功放的集电极电源是固定的13.8V。

7.8　实验六：高频功放的实际电路举例

图7.8.1所示为工作频率为50 MHz的典型晶体管谐振功率放大电路，基极馈电方式采用并联馈电，基极偏压靠L_B的直流电阻上产生的压降提供，集电极也采用并联馈电电路，C_1、C_2、L_1组成输入匹配网络，调节C_1、C_2完成滤波的同时，可实现功率放大器与信号源的匹配；输出匹配网络由L_2、L_3、C_3、C_4构成，调节C_3、C_4完成滤波的同时，可实现功率放大器与负载之间的匹配，保证功率放大器传给负载的功率最大。它向50Ω外接负载提供25W功率，功率增益达7dB。

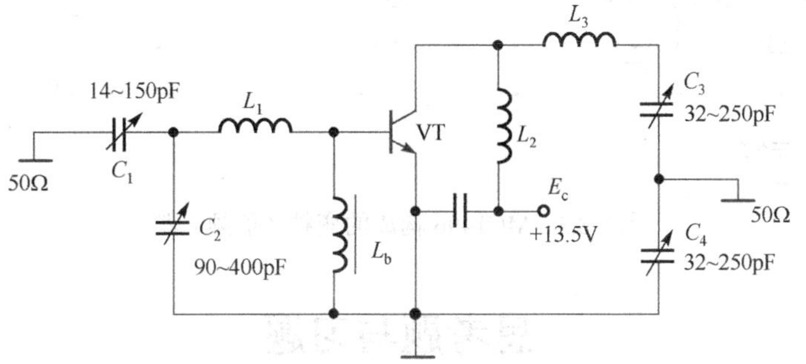

图7.8.1　工作频率50MHz晶体管谐振功放电路

图7.8.2所示为一工作频率为160MHz的谐振功率放大器，它向50Ω的外接负载提供13W功率，功率增益为9dB。由图可见，基极采用自给偏置，由高频扼流圈L_B中的直流电阻产生很小的负偏压E_B。集电极采用并馈，L_C为高频扼流圈，C_C为旁路电容。在放大器输入端采用T形匹配网络，调节C_1、C_2使得功率管的输入阻抗在工作频率上，变换为前级放大器所要求的50Ω匹配电阻。放大器的输出端采用L形匹配网络，调节C_3、C_4，使得50Ω的外接负载电阻在工作频率上，变换为放大器所要求的匹配电阻。

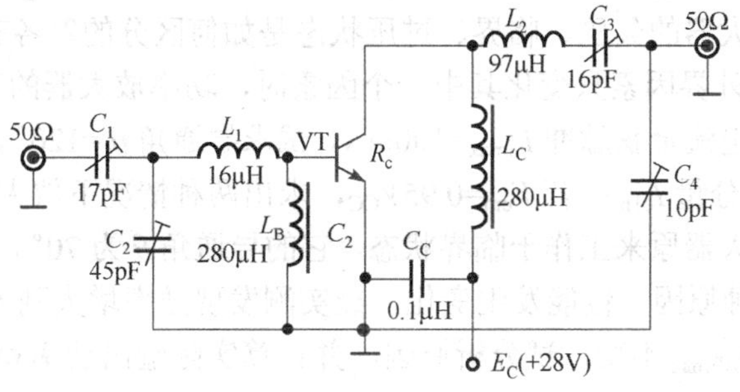

图7.8.2　工作频率160MHz晶体管谐振功放电路

在无线电发射机中，经常用倍频器提高载波信号的频率或增大调频信号的频偏，其输出信号的频率是输入信号频率的整数倍。如果将高频功率放大器的 LC 电路调谐在谐波频率上，则电路便能够实现倍频，称该倍频器为丙类倍频器。

丙类倍频器的倍频次数不宜太高，应用时一般限于 2～3 倍，由于其输出电压幅度与输入电压幅度的关系不是线性关系，因此不能用来对调幅信号倍频，但可以对等幅信号倍频。图 7.8.3 所示为用 MC1496 构成的变频（倍频）电路，输入信号从 MC1496 的 1 脚或 10 脚输入，变频（倍频）后从 6 脚输出，50kΩ 的电位器用来调节平衡，保证输出信号中有一定频率的信号。

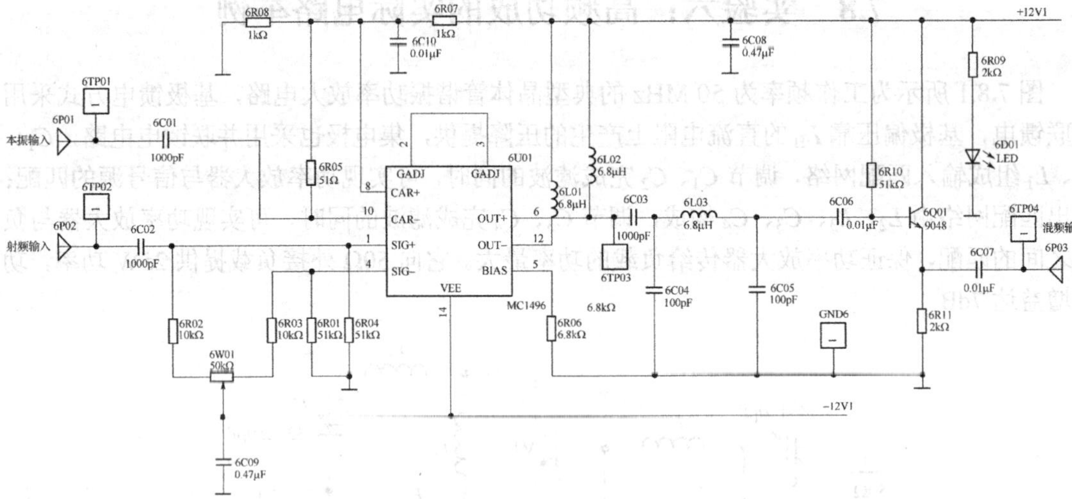

图 7.8.3 MC1496 构成的变频（倍频）器

思考题与习题

7.1 为什么高频功率放大器一般工作于丙类状态？为什么采用谐振回路作为负载？为什么要调谐在工作频率上？回路失谐将产生什么结果？

7.2 为什么谐振功率放大器能工作于丙类，而电阻性负载功率放大器不能工作于丙类？

7.3 放大器工作于丙类比工作于甲、乙类有何优点？为什么？丙类工作的放大器适宜于放大哪些信号？

7.4 某一 3DA4 高频功率晶体管的饱和临界线跨导 g_{cr}=0.8S，用它做成谐振功率放大器，选定 V_{CC}=24V，θ=70°，I_{cm}=2.2A，并工作于临界状态，试计算：R_{Σ}、P_D、P_O、P_C 和 η_C。

7.5 高频功率放大器的欠压、临界、过压状态是如何区分的？各有什么特点？当 V_{CC}、V_{cm}、V_{BB} 和 R_{Σ} 这 4 个外界因素只变化其中一个因素时，功率放大器的工作状态如何变化？

7.6 已知集电极电流余弦脉冲 i_{Cmax}=100mA，试求导通角 θ=120°，θ=70° 时集电极电流的直流分量 I_{C0} 和基波分量 I_{c1m}；若 V_{cm}=0.95V_{CC}，求出两种情况下放大器的效率各为多少？

7.7 谐振功率放大器原来工作于临界状态，它的导通角 θ 为 70°，输出功率为 3W，效率为 60%，后来由于某种原因，性能发生变化，经实测发现效率增大到 68%，而输出功率明显下降，但 V_{CC}、V_{cm}、v_{BEmax} 不变，试分析原因，并计算实际输出功率和导通角 θ。

7.8 谐振功率放大器原工作于欠压状态，现在为了提高输出效率，将放大器调整到临界状态。试问，可分别改变哪些量来实现？当改变不同的量调到临界状态时，放大器的输出功率是否一样大？

7.9　谐振功率放大器工作于临界状态。已知 V_{CC}=18V，g_{cr}=0.6 S，θ=90°，若 P_O=1.8W，试计算 P_D、P_C、η_C 和 R_Σ。若 θ 减小到 80° 时，各量又为何值？

7.10 试回答下列问题：

（1）利用功放进行振幅调制时，当调制的音频信号加在基极或集电极上时，应如何选择功放的工作状态？

（2）利用功放放大振幅调制信号时，应如何选择功放的工作状态？

（3）利用功放放大等幅已调的信号时，应如何选择功放的工作状态？

7.11　设一谐振功率放大器的谐振回路具有理想的滤波性能，在过压状态下集电极脉冲电流波形为什么会中间凹陷？

7.12　谐振功率放大器工作在欠压区，要求输出功率 P_O=5W。已知 V_{CC}=24V，$V_{BB}=V_{BE(on)}$，$R_\Sigma=53\ x_o=g(x_i)$，设集电极电流为余弦脉冲，即

$$i_C=\begin{cases} i_{Cmax}\cos\omega t, & v_b>0 \\ 0, & v_b\leqslant 0 \end{cases}$$

试求电源供给功率 P_D、集电极效率 η_C。

7.13　一谐振功率放大器，设计在临界状态，经测试得输出功率 P_O 仅为设计值的 60%，而 I_{C0} 却略大于设计值。试问该放大器处于何种状态？分析产生这种状态的原因。

7.14　设两个谐振功率放大器具有相同的回路元件参数，它们的输出功率 P_O 分别为 1W 和 0.6W。现若增大两放大器的 V_{CC}，发现其中 P_O=1W 的放大器输出功率增加不明显，而 P_O=0.6W 放大器的输出功率增加明显，试分析其原因。若要增大 P_O=1W 放大器的输出功率，试问还应同时采取什么措施（不考虑功率管的安全工作问题）？

7.15　谐振功率放大器电路如题 7.15 图所示，试从馈电方式、基极偏置和滤波匹配网络等方面分析电路的特点。

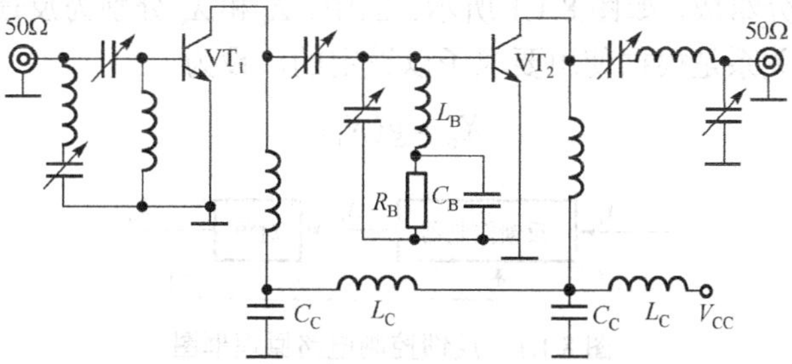

(a)

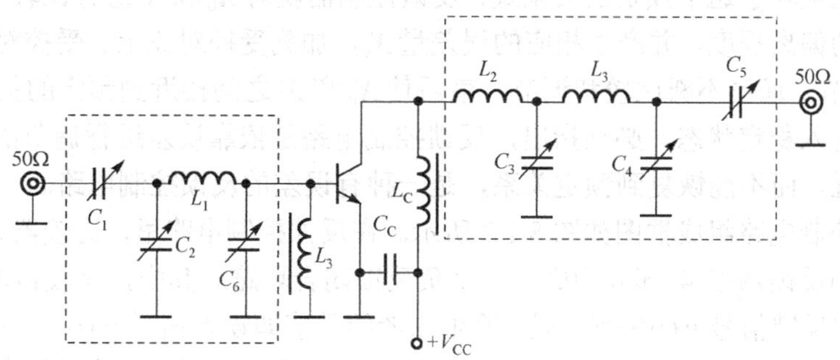

(b)

题 7.15 图

*第 8 章　反馈控制电路

8.1　反馈控制电路概述

自动反馈控制电路的作用是提高通信质量、改善其性能指标、使通信系统和电子设备在不同的工作条件下某个性能指标满足需要的精度或特定的要求，具体就是，在系统受到干扰或不同的环境下输出保持相对稳定，它是现代通信系统工程中的一种重要技术手段。

根据控制对象参量的不同，反馈控制电路可分为以下三类。

（1）自动电平控制（Automatic Level Control，ALC）电路，主要用于接收机中，以维持整机输出电平恒定。常见的自动电平控制电路用于调幅接收机时，称为自动增益控制（Automatic Gain Control）电路，简称为 AGC 电路，它要求输入信号变化时，输出信号幅度能自动保持恒定。

（2）自动频率控制（Automatic Frequency Control，AFC）电路，用于维持电子设备的工作频率稳定。

（3）自动相位控制（Automatic Phase Control，APC）电路，又称为锁相环（Phase Locked Loop，PLL），用于锁定相位，能够实现许多功能，是应用最广的一种反馈控制电路。

这些控制电路都是运用反馈的原理，因而可统称为反馈控制电路（Feedback Control Circuit）。各种反馈控制电路，就其作用原理而言，都可视为自动调节系统，它由反馈控制电路和受控制对象两部分组成，如图 8.1.1 所示。图中，X_i 和 X_o 分别为反馈控制电路的输入量和输出量，它们之间的关系是根据使用要求予以设定的，设为

$$X_o = g(X_i) \tag{8.1.1}$$

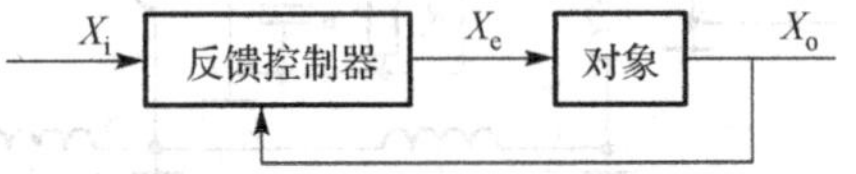

图 8.1.1　反馈控制电路原理框图

若某种原因破坏了这个预定的关系式，反馈控制器就对 X_o 和 X_i 进行比较，检测出它们与预定关系之间的偏离程度，并产生相应的误差量 X_e，加到受控对象上。受控对象根据 X_e 对输出量 X_o 进行调节。通过不断比较和调节，最后使 X_o 和 X_i 之间接近到预定的关系式（8.1.1），反馈控制电路进入稳定状态。必须指出，反馈控制电路是依靠误差进行调节的，因而，X_o 和 X_i 之间只能接近，而不能恢复到预定关系，是一种有误差的反馈控制电路。

具体反馈控制电路组成框图如图 8.1.2 所示。在反馈控制电路里，比较器、控制信号发生器、可控器件和反馈网络 4 部分构成了一个负反馈闭合环路。其中，比较器的作用是将外加参考信号 $u_r(t)$和反馈信号 $u_f(t)$进行比较，输出二者的差值即误差信号 $u_e(t)$，然后经过控制信号发生器送出控制信号 $u_c(t)$，对可控器件的某一特性进行控制（这个被控制的特性就决定了反馈电路的类型，如控制频率的就是 AFC）。对于可控器件，或者是其输入/输出特性受控制信

号 $u_c(t)$的控制（如可控增益放大器），或者是在不加输入的情况下，本身输出信号的某一参量受控制信号 $u_c(t)$的控制（如压控振荡器）。而反馈网络的作用是在输出信号 $u_o(t)$中提取所需要进行比较的分量，并送入比较器。

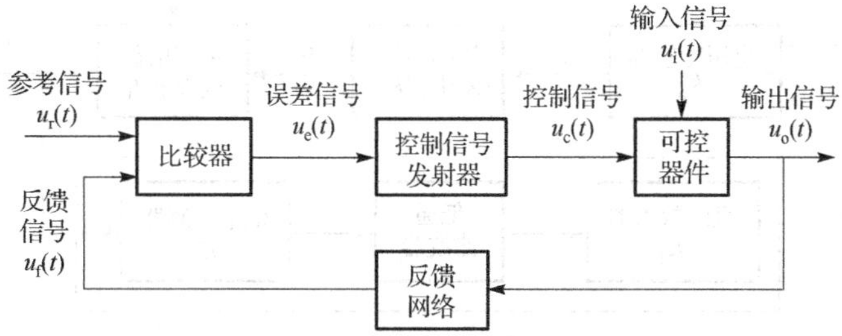

图 8.1.2　具体反馈控制电路组成框图

反馈控制电路的类型不同，需要比较和调节的参量就不同。根据输入比较信号参量的不同，图中的比较器可以是电压比较器、频率比较器（鉴频器）或相位比较器（鉴相器）三种，所以对应的 $u_r(t)$和 $u_f(t)$可以是电压、频率或相位参量。误差信号 $u_e(t)$和控制信号 $u_c(t)$一般是电压。可控器件的可控制特性一般是增益、频率或相位，所以输出信号$u_o(t)$的量纲是电压、频率或相位。自动电平控制电路需要比较和调节的参量为电压（电流）；自动频率控制电路需要比较和调节的参量为频率；自动相位控制电路需要比较和调节的参量为相位。

下面重点介绍三种反馈控制电路的工作原理及其典型电路。

8.2　自动电平控制电路

在通信、导航、遥测遥控系统中，由于受发射功率大小、收发距离远近、电波传播衰落等各种因素的影响，接收机所接收的信号强弱变化范围很大，信号最强时与最弱时可相差几十分贝。如果接收机电平不变，则信号太强时会造成接收机饱和或阻塞，而信号太弱时又可能被丢失。因此，必须采用自动电平控制电路，使接收机的电平随输入信号的强弱而变化。这是接收机中几乎不可缺少的辅助电路。在发射机或其他电子设备中，自动电平控制电路也有广泛的应用。

自动电平控制（ALC）电路广泛用于各种电子设备中，它的基本作用就是减小因各种因素引起系统输出信号电平的变化。

常见的自动电平控制电路用于调幅接收机时，称为自动增益控制（Automatic Gain Control）电路，简称为 AGC 电路。

自动增益控制电路的作用是：当输入信号电压在很大范围变化时，保持接收机输出电压几乎不变。具体地说，当输入信号很弱时，接收机的增益大，自动增益控制电路不起作用。而当输入信号很强时，自动增益控制电路进行控制，使接收机的增益减小。这样，当信号场强变化时，接收机输出端的电压或功率几乎不变。

自动增益控制电路在输出电压幅度因为某种原因超过某一定值时，输出电压经振幅检波、直流放大并与基准电压进行比较，产生误差电压去控制放大器的增益（有时也可以控制其他参数，如负载等，结果都是使输出幅度改变），使之降低，从而使输出电压基本保持不变，设输入信号振幅为 U_i，输出信号振幅为 U_o，可控增益放大器增益为 $K_v(u_c)$，它是控制电压 u_c 的函数，则有

$$U_{\mathrm{o}} = K_{\mathrm{v}}(u_{\mathrm{c}})U_{\mathrm{i}} \tag{8.2.1}$$

自动增益控制电路组成框图如图 8.2.1 所示。

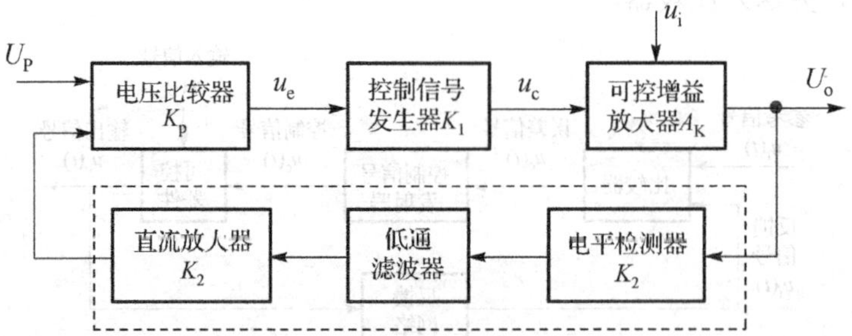

图 8.2.1　自动增益控制电路组成框图

在 AGC 电路里，比较参量是信号电平，所以采用电压比较器。反馈网络由电平检测器、低通滤波器和直流放大器组成。反馈网络检测出输出信号振幅电平（平均电平或峰值电平），滤去不需要的较高频率分量，然后进行适当放大后与恒定的参考电平 U_P 比较，产生一个误差信号。控制信号发生器在这里可视为一个比例环节，增益为 K_1。

若 U_i 减小而使 U_o 瞬间减小时，环路产生的控制信号 u_c 将使增益 K_1 增大，从而使 U_o 趋于增大。

若 U_i 增大而使 U_o 瞬间增大时，环路产生的控制信号 u_c 将使增益 K_1 减小，从而使 U_o 趋于减小。

无论何种情况，通过环路不断地循环反馈，都应该使输出信号振幅 U_o 保持基本不变或仅在较小范围内变化。

环路中的低通滤波器不可或缺。由于发射功率变化、距离远近变化、电波传播衰落等引起信号强度的变化是比较缓慢的，所以整个环路应具有低通传输特性，这样才能保证仅对信号电平的缓慢变化有控制作用。尤其当输入为调幅信号时，为了使调幅波的有用幅值变化不会被自动增益控制电路的控制作用所抵消（此现象称为反调制），必须恰当选择环路的频率响应特性，使对高于某一频率的调制信号的变化无响应，而仅对低于这一频率的缓慢变化才有控制作用。这就主要取决于低通滤波器的截止频率。正确选择 AGC 低通滤波器的时间常数 $\tau=RC$ 是设计 AGC 电路的主要任务之一。$\tau=RC$ 不能太大也不能太小。τ 太大，接收机的增益不能得到即时调整；τ 太小，则会使调幅波受到反调制。通常在接收语音调幅信号时，τ 选为 0.02～0.2s；接收等幅电平时，τ 选为 0.1～1s。

图 8.2.2 所示为晶体管收音机中简单 AGC 电路。图中 R_2C_3 组成低通滤波器，从检波后的音频信号中取出缓变直流分量，作为控制信号直接对中频放大器的增益进行控制。经分析可知，这是反向 AGC 电路。调节可变电阻 R_2，可以使低通滤波器的截止频率低于解调后音频信号的最低频率，避免出现反调制。

简单 AGC 电路的优点是电路简单。主要缺点是：一有外来信号，AGC 立刻起作用，接收机的增益就因受控制而减小。这对提高接收机的灵敏度是不利的，尤其在外来信号很微弱时。为了克服这个缺点，也就是希望外来信号大于某值后，AGC 才起作用，此时可采用延迟 AGC 电路。在延迟 AGC 电路中有一个起控门限，即比较器参考电压 U_P（U_P 见图 8.2.1），其大小与输入信号振幅 U_{imin} 相关，当输入信号振幅小于 U_{imin} 时，AGC 电路不启动，当检波器输入信号的幅度大于 U_{imin} 时，AGC 才起控制。其延迟特性由加在 AGC 检波器上的参考电压 U_P 决定。

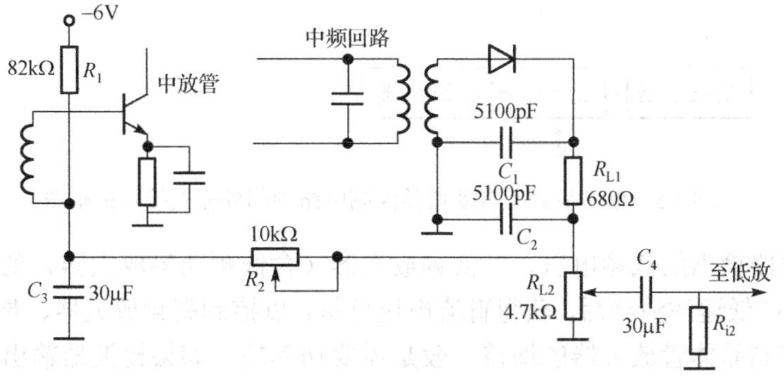

图 8.2.2　晶体管收音机中简单 AGC 电路图

延迟 AGC 电路如图 8.2.3 所示。二极管 VD 和负载 R_1C_1 组成 AGC 检波器并兼作比较器，检波后的电压经 RC 低通滤波器，供给直流 AGC 电压。另外，在二极管上加有一负电压（由负电源 V_{CC} 分压获得），称为延迟电压（提供参考信号 U_P）。当接收机输入信号 V_i 很小时，AGC 检波器的输入电压 V_{im} 也比较小，由于延迟电压 U_P 的存在，AGC 检波器的二极管一直不导通，没有 AGC 电压输出，因此没有 AGC 作用，放大器的增益不变，输出信号 V_o 与输入信号 V_i 呈线性关系。只有当 V_i 大到一定程度，使检波器输入电压 V_{im} 的幅值大于延迟电压 U_P 后，AGC 检波器才工作，此时，二极管开始导通，并有 AGC 电压输出，产生 AGC 作用，使放大器增益有所减小，保持输出信号 V_o 基本恒定或仅有微小变化。调节延迟电压 U_p 的数值，可以满足不同的要求。

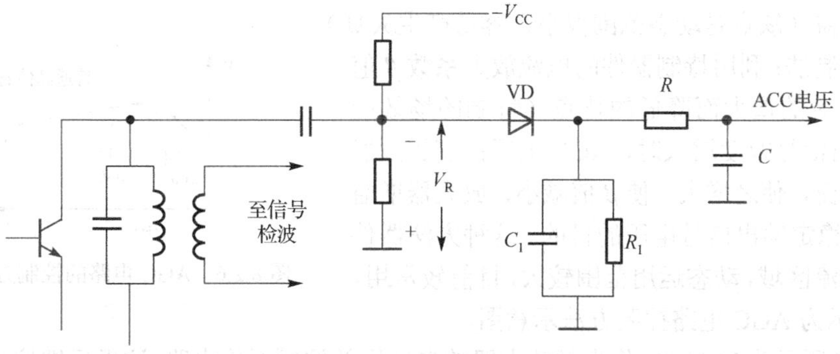

图 8.2.3　延迟 AGC 典型电路

图 8.2.4 所示为延迟 AGC 电路的输入输出关系曲线，由图看出，当输入信号 V_i 大于 V_{imax} 后，AGC 作用消失。可见，V_{imin} 与 V_{imax} 区间为所容许输入信号的动态范围，V_{omin} 与 V_{omax} 区间即为有 AGC 控制对应输出信号的动态范围。

由于延迟电压的存在，信号检波器必然要与 AGC 检波器分开，否则延迟电压会加到信号检波器上去，使外来信号小时不能检波，而信号大时又产生非线性失真，所以修正后具有自动增益控制的超外差式接收机框图如图 8.2.5 所示。

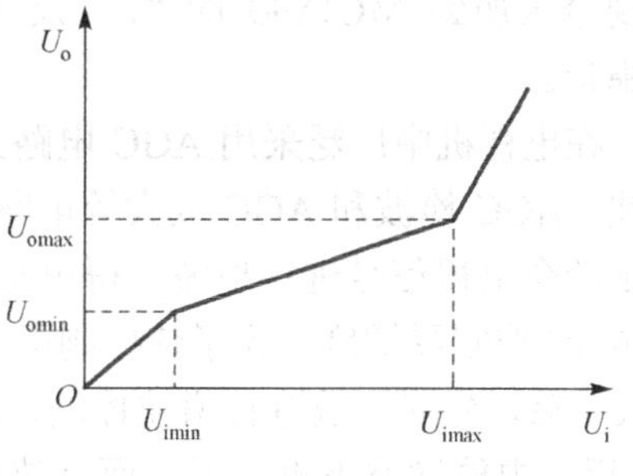

图 8.2.4　延迟 AGC 电路的输入/输出关系曲线

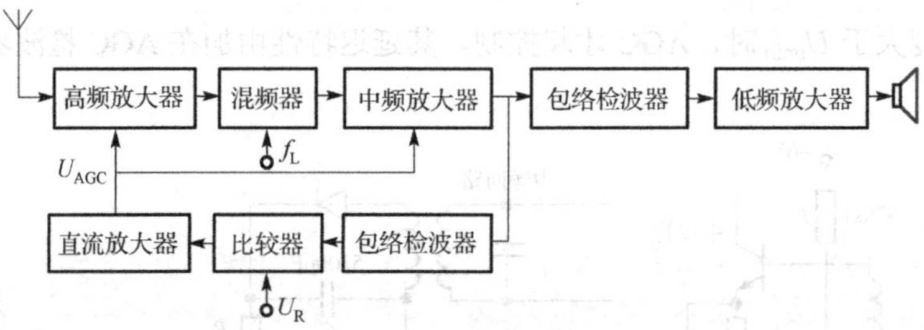

图 8.2.5 修正后具有自动增益控制电路的超外差式接收机框图

由一路检波器输出的低频电压，经低频放大器（含低频功率放大器）到扬声器，另一路检波器输出经 RC 低通滤波器后，获得直流电压分量，以控制高频放大器、混频器和中频放大器增益。由于控制晶体管放大器的增益一般是需要功率的，如果检波器输出功率不够，还可以在低通滤波器后加一直流放大器。

增益控制的工作原理为：某种原因使输出电压振幅增大时，环路开始工作，中频放大器的输出信号经包络检波器解调出低频信号，其中一路经低通得到正比于载波电压幅度的直流电压，并与基准电压 U_R 比较（设置基准电压目的见延迟 AGC 电路原理），再由直流放大器放大，得到 AGC 控制电压去控制高频和中频放大器的增益，使之降低，从而使输出信号减小。

AGC 电路具有的特性是：在没有控制电路时，接收机的输出电压 V_o 随输入电压 V_i 的增大而增大固定倍数 A 倍（不考虑外来信号过强时超出晶体管的线性工作范围），具有 AGC 电路的接收机，放大倍数随输入电压 V_i 的增大而减小，使输出电压振幅 V_o 保持不变或变化变小。

控制增益的方法有反向控制法和正向控制法。

反向控制法：输出信号幅度增大时，AGC 电压控制主放大器的直流工作点，使之降低，从而降低增益（缺点是动态范围很小，容易产生失真）。

正向控制法：利用特制器件的电流放大系数 β 值随工作点电流的增大而降低的特点（特制的场效应管），当输出信号幅度增大时，AGC 电压控制放大器的工作点电流，使之增大，使 β 值减小，放大器增益下降，达到稳定输出信号电压的目的。这种方法器件工作于大电流区域，动态运用范围较大，目前较常用，图 8.2.6 所示为 AGC 电路控制方法示意图。

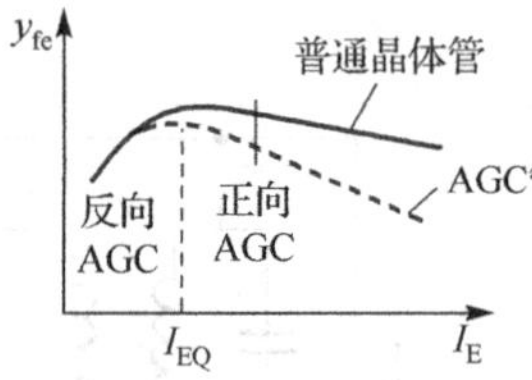

图 8.2.6 AGC 电路的控制方法示意图

图 8.2.7 所示为 MC1590 作中频放大器的自动增益控制系统电路，这里反馈控制器是检波、比较、直流放大电路，对象是 MC1590。工作原理为：输出信号超过一定的幅度时，检波器输出电压增大，当超过基准电压 U_R 时，环路闭合。检波输出电压经直流放大，得到 AGC 控制电压加到 MC1590 的“2”反向端输入端，使放大器的增益减小，从而使输出电压幅度稳定。

在电视机中广泛采用 AGC 电路。图 8.2.8 所示为一个由高频放大、三级中频放大、视频检波、AGC 检波和 AGC 放大等电路组成的 AGC 系统。AGC 检波电路是将预视频放大电路输出的全电视信号进行检波，得出与信号电平大小有关的直流信号，然后进行直流放大以提高 AGC 控制灵敏度。为了使控制更合理，采用了延迟 AGC。当输入信号振幅 U_i 超过某一定值 U_{i1} 后，先对中放进行增益控制，而高放增益不变，这是第一级延迟。当 U_i 超过另一定值 U_{i2} 后，中放增益不再降低，而高放增益开始起控，这是第二级延迟。其增益随输入信号 U_i

变化的曲线如图 8.2.9 所示。采用两级延迟 AGC 的原因在于当输入信号不是很大时，保持高放级处于最大增益可使高放级输出信噪比不致降低，有助于降低接收机的总噪声系数。

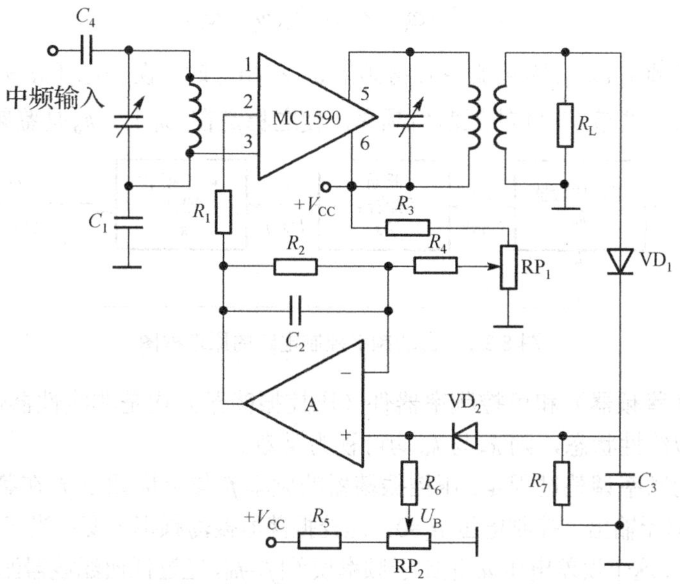

图 8.2.7　MC1590 作中频放大器的自动增益控制系统电路

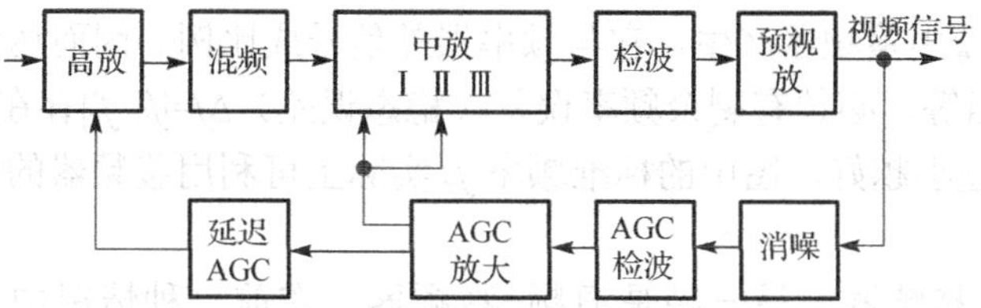

图 8.2.8　电视机中典型 AGC 电路框图

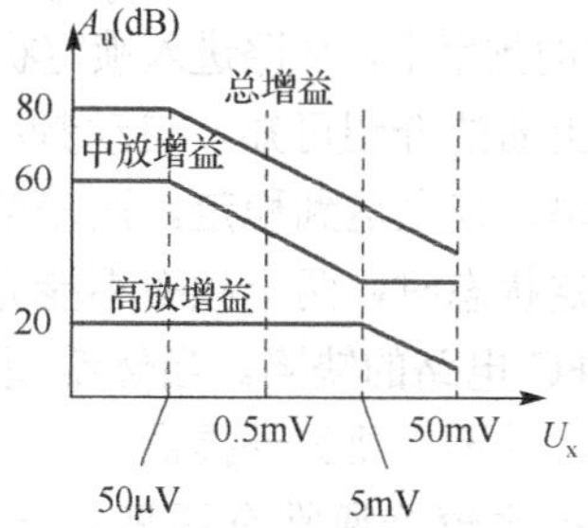

图 8.2.9　增益随输入信号 U_i 变化的曲线

8.3　自动频率控制电路

自动频率控制（AFC）电路同样属于反馈控制电路。它与 AGC 电路的区别在于控制对象不同，AGC 电路的控制对象是电平信号，而 AFC 电路的控制对象是信号的频率。AFC 电路的主要作用是自动控制振荡器的振荡频率，工作原理是当输出信号频率偏离所需工作频率时，与标准频率振荡器相比较（鉴频），产生一个正比于频率偏移的电压，即误差电压，该电压作用于可控频率器件（压控振荡器），改变其振荡频率，使之趋向于所需的振荡频率。

图 8.3.1 所示为自动频率控制电路的原理框图。

频率比较器输出的误差信号 u_e 是电压信号，送入低通滤波器后取出缓变控制信号 u_c，其输出振荡角频率可写成

$$\omega_y(t)=\omega_{y0}+k_c u_c(t) \tag{8.3.1}$$

式中，ω_{y0}是控制信号 u_c=0 时的振荡角频率，称为 VCO 的固有振荡角频率；k_c是压控灵敏度。

当频率比较器是鉴频器时，输出误差电压为

$$u_e = k_b(\omega_0 - \omega_y) = k_b(\omega_r - \omega_y) \tag{8.3.2}$$

当输出信号角频率 ω_y 与鉴频器中心角频率 ω_0 不相等时，误差电压 $u_e \neq 0$，经低通滤波器后送出控制电压 u_c，调节 VCO 的振荡角频率，使之稳定在 ω_0 上，k_b 是鉴频灵敏度。

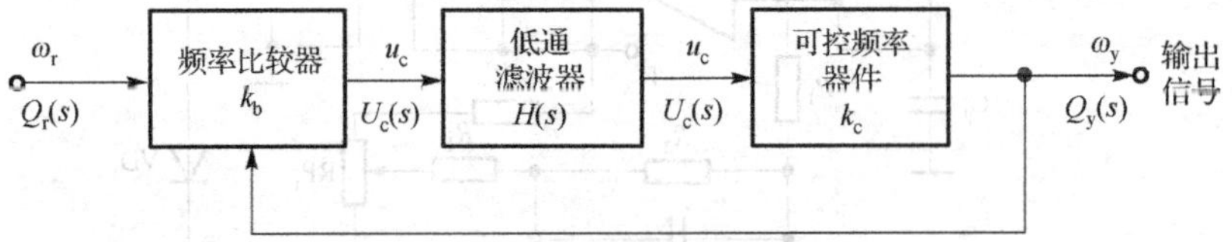

图 8.3.1 自动频率控制电路的原理框图

频率比较器（鉴频器）和可控频率器件（压控振荡器）均是非线性器件，但在一定条件下，可工作在近似线性状态，则 k_b 与 k_c 均可视为常数。

该框图的自动频率调整过程是：压控振荡器的频率 f_0 与标称频率 f_τ 在鉴频器中进行比较。当 $f_\tau = f_0$ 时，鉴频器无输出，控制电压 u_c=0，压控振荡器振荡频率不变；当 $f_\tau \neq f_0$ 时，鉴频器就有误差电压 u_c 输出，这个误差电压 u_c 正比于频率误差$|f_\tau - f_0|$，经过低通滤波器滤除干扰及噪声后，得到控制电压 u_c，利用控制电压 u_c 控制压控振荡器的振荡频率，最终使压控振荡器的频率 f_0 发生变化；变化的结果使频率误差$|f_\tau - f_0|$减小到一定值 Δf，自动控制过程即停止，压控振荡器即稳定于 $f_0 = f_\tau + \Delta f$ 的频率上，环路进入锁定状态。锁定状态的 Δf 称为稳态频率误差（剩余频率误差）。

由上面的介绍可知，自动频率控制过程是利用频率误差信号的反馈作用来控制压控振荡器的频率，使之达到稳定。误差信号 u_e 由鉴频器产生，它与频率误差信号成比例。因而达到最后稳定状态时，两个频率不能完全相等，必须有剩余频率误差（稳态误差）$\Delta f = |f_0 - f_\tau|$存在，这是 AFC 电路的缺陷。当然希望 Δf 越小越好。图中的标准频率 f_τ 实际上可利用鉴频器的中心频率，并不需要另外提供。

频率比较器通常有两种，一种是鉴频器，另一种是混频-鉴频器。在前一种情况中，鉴频器的中心角频率 ω_0 起参考信号 ω_r 的作用，图 8.3.1 就是前一种。在后一种情况中，调频信号与晶振输出信号混频并取差频，得到一较低中心频率，然后再进行鉴频。参考信号 $\omega_r = \omega_L - \omega_0$。图 8.3.2 所示调频电路中用的是后一种情况的频率比较器，反馈控制电路是：混频器、鉴频器、低通滤波器、直流放大器，控制对象是调频振荡器。由于经鉴频取出的误差电压加有调制信号，所以需经低通滤波器滤除调制信号，再经放大并与原调制信号相加控制调频振荡器（虚线框内部分），使其中心工作频率往偏离相反的方向变化，从而趋于稳定。具体的 AFC 电路这里不再介绍。

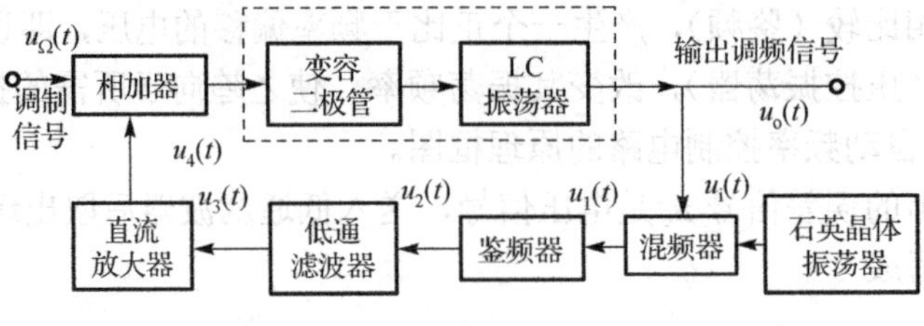

图 8.3.2 具有自动频率微调系统的调频发射机框图

8.4　自动相位控制电路

8.4.1　自动相位控制电路原理

自动相位控制的特点是：有剩余相差，而无剩余频差，故用于稳频优于自动频率控制。

图 8.4.1 所示为自动相位控制（APC）电路（又称锁相环，PLL）的基本组成框图，它由鉴相器（PD）、环路低通滤波器（LF）和压控振荡器（VCO）三部分组成。它的控制对象为压控振荡器（VCO），而反馈控制器则由检测相位差的鉴相器和低通滤波器组成。

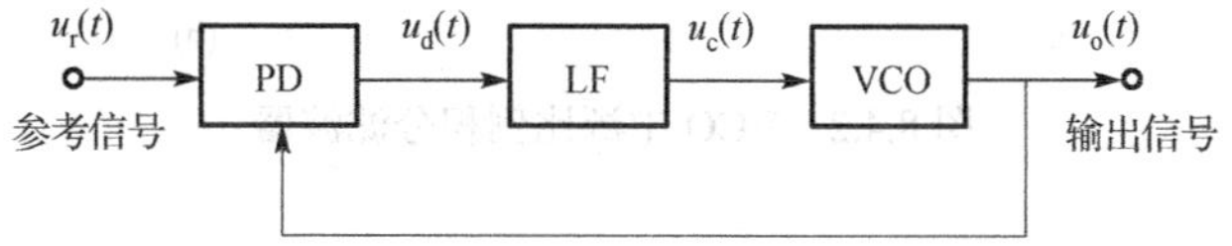

图 8.4.1　自动相位控制电路基本组成框图

鉴相器（Phase Detector，PD）用于比较输入信号与输出信号的相位，实现相位差-电压差的变换。

低通滤波器（环路滤波器，Lowpass Filter，LPF）其作用是滤出鉴相器输出电压中无用的组合频率分量及干扰，产生压控振荡器的控制电压。

压控振荡器（Voltage Control Oscillator，VCO）使输出电压 $V_o(t)$的频率随控制电压的变化而变化，使其趋于输入信号的频率。工作原理是利用输入信号与输出信号在频率不同时之间存在的相位差，通过鉴相器变换为电压差，此电压控制 VCO 的振荡频率，使其不断靠近输入信号的频率，直到完全相等，环路进入锁定状态。此时 $V_i(t)$与 $V_o(t)$之间相位差为常数，鉴相器输出为直流电压。

与自动频率控制电路一样，PLL 也是一种实现频率跟踪的自动控制电路，而且这种跟踪是无误差的，即 VCO 输出频率恒等于输入信号频率。但是，两者的控制原理不同。在 PLL 中，控制输入信号电压 $V_i(t)$的角频率和 VCO 振荡角频率之间保持相等的要求，不是直接利用它们之间的频率误差，而是利用它们之间瞬时相位误差来实现的，其压控振荡器与 AFC 电路有所不同。

压控振荡器（VCO）是一个电压–频率变换器，在环路中作为被控振荡器，它的振荡频率应随输入控制电压 $u_c(t)$线性地变化，即

$$\omega_v(t)=\omega_0+k_d u_c(t) \tag{8.4.1}$$

式中，$\omega_v(t)$是 VCO 的瞬时角频率，k_d 是线性特性斜率，表示单位控制电压，可使 VCO 角频率变化的数值，因此又称为 VCO 的控制灵敏度或增益系数，单位为 rad/V·s。具体的锁相环电路与 AFC 电路类似，这里不再赘述，二者主要区别是在锁相环路中，VCO 的输出对鉴相器起作用的不是瞬时角频率，而是它的瞬时相位，即

$$\int_0^t \omega_v(t)\,\mathrm{d}\tau=\omega_0 t+k_d\int_0^t u_c(t)\,\mathrm{d}\tau \tag{8.4.2}$$

图 8.4.2 所示为 VCO 中有源比例积分滤波器电路，VCO 在锁相环中起了一次积分作用，因此也称它为环路中的固有积分环节。

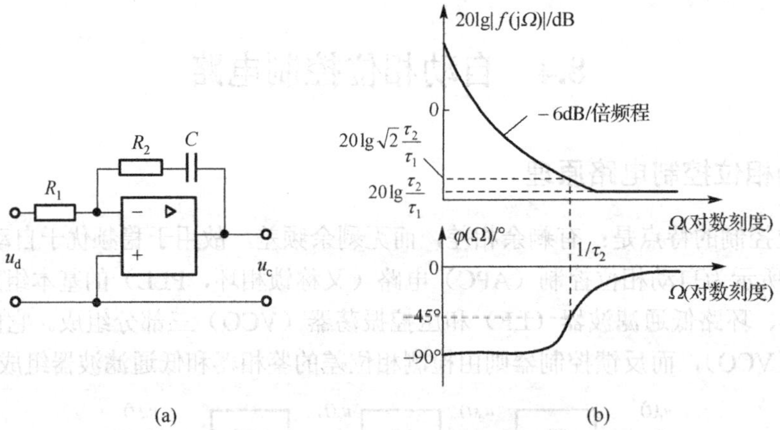

图 8.4.2　VCO 中源比例积分滤波器

8.4.2　锁相环的特点和应用

1．锁相环的重要特性

（1）跟踪特性

一个已经锁定的环路，当输入信号稍有变化时，VCO 的频率立即发生相应的变化，最终使压控振荡器的振荡频率随输入信号频率变化而变化的性能，称为环路的跟踪特性。

（2）滤波特性

锁相环通过环路滤波器的作用，具有窄带滤波特性，能将混进输入信号中的噪声和干扰滤除。在设计良好时，这个通带能做得极窄。例如，可以在几十 MHz 的频率上，实现几十 Hz 甚至几 Hz 的窄带滤波。这种滤波特性是任何 LC、RC、石英晶体、陶瓷片等滤波器者难以达到的。

（3）锁定状态无剩余频差

锁相环是利用相位比较来产生误差电压的，因而锁定时只有稳态相差，没有剩余频差。虽然其工作过程与自动频率微调系统十分相似，但二者有着本质的区别。由于自动频率微调系统是利用频率比较产生误差的，因而在稳定工作时有剩余频差存在，所以锁相环比自动微调系统能实现更为理想的频率控制，因而在自动频率控制、频率合成技术等方面，获得广泛的应用。

（4）易于集成化

组成锁相环的基本部件都易于采用模拟集成电路。环路实现数字化后，更易于采用数字集成电路。环路集成化为减小体积、降低成本、提高可靠性等提供了条件。

锁相环具有很多独特的优点，使它获得日益广泛的应用，下面介绍锁相环的几种应用。

2．锁相环路的调频与解调

用锁相环路调频，能够得到中心频率高度稳定的调频信号，图 8.4.3 所示为这种方法的方框图。

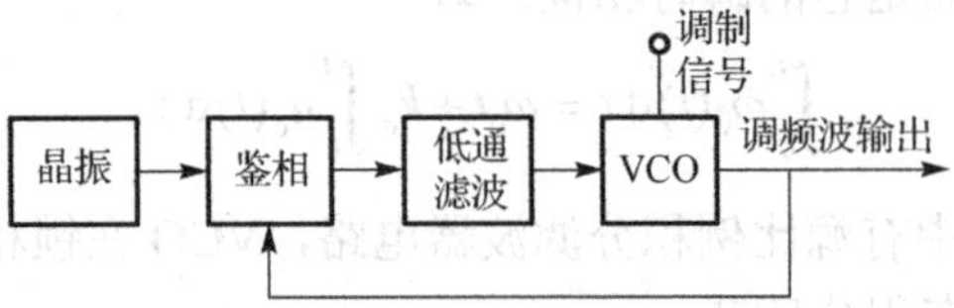

图 8.4.3　锁相环路调频器方框图

调制跟踪锁相环本身就是一个调频解调器。它利用锁相环路良好的调制跟踪特性，使锁相环路跟踪输入调频信号瞬时相位的变化，从而使 VCO 控制端获得解调输出。锁相环路鉴频器的组成如图 8.4.4 所示。

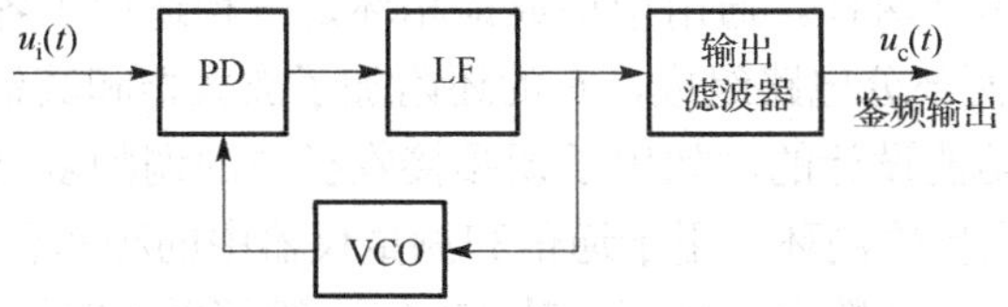

图 8.4.4　锁相环路鉴频器

3. 同步检波器

如果锁相环路的输入电压是调幅波，只有幅度变化而无相位变化，则由于锁相环路只能跟踪输入信号的相位变化，所以环路输出得不到原调制信号，而只能得到等幅波。用锁相环对调幅信号进行解调，实际上是利用锁相环路提供一个稳定度高的载波信号电压，与调频波在非线性器件中乘积检波，输出的就是原调制信号。AM 信号频谱中，除包含调制信号的边带外，还含有较强的载波分量，使用载波跟踪环可将载波分量提取出来，再经 90°移相，可用做同步检波器的相干载波。这种同步检波器如图 8.4.5 所示。

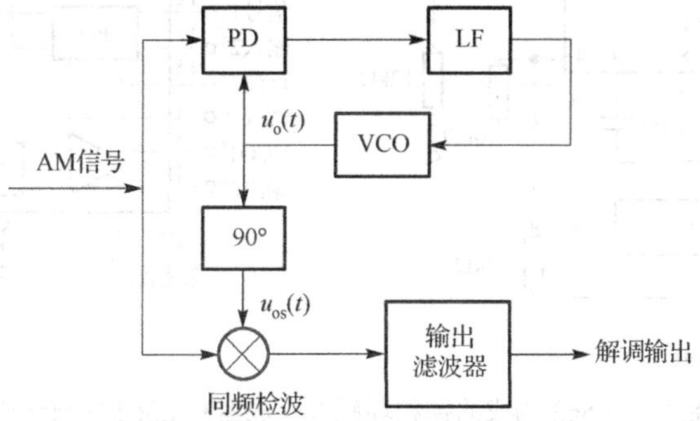

图 8.4.5　AM 信号同步检波器

设输入信号为

$$u_{\rm f}(t)=U_{\rm i}(1+m\cos\Omega t)\cos\omega_{\rm i}t \tag{8.4.3}$$

输入信号中载波分量为 $U_i\cos\omega_i t$，用载波跟踪环提取后输出为 $u_o(t)=U_o\cos(\omega_i t+\theta_0)$，经 90° 移相后，得到相干载波

$$u_\tau(t)=U_{\rm o}\sin(\omega_{\rm i}t+\theta_0) \tag{8.4.4}$$

将 $u_r(t)$与 $u_i(t)$相乘，滤除 $2\omega_i$ 分量，得到的输出信号就是恢复出来的调制信号。

锁相环路除了以上的应用外，还可广泛地应用于电视机彩色副载波提取、调频立体声解码、电机转速控制、微波频率源、锁相接收机、移相器、位同步及各种调制方式的调制器和解调器、频率合成器等。

4. 集成锁相环应用

随着集成电路技术的迅速发展，集成锁相环的发展十分迅速，应用广泛。目前集成锁相环已经形成系列产品。集成锁相环性能优良、价格便宜、使用方便，因而被许多电子设备所采用。可以说，集成锁相环已成为继集成运算放大器之后，又一种具有广泛用途的集成电路。

集成锁相环的种类很多。按其内部电路结构分，有模拟锁相环与数字锁相环两大类。按用途分，有专用型与通用型两种。通用型集成锁相环是一种适用于各种用途的锁相环，其内部主要由鉴相器、VCO 两部分电路组成，有的还附加了放大器和其他辅助电路。专用型集成锁相环是一种专为某种功能设计的，如用于调频接收机中的调频多路立体声解调环、用于电视机中的正交色差信号同步检测环、用于通信和测量仪器中的频率合成环等。

无论是模拟锁相环，还是数字锁相环，其 VCO 一般都采用射极耦合多协振荡器或积分-施密特触发型多谐振荡器。采用射极耦合多谐振荡器的振荡频率较高，采用 ECL 电路时，其最高振荡频率可达 155MHz。而采用积分-施密特触发型多谐振荡器的振荡频率比较低，一般在 1MHz 以下。

在模拟锁相环中，鉴相器基本上都采用双差分对模拟相乘器的乘积型鉴相器，而数字锁相环的电路形式较多，它们都是由数字电路组成的。

下面介绍一种通用型集成锁相环，如图 8.4.6 所示。

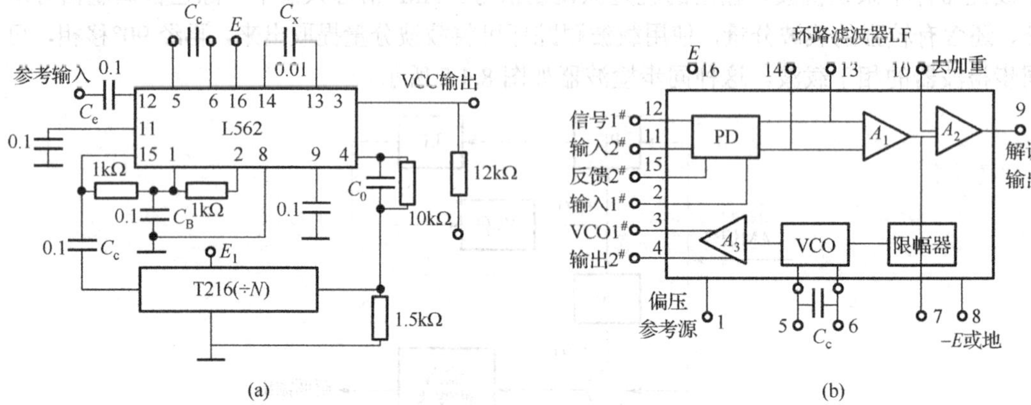

图 8.4.6　L562 构成的锁相环频率合成器和 L562 内部结构图

L562 是工作频率可达 30MHz 的多功能单片集成锁相环，它的内部除包含鉴相器和压控振荡器外，还有三个放大器和一个限幅器。

L562 的鉴相器采用双差分对模拟相乘器电路，其输出端 13、14 外接阻容元件构成环路滤波器。压控振荡器采用射极耦合多谐振荡器电路，外接定时电容 C 由 5、6 端接入。限幅器用来限制锁相环的直流增益，以控制环路同步带的大小。由 7 端注入的电流可以控制限幅器的限幅电平和直流增益，当注入电流增大时，VCO 的控制被截断，VCO 处于失控的自由振荡工作状态。环路中的放大器作隔离、缓冲、放大之用。

L562 只需单电源供电，最大电源电压为 30V，一般可采用+18V 电源供电，最大电流为 14mA。信号输入电压（11 与 12 端间）最大值为 3V。

然后介绍 L562 应用前简介频率合成技术。

通信技术的迅速发展对振荡信号源的要求不断提高，不但要求它的频率稳定度和准确率高，而且要求能方便地改换频率。石英晶体振荡器的频率稳定度和准确度是很高的，但改换频率不方便，只适用于频率固定的场合；LC 振荡器改换频率方便，但频率稳定度和准确度却不够高。能否将这两种振荡器结合起来，使它们各自发挥自己的特点，从而使合成后的振荡器兼有频率稳定度和准确度高，而且改换频率方便的优点呢？频率合成（Frequency Synthesis）技术，就能满足上述要求。

频率合成器视使用场合不同，要求也不同。大体说来，有如下几项主要技术指标。

（1）频率范围。频率合成器的输出频率最小值和最大值之间的变化范围，即频率合成器的工作频率范围，也可以用频率覆盖系数 $k=f_{max}/f_{min}$ 表示。

（2）频率间隔。频率合成器的输出频谱是不连续的。定义相邻频率之间的最小间隔为频率合成器的频率间隔。频率间隔又称为分辨率。用途不同，要求的频率间隔不同。对短波单边带通信来说，取频率间隔为 100Hz，有的甚至取 10Hz、1Hz，乃至 0.1Hz。对超短波通信来说，频率间隔多取为 50kHz 或 10kHz。

（3）频率转换时间。从一个工作频率转换成另一个工作频率并达到稳定工作所需的时间。它与采用的合成方法有密切的关系。

（4）频率稳定度与准确度。频率稳定度是指在规定的时间间隔内，合成器频率偏离标称值的程度。频率准确度是指在实际工作频率偏离标称值的数值，即频率误差，这是频率合成器的两个重要指标。二者既有区别，又有联系。稳定度是准确度的前提。稳定度高意味着准确度高，亦即只有频率稳定，才谈得上频率准确。通常认为频率误差已包括在频率不稳定的偏差之内，因此，一般只提频率稳定度。

（5）频谱纯度。频谱纯度是指输出信号接近正弦波的程度，是频域指标。理想的正弦信号的频谱只有一根谱线，但实际的正弦信号由于噪声的影响不可能只有一根谱线。在有用信号频谱的两边，总有一些不需要的离散谱和连续谱，这些离散谱称为杂波，连续谱称为噪声。

实现频率合成的方法大致有直接合成法、间接合成法（锁相环频率合成）及直接数字频率合成法。

直接合成法使用一个或多个石英晶体振荡器的振荡频率作为基准频率，由这些基准频率产生一系列的谐波，这些谐波具有与石英晶体振荡器同样的频率稳定度和准确度；然后，从一系列的谐波中取出两个或两个以上的频率进行组合，得出这些频率的和或差，经过适当方式处理（如经过滤波）后，获得所需要的频率，这种方法的优点是频率变换速度快，相位噪声小，但杂波成分多，硬件设备复杂，造价高。

间接合成法是利用锁相环的频率跟踪特性，由 VCO 产生一系列与石英晶体振荡器（作为环路的输入信号）相同频率稳定度和准确度的振荡信号。该频率合成法已基本取代直接合成法。目前，已有许多频率合成器专用锁相集成电路，给制作性能好、价格便宜的频率合成器带来了极大方便，是应用最广泛的频率合成器，它广泛应用于雷达、卫星、数字通信等领域。

直接数字频率合成法利用计算机查阅表格上所存储的正弦波取样值，再通过数模变换来产生模拟正弦信号，这种方法称为波形合成法。除正弦信号外，任何其他波形的信号都可以产生。这种合成器体积小、功耗低，而且可以几乎实时地以连续相位转换频率，给出非常高的频率分辨率。它的问题是受处理器和数模转换速度的限制，频率相对较低。

图 8.4.6(a)是通用型单片集成锁相环 L562（NE562）和国产 T216 可编程除十分频器构成的单环锁相环频率合成器，它可完成 10 以内的锁相倍频，即可得到 1～10 倍的输入信号频率输出，图 8.4.6(b)为 L562 的内部结构图。

在国内生产的产品中，比较典型的集成锁相环除了 L562 外，还有很多，这里不一一介绍。

思考题与习题

8.1 有哪几种反馈控制电路？每一类反馈控制电路控制的参数是什么？要达到的目的是什么？

8.2 AGC 的作用是什么？主要的性能指标包括哪些？

8.3 AFC 的组成包括哪几部分？其工作原理是什么？

8.4 比较 AFC、PLL 和 AGC 系统，指出它们之间的异同。

8.5 画出修正后具有自动增益控制电路的超外差式接收机框图，并加以说明。

8.6 为什么在鉴相器后面一定要加入环路滤波器？

8.7 题 8.7 图(a)、(b)是调频接收机 AGC 电路的两种设计方案，试分析哪一种可行，并加以说明。

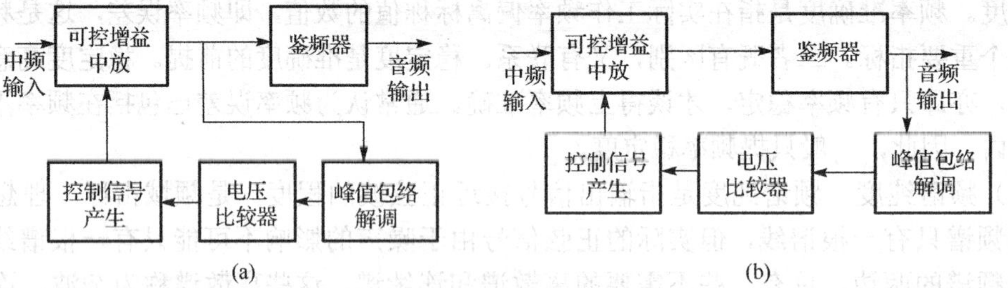

题 8.7 图

*第 9 章　数字调制与解调

9.1　数字通信系统

9.1.1　数字通信系统模型

数字通信系统框图如图 9.1.1 所示。

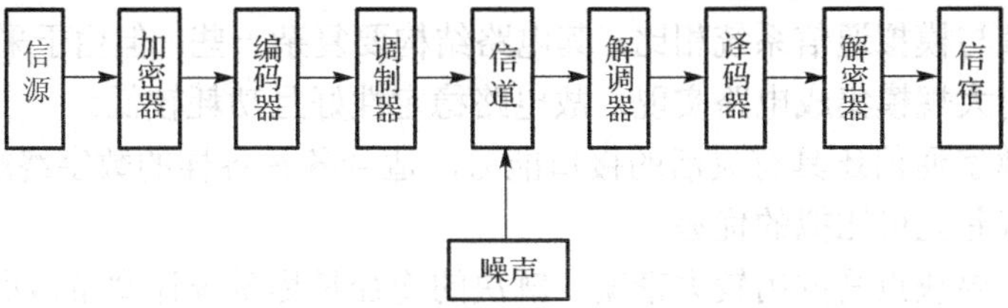

图 9.1.1　数字通信系统框图

数字通信是指信源是模拟信号，而信道上是数字信号的一种通信方式。显然，数字通信在发送端有模数转换装置，将模拟信号转换成数字信号；在接收端有数模转换装置，将数字信号转换成模拟信号。这是因为数字通信中所要传输的信号，如语音、图像、测量数值等都是模拟信号，如果将这些模拟信号直接进行调制传输，就是前几章讲的模拟通信。为了提高通信的可靠性和有效性，解决模拟通信的不足，做上述变换，将信源信号数字化，采用对基带信号人为“搅乱”进行加密，通过对数字信号进行编码，使得信道噪声或干扰所造成的差错，可以采用差错控制编码的方式来进行控制，编码后的数字信号调制后通过信道传输，在接收端通过相应的解调、译码、解密、数模转换恢复出原始信号。当然，实际的数字通信系统并不一定要如图 9.1.1 所示的那样包括所有的环节，这取决于具体的要求。

9.1.2　数字通信的主要特点

与模拟通信相比，数字通信有很多优点。

1．抗干扰能力强

模拟通信中，为了能够实现传输，常常采用放大信号的办法，殊不知，在信号被放大的同时，噪声也被放大，同为模拟信号的噪声与传输信号很难将其区分，随着传输距离的增加和噪声的积累，传输质量将会恶化。而对于数字通信，其数字信号为稳定电平的离散值，在传输过程中，只要噪声还没有恶化到一定的程度，就可通过“再生”的办法恢复出与原发送信号完全相同的信号，消除了噪声积累，可实现远距离、高质量的传输。

2．保密性强

数字通信的加密处理较为容易，而破译则不太容易，保密性能很强，这在军事方面有着重要的应用。

3. 适合计算机处理

数字通信系统中传输的数字信号与计算机中处理的信号完全兼容，可直接由计算机进行存储、调用和处理。

4. 灵活性高，适合于各种综合业务要求

数字通信中，各种各样的不同信息如语音、图像、数据等都可视为二元信号或多元信号，通信过程中对信号的监视、控制所用的信号也与传递信息的信号处理方法完全相同。如现在广泛应用的综合业务数字网（Integrated Service Digital Network，ISDN）就是对来自不同的信息源的信号自动进行变换、综合、传输和处理，完成各种综合的业务。

5. 易于集成，可靠性好

数字通信系统与模拟通信系统相比，其电路结构要复杂一些，但由于采用的是数字电路，易于用大规模和超大规模集成电路实现，故电路稳定性好且功耗较低。

除此之外，数字通信还具有灵活的接口能力，适合各种各样的数字终端设备和计算机，且在网络通信中有着无可比拟的优势。

数字通信的主要缺点是占用较大带宽，解决的途径是尽量设计宽带信道。

9.2 模拟信号的数字传输

前面我们已经知道，通信系统可以分为模拟通信系统和数字通信系统两类，用来传输数字信号的通信系统有着模拟通信系统不可比拟的优越性，应用日益广泛。但目前的通信业务主要有电话业务和图像业务等，这两种通信业务的信源信息都是模拟信号，要实现数字化的传输和交换，首先要进行模数（A/D）转换，再通过数字通信系统进行传输。同时在接收端要进行数模（D/A）转换，得到与发送方相对应的模拟信号。如图 9.2.1 所示为模拟信号进行数字传输的实现框图。

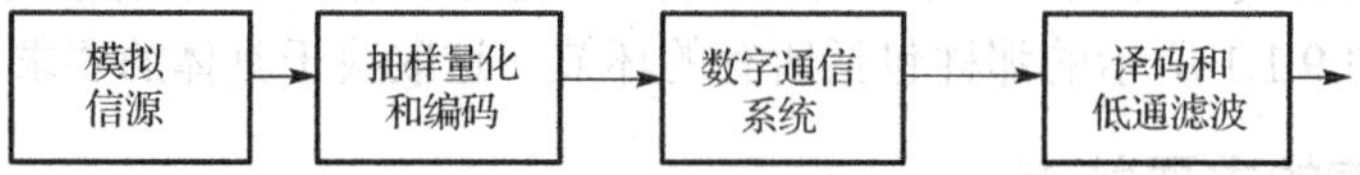

图 9.2.1　模拟信号的数字传输

模拟信号数字化的方法一般分为三个步骤：抽样、量化和编码。数字信号实现模拟输出一般通过译码和低通滤波两个步骤。常见的模拟信号数字化传输有：根据信号波形的幅度进行编码的脉冲编码调制（Pulse Code Modulation，PCM），根据波形的幅度变化量进行编码的增量调制（ΔM），以及它们的变型混合型编码等，如差值脉冲编码调制（Differential Pluse Code Modulation，DPCM），自适应差值脉冲编码调制（Adaptive Differential Pluse Code Modulation，ADPCM）等。

9.2.1 抽样

所谓抽样，就是对一连续时间信号（模拟信号），每隔一定时间间隔取出每一不同时刻的信号值的过程。

抽样定理：如果对某一带宽有限的模拟信号进行抽样，若模拟信号的最高频率为 f_m，那

么用一个重复频率为 f_s 且 $f_s \geq 2f_m$ 的抽样脉冲对该信号进行抽样，则得到的抽样信号中完全包含原有信号的所有信息。接收方可以从抽样信号中完全恢复出信号。

模拟话路的最高频率为 4kHz，为了保证信号的原样恢复，所以抽样频率最低要取 8kHz。

模拟电信号的抽样是通过抽样门电路来实现的，其做法是将模拟信号 $m(t)$送到抽样门电路，抽样门电路在抽样脉冲的控制下以重复频率 f_s 接通和断开，且接通时间很短。当抽样脉冲到来时，抽样门接通，模拟信号通过抽样门，输出端得到一个抽样值脉冲，在抽样脉冲的间隔期，抽样门断开，无信号输出。抽样过程如图 9.2.2 所示。

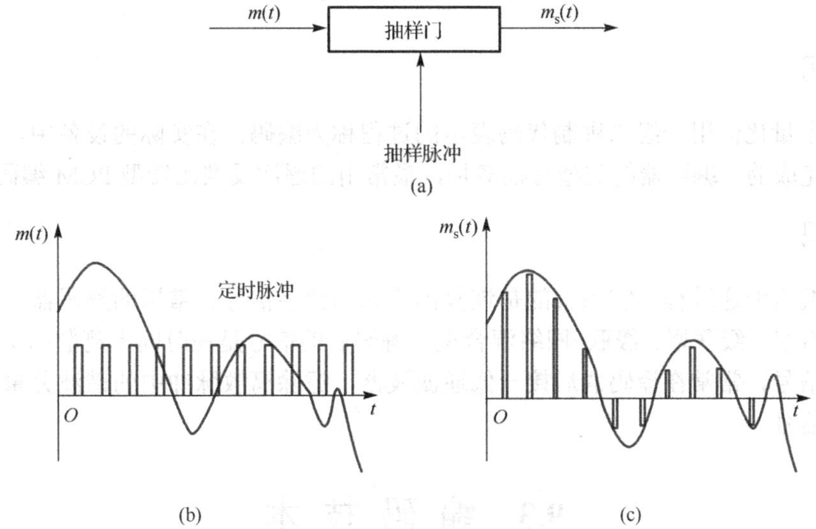

图 9.2.2　抽样过程

9.2.2　量化

模拟信号进行抽样以后，它只是在时间上实现了离散化，但其抽样幅度值仍是连续变化的，即幅度取值可能有无限多个，因而系统不能直接对它进行编码，还需要把抽样信号进行幅度上的离散化，这个过程就是量化。

量化的过程就是将抽样信号幅度连续变化的无穷多个值用不连续的有限个值来近似表示。将信号的取值范围划分为若干小间隔，每一个小间隔称为一个量化级，每一个量化级的电平称为量化值，当抽样信号的值处于某一个量化级附近时，就用这个量化值来代替实际的抽样值。相邻的两个量化值之间的差称为量化间隔。抽样信号值与所对应的量化值的差称为量化误差，亦称量化噪声。

量化分为均匀量化和非均匀量化。把输入信号的取值域按等距离分割的量化称为均匀量化；根据信号的不同区间来确定量化间隔称为非均匀量化。如图 9.2.3 所示。

均匀量化情况下，无论信号多大，量化噪声都是相同的，因此量化噪声对小信号输入的影响比对大信号输入的影响要大得多，为了减小量化噪声对小信号的影响，通常采用非均匀量化方法。对于信号取值小的区间，其量化间隔也小，反之，量化间隔就大。

非均匀量化改善了小信号的量化信噪比。非均匀量化的实现方法通常通过压缩再进行均匀量化。广泛采用的压缩律有美国采用的 μ 压缩律及我国和欧洲各国采用的 A 压缩律。在接收端再采用与压缩特性相反的扩张技术恢复出原信号。

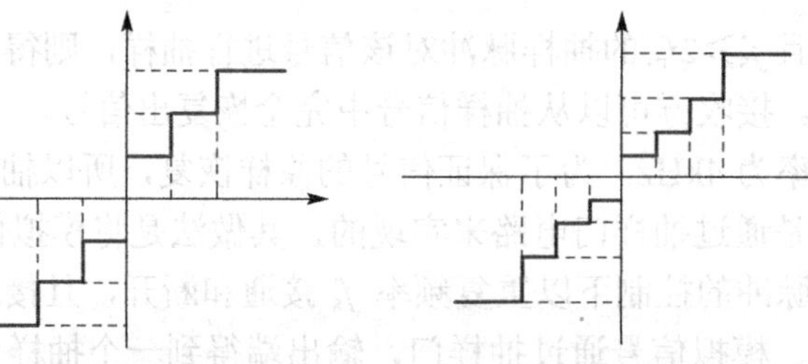

图 9.2.3 两种量化特性

9.2.3 编码

将每一个量化值用一组二进制代码表示的过程称为编码。在实际的设备中，编码和量化常常是同时完成的。编码器的类型有很多种，最常用的逐次反馈比较型 PCM 编码器。

9.2.4 解码

解码是编码的逆过程，它的目的是恢复出原始的数字信号。常用的解码器一般有三种类型：电阻网络型、级联型、级联-网络混合型。解码后的信号是在时间上离散的脉冲，为了恢复出原模拟信号，常常在译码器后接一低通滤波器，滤除离散脉冲中的谐波分量，得到其基频原始模拟信号。

9.3 编码技术

在数字通信中信息是用代码来表示的，以最常用的二进制代码来讲，就是用 0 和 1 两种代码来表示不同的信息内容。在系统中传输的基带信号是代码的电表示形式，并不是所有代码的电波形都能在信道中传输，比如含有丰富的直流成分和低频成分的基带信号在信道中传输就可能造成信号严重畸变。此外，由于同步等问题，还需要对传输用的基带信号提出别的要求。总地来讲，传输码的结构取决于实际信道特性和系统工作的条件，一般应具有如下主要特性：

（1）相应的基带信号中无直流成分和很小的低频成分；
（2）传输码型的传输效率要高；
（3）能从基带信号中提取到定时信息；
（4）具有一定的检错能力。

9.3.1 非归零码

非归零码有两种：单极性非归零码和双极性非归零码，如图 9.3.1 所示。

单极性非归零码用高电平表示数字信息“1”，用低电平表示数字信息“0”。双极性非归零码用正电平表示数字信息“1”，用负电平表示数字信息“0”。在整个码元期间电平保持不变，故又都称为非归零码。单极性非归零码简单，易实现，但有直流分量，且抗噪声性能差，无法提取同步信息，一般用得较少，只用在极短距离的数据传输。双极性非归零码的特点是直流分量在“0”和“1”等概率时为零，判决电平为 0，易设置且抗干扰能力较强，但仍有可能码流中含有直流成分（当二进制码 0、1 不等概时），同时仍没有解决同步问题，一般也只作为近距离传输用，如计算机与外设间就可用此种码型进行数据传输。

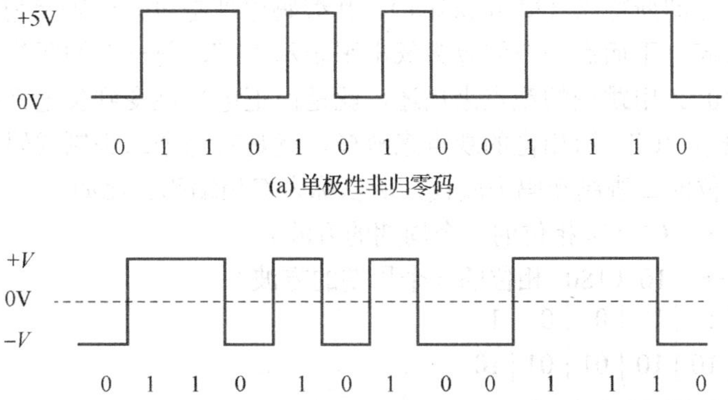

(a) 单极性非归零码

(b) 双极性非归零码

图 9.3.1　非归零码

9.3.2　归零码

归零码有两种：单极性归零码和双极性归零码，如图 9.3.2 所示。

归零码是指代码的脉冲宽度比其码元宽度要窄，即还没有到一个码元的终止时刻脉冲就回到零值。一般情况下，归零码的占空比（代码的脉冲宽度占码元宽度的比值）为 50%。单极性归零码是用高电平表示数字信息“1”，用低电平表示数字信息“0”的归零码；双极性归零码用正电平表示数字信息“1”，用负电平表示数字信息“0”，相邻脉冲间有零电平区域存在的归零码。

单极性归零码由于其单极性，所以仍具有很高的直流分量和一定的低频分量，其用途是可以作为其他码型提取同步信息时采用的一种过渡码型。双极性归零码根据接收端接收波形归于零电位便可知道一位信号已经接收完毕，可以准备下一位信号的接收，故在发送端不必按一定的频率发送信号，可以认为正、负脉冲前沿起了启动信号的作用，而后沿起了终止信号的作用，使收发双方保持正确的位同步，此种方式称为自同步方式。双极性归零码既具有由于双极性产生的码中几乎不含直流成分、抗干扰能力强的优点，又具有由于归零导致的自同步和节省发射能力的优点，因此得到了比较广泛的应用。

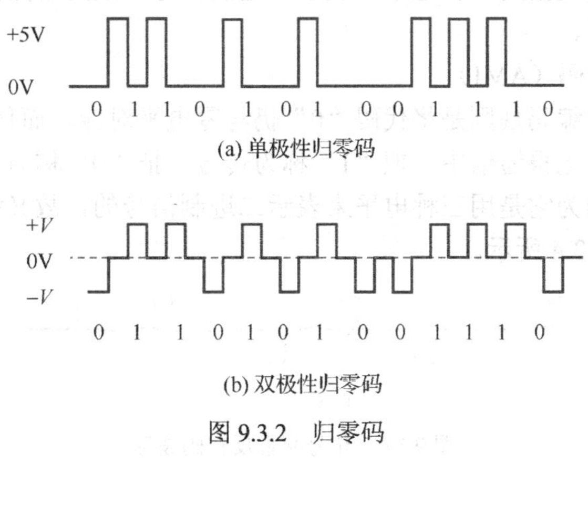

(a) 单极性归零码

(b) 双极性归零码

图 9.3.2　归零码

9.3.3　双相编码

双相编码又称曼彻斯特码（Manchester），其编码原理是将一个码元划分成两个等宽的间隔，前一个间隔为高电平而后一个间隔为低电平表示“1”，前一个间隔为低电平而后一个间隔为高电平表示“0”。用跳变的观点来描述，就是由正电平跳变到负电平表示“1”，由负电平跳变到正电平表示“0”；用相位的观点来解释，就是对每个二进制代码“0”和“1”分别用两个具有不同相位的二进制新码去取代，所以称为双相编码。比如

0　→　01（零相位的一个周期的方波）

1　→　10（180° 相位的一个周期的方波）

代码：	0	1	1	0	0	1
双相码：	01	10	10	01	01	10

双相编码波形如图 9.3.3 所示。

双相编码与双极性归零码有类似之处，每一个码元的正中间都出现了一次电平的转换，它也可以实现自同步；但它与双极性归零码的不同是，它仅需要两种振幅电平，且完全消除了码型的直流分量。

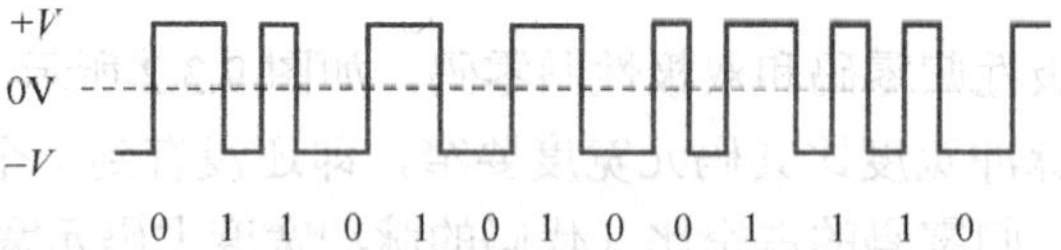

图 9.3.3　双相编码波形

双相编码编解码简单易行，其典型应用是以同轴电缆为传输介质的以太局域网中。双相编码的这些性质都是以两倍于双极性信号的带宽为代价的，将带宽视为宝贵资源的通信公司是极少使用此编码的。

另外还有一种双相编码的改进型编码是差分曼彻斯特码，它的编码方法是在每一码元的开始时刻是否有跳变来分别表示“0”和“1”，有跳变表示“0”，无跳变表示“1”，一个码元中间的跳变携带同步信息。令牌环本地局域网就是用的此种码型。

9.3.4　多电平二进制编码

多电平二进制编码是指用三种电平来表示二进制信号，较为常见的有传号交替反转码、三阶高密度双极性码等。

（1）传号交替反转码（AMI）

传号交替反转码的编码规则是将代码“0”仍与零电平对应，而代码“1”对应发送极性交替的正、负电平。在电报通信中，把“1”称为传号，把“0”称为空号，因此这种码称为传号交替反转码；又因为它是用三种电平来表示二进制信号的，故又称其为伪三元码。传号交替反转码波形如图 9.3.4 所示。

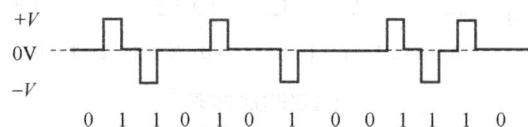

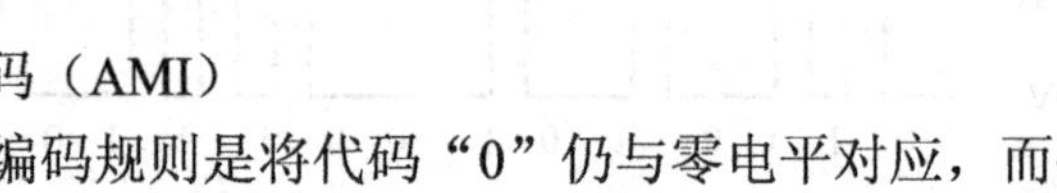

图 9.3.4　传号交替反转码波形

由图 9.3.4 可以看出，AMI 码中无直流成分，高频和低频的成分也较少，其类似于双极性归零码的变形，故可以提取时钟信息，并且由于此码传号极性反转，在接收端若不是极性交替出现，就可判定出现误码，有一定的检错能力。AMI 码编译电路简单，观察误码较为方便，是一种广泛使用的基本线路码。

但是，AMI 码有一个重要缺点，当它用来获取定时信息时，由于它可能出现长的连 0 串，会造成提取定时信号的困难。

由 AMI 码的编码规则知道，它已从一个二进制符号变成了一个三进制符号，把二进制符号变换成三进制符号所构成的码称为 1B/1T 码；在此基础上还可以改进成 4B/3T 等码型，使其具有较高的数据传输速率，在此不详细介绍。

（2）三阶高密度双极性码（HDB3）

为了解决 AMI 码长连 0 的缺点，人们提出了 AMI 的一种改进型编码，即三阶高密度双极性码（HDB3），其编码原理是：先将代码转换成 AMI 码，然后检查 AMI 码的连 0 串情况，若有 4 个以上连 0 串时，将每个 4 连 0 小段的第 4 个 0 变换成与前一个非 0 符号（+1 或–1）同极性的符号。这样做可能破坏“极性交替反转”规律，此符号称为破坏符号，用 V 符号表示，为使附加 V 符号后不破坏“极性交替反转”特性，当相邻 V 符号之间为奇数个非 0 符号时，其自动保持“极性交替反转”特性，当相邻 V 符号之间为偶数个非 0 符号时，将该小段的第 1 个 0 变换成+B 或–B，B 符号的极性与前一非 0 符号相反，并让后面的非 0 符号从 V 符号开始再交替变化。例如：

代码：	1000	0	1000	0	1	1	000	0	1	1
AMI 码：	–1000	0	+1000	0	–1	+1	000	0	–1	+1
HDB_3码：	–1000	–V	+1000	+V	–1	+1	–B00	–V	+1	–1

HDB3 码的特点是无直流成分，低频成分少，即使有长连 0，也能提取同步信号，译码电路简单，但编码电路较为复杂，是 CCITT 推荐使用的码之一。

9.4 数字信号的调制

目前大量的信道是传输语音为主的模拟信道，不能直接传输基带数字信号，必须将数字信号加载在高频载波的某个参数上，形成携带信息的高频信号进行传输。一般来讲，数字信号的调制方式常常有三种：幅移键控（ASK）、频移键控（FSK）、相移键控（PSK）。

所谓幅移键控，是指将数字信号对高频载波进行幅度调制；所谓频移键控，是指将数字信号对高频载波进行频率调制；所谓相移键控，是指将数字信号对高频载波进行相位调制。

下面我们主要以二进制为例来分别对 ASK、FSK、PSK 进行讨论。

9.4.1 2ASK

根据定义，2ASK 即是将二进制信号“0”和“1”对高频载波进行幅度控制，控制的方法是：若为 1，载波通过，若为 0，载波不能通过。其示意图如图 9.4.1 所示。

载波信号一般为一高频正弦信号，数字信号控制着开关的通断，数字信号为“1”时，开关接通，数字信号为“0”时，开关打开；其输入和输出波形如图 9.4.2 所示。输出的信号称为 2ASK 键控信号，键控信号中一个信号状态始终为零，相当于断开状态，故又称为通断键控信号（OOK 信号）。

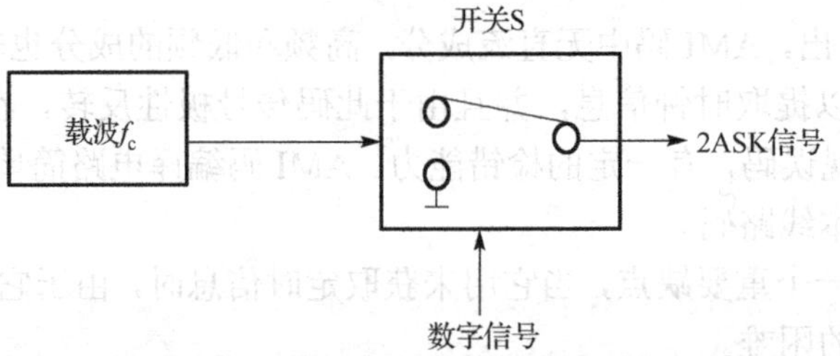

图 9.4.1 2ASK 信号实现示意图

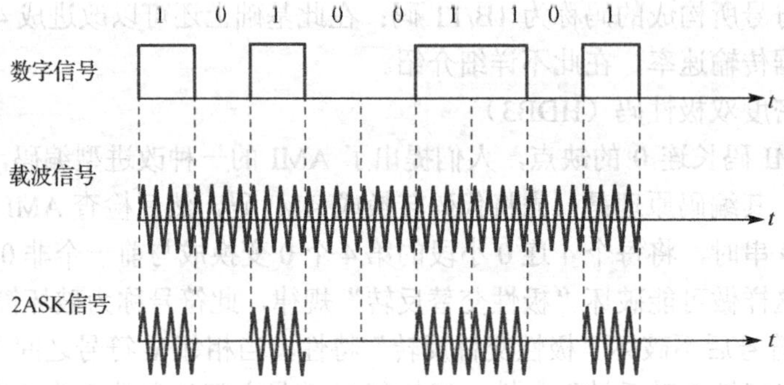

图 9.4.2 2ASK 信号波形

2ASK 信号的产生可以用上述的键控方法实现，也可以就用普通的模拟调制的方法实现，其原理框图如图 9.4.3 所示。

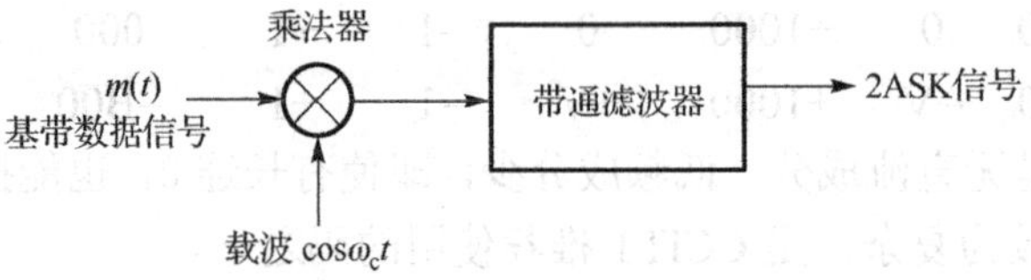

图 9.4.3 2ASK 调制原理图

图中，$m(t)$为图 9.4.2 所示的数字信号

$$m(t)=\sum a_n\cdot g(t-nT_s)$$

$$a_n=\begin{cases}1, & 概率为P\\ 0, & 概率为1-P\end{cases}$$

式中，$g(t)$是持续时间为 T_s 的矩形脉冲，则 2ASK 已调信号表示为

$$S_{2ASK}(t)=m(t)\cdot\cos\omega_c t=\left[\sum a_n\cdot g(t-nT_s)\right]\cdot\cos\omega_c t$$

由频谱分析可知，时域上的基带数据信号 $m(t)$对应于频域上的 $M(f)$，如图 9.4.4(a)所示。$m(t)$与载波 $\cos\omega_c t$ 相乘后通过滤波器得到的已调信号就相当于对 $M(f)$进行频谱搬移，$S_{2ASK}(t)$对应的 $S(f)$如图 9.4.4(b)所示。

信号的频带宽度通常定义为谱幅度从最大值降到第一个零点的宽度。因为信号能量的90%全集中在此频段中。从图中可以看出，信号的带宽 B 为 $2f_s$，而码元速率 $R_B=1/T_s$ 即 f_s，因此，2ASK 系统的频带利用率为

$$R_B/B=f_s/2f_s=0.5B/\text{Hz}$$

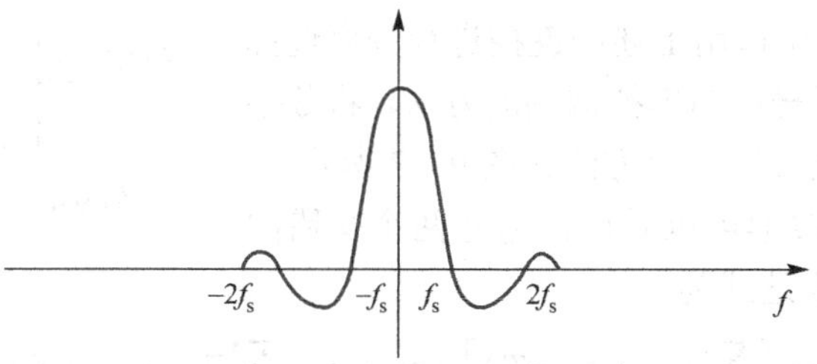

(s) 基带信号

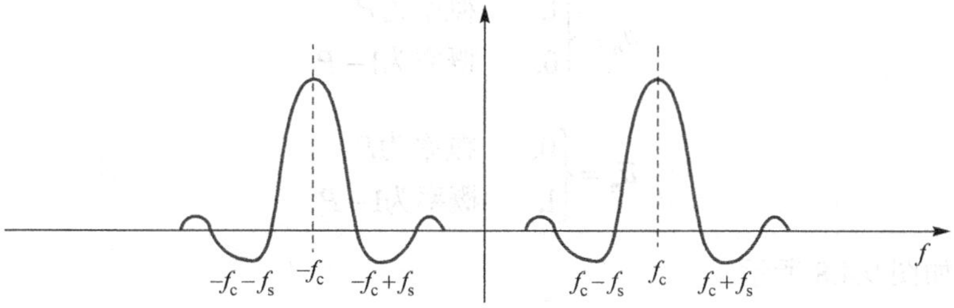

(b) 已调信号

图 9.4.4　调制前后频谱图

9.4.2　2FSK

根据定义，2FSK 即是将二进制信号“0”和“1”对高频载波进行频率调制，若二进制信号值为 1，则 2FSK 信号输出为频率为 f_1 的载波；若二进制信号值为 0，则 2FSK 信号输出为频率为 f_2 的载波，其示意图如图 9.4.5 所示。

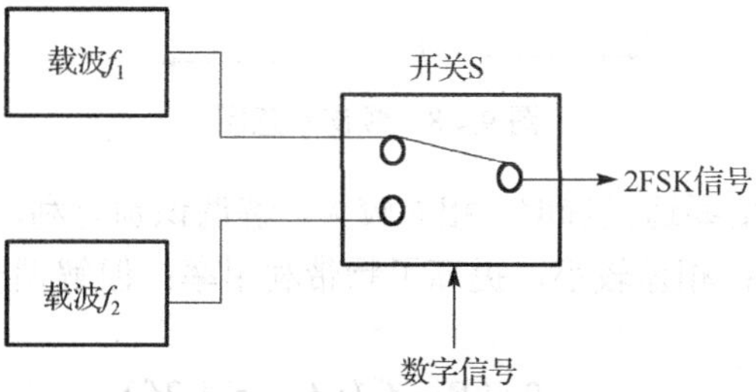

图 9.4.5　2FSK 信号实现示意图

载波信号为一高频正弦信号，数字信号控制着开关的通断，数字信号为“1”时，开关上端接通，数字信号为“0”时，开关下端接通，从而得到 2FSK 信号，其 2FSK 波形如图 9.4.6 所示。

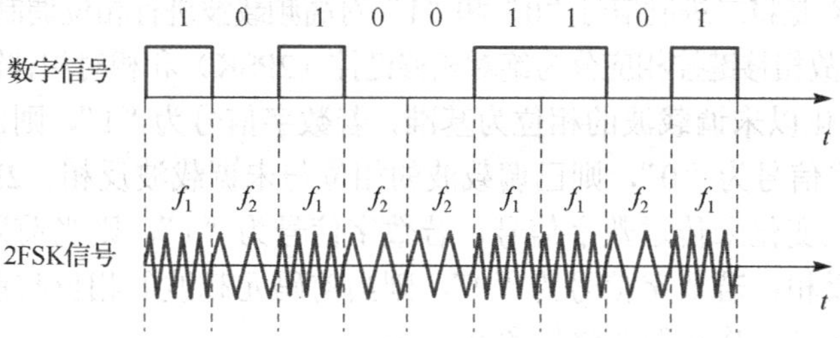

图 9.4.6　2FSK 信号波形

2FSK 信号的产生可以用上述的键控进行频率选择的方法实现，也可以用普通的模拟调制的方法，将数字信号加到调频器上直接实现，此方法如图 9.4.7 所示。

图 9.4.7　2FSK 信号实现示意图

从 2FSK 信号的波形可以看出，它是两个交错的 ASK 信号的叠加，其表达式为

$$S_{2FSK}(t)=\left[\sum a_n\cdot g(t-nT_s)\right]\cdot\cos\omega_{c1}t+\left[\sum \overline{a}_n\cdot g(t-nT_s)\right]\cdot\cos\omega_{c2}t$$

$$a_n=\begin{cases}1, & 概率为P\\ 0, & 概率为1-P\end{cases}$$

$$\overline{a}_n=\begin{cases}0, & 概率为P\\ 1, & 概率为1-P\end{cases}$$

其频谱示意图如图 9.4.8 所示。

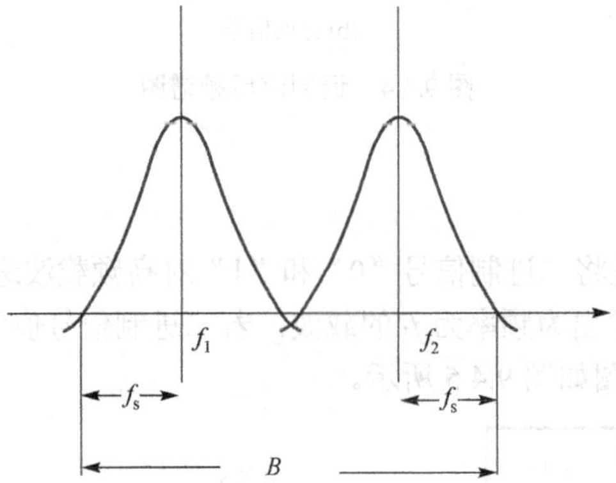

图 9.4.8　频谱示意图

f_1 和 f_2 频率之间的差值要适当选取，相差较大，解调识别有利，但 2FSK 信号的频带宽度增大，降低了频带利用率；相差较小，提高了频带利用率，但解调时会无法识别。从图 9.4.8 可以看出，频带利用率为

$$R_B/B=f_s/(f_2-f_1+2f_s)$$

通常 $|f_1-f_2|=(3\sim5)f_s$，故其频带利用率为 14%～20%。

9.4.3　2PSK

根据定义，2PSK 是将二进制信号“0”和“1”对高频载波进行相位调制，由于相位可分为绝对相位和相对相位，故相移键控相应分为绝对相移键控（2PSK）和相对相移键控（2DPSK）。

2PSK 的相位变化以未调载波的相位为基准，若数字信号为“1”，则已调载波的相位与未调载波同相；若数字信号为“0”，则已调载波的相位与未调载波反相。2DPSK 的相位变化以前后码元的相对相位变化来传送数字信号，若数字信号为“1”，则当前码元载波的相位与前一码元载波的相位反相；若数字信号为“0”，则当前码元载波的相位与前一码元载波的相位同相。反过来控制亦可，其波形变化如图 9.4.9 所示。

2PSK 信号的产生可以用相位选择法或直接调相法来实现，相位选择法如图 9.4.10 所示。

2PSK 的相位选择法与 2FSK 的频率选择法类似，所不同的是，频率选择法输出的是不同频率的载波，而相位选择法输出的是同幅同频不同相位的载波。

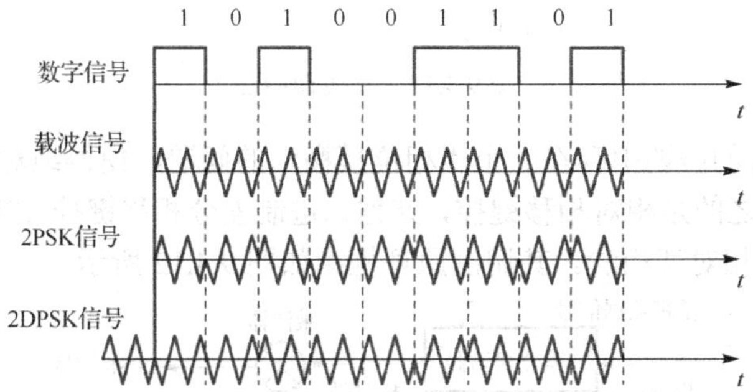

图 9.4.9　2PSK 和 2DPSK 信号波形

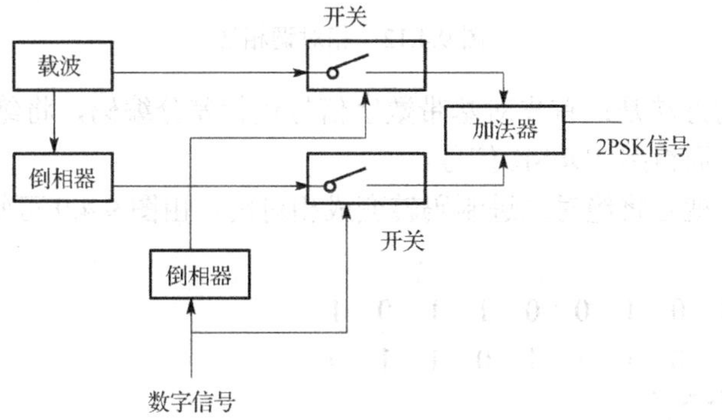

图 9.4.10　2PSK 相位选择法

我们已经知道，2ASK 信号的表达式为

$$S_{2\text{ASK}}(t)=m(t)\cdot\cos\omega_{\text{c}}t=\left[\sum a_n\cdot g(t-nT_{\text{s}})\right]\cdot\cos\omega_{\text{c}}t$$

从 2PSK 的波形可以看出，其波形与 2ASK 波形基本相同，所不同的是 a_n 的取值和载波的相位，对于 2ASK 波形，a_n 取 0 或 1，其相位为一固定值，一般取 0 相位；而 2PSK 的 a_n 恒取 1，相位有两种取值：0 和 π，故 2PSK 的表达式可写为

$$S_{2\text{PSK}}(t)=\left[\sum g(t-nT_{\text{s}})\right]\cdot\cos(\omega_{\text{c}}t+\varphi_n)$$

由于相位 φ_n 只取 0 和 π，则 2PSK 的表达式可改写为

$$S_{2\text{PSK}}(t)=\left[\sum a_n\cdot g(t-nT_{\text{s}})\right]\cdot\cos\omega_{\text{c}}t$$

其中

$$a_n=\begin{cases}1, & \text{概率为}P\\-1, & \text{概率为}1-P\end{cases}$$

此表达式在形式上与 2ASK 完全相同，所以直接调相法的实现形式也是通过将数字信号和载波通过乘法器、滤波器得到 2PSK 输出信号，如图 9.4.11 所示。

由于 2PSK 信号的表达式和 2ASK 信号的表达式的区别仅在于 a_n 的取值不同，因而 2PSK 信号的带宽与 2ASK 信号的带宽相同，均为数字信号带宽的两倍，其频带利用率为：

$$R_{\text{B}}/B=f_{\text{s}}/2f_{\text{s}}=0.5B/\text{Hz}$$

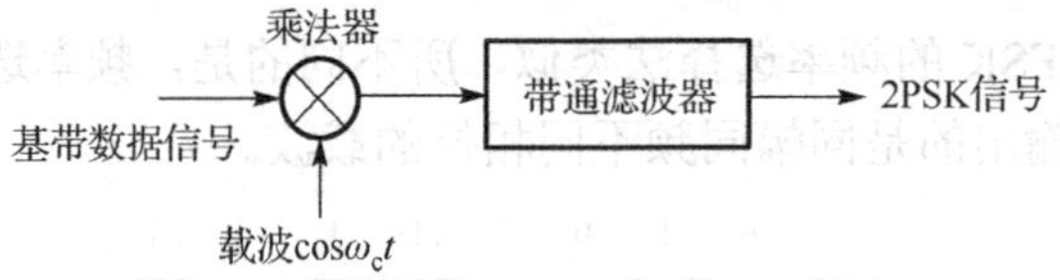

图 9.4.11　直接调相法

由于 2PSK 信号的解调中存在一个“相位模糊”的问题，使得绝对移相方式在实际应用中受到限制，取而代之的是相对相移键控，亦称二进制差分相移键控（2DPSK），实现 2DPSK 信号的产生的方法是相对调相法。其调制原理框图如图 9.4.12 所示。

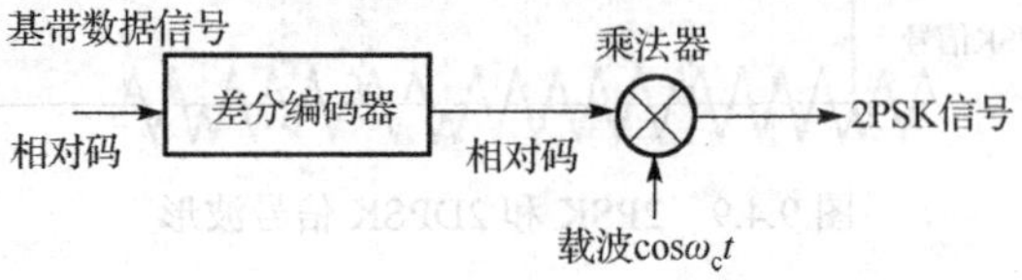

图 9.4.12　相对调相法

相对调相常用的方法是：首先对基带数字信号进行差分编码，将绝对码变成相对码，然后进行绝对调相，从而得到 2DPSK 信号。

所谓差分编码，就是将绝对二进制码转变成相对码，由图 9.4.9 可知，设其绝对码为 a_n，相对码为 b_n，则

a_n		1	0	1	0	0	1	1	0	1
b_n	1	0	0	1	1	1	0	1	1	0

a_n与b_n之间符合下式

$$b_n = a_n \oplus b_{n-1}$$

差分编码的实现非常简单，采用如图 9.4.13 所示的电路即可实现 b_n。

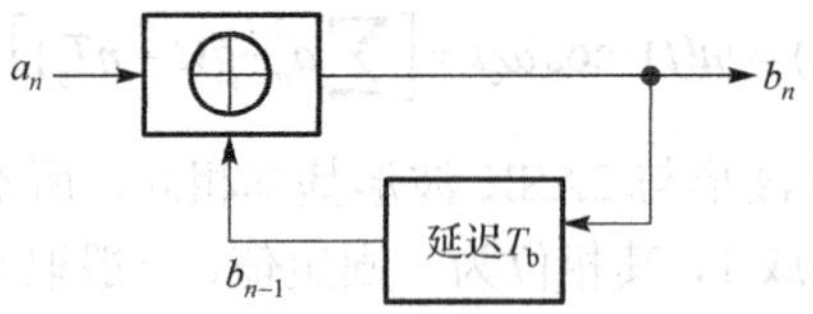

图 9.4.13　差分编码实现电路

9.4.4　多进制信号的调制

除了二进制信号调制外，较为常见的还有多进制信号的调制。所谓多进制信号，是指不同状态数目大于 2 的信号。一个多进制信号可以表示若干二进制信息符号。与二进制数字调制相比，多进制数字调制有两个特点：①在相同的码元传输速率下，多进制系统的信息传输速率比二进制系统的高。例如，四进制系统的信息传输速率是二进制系统的两倍，八进制系统的信息传输速率是二进制系统的三倍；②在相同的信息速率下，多进制码元传输速率比二进制的低，因而多进制信号码元的持续时间要比二进制的长，使得码元的能量增加，减小了由于信道特性引起的码间干扰的影响等。基于多进制的这些特点，使得多进制调制方式获得了较为广泛的应用。

与二进制类似，多进制的调制方式可分为：多进制数字振幅调制（MASK）、多进制数字

频率调制（MFSK）、多进制数字相位调制（MPSK）。并且在此基础上进行了 QPSK、QDPSK、APK 改进，形成了较为常用的 QPSK、QDPSK、APK（振幅相位联合键控）等调制方式。

多进制调制虽然比二进制调制有一定的优势，但随之而来的就是其电路结构要比二进制调制的电路复杂许多。

9.5 信号的解调

9.5.1 2ASK 的解调

2ASK 信号的解调通常采用两种方法：相干解调法、非相干解调法（包络检波法）。

相干解调法原理方框图如图 9.5.1 所示，2ASK 信号经过该图电路框图处理，其信号变化如下

$$y(t)=y_{\mathrm{i}}(t)=\left[\sum a_n\cdot g(t-nT_{\mathrm{s}})\right]\cdot\cos\omega_{\mathrm{c}}t$$

$$\begin{aligned}z(t)&=y(t)\cdot\cos\omega_{\mathrm{c}}t\\&=\left[\sum a_n\cdot g(t-nT_{\mathrm{s}})\right]\cdot\cos\omega_{\mathrm{c}}t\cdot\cos\omega_{\mathrm{c}}t\\&=\left[\sum a_n\cdot g(t-nT_{\mathrm{s}})\right]\cdot\frac{1}{2}(1+\cos2\omega_{\mathrm{c}}t)\\&=\left[\sum a_n\cdot g(t-nT_{\mathrm{s}})\right]\cdot\frac{1}{2}+\left[\sum a_n\cdot g(t-nT_{\mathrm{S}})\right]\cdot\frac{1}{2}\cos2\omega_{\mathrm{c}}t\end{aligned}$$

$$v(t)=\frac{1}{2}\sum a_n\cdot g(t-nT_{\mathrm{s}})$$

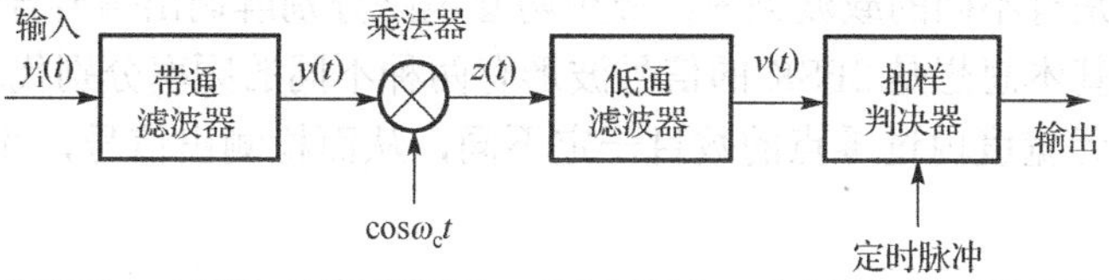

图 9.5.1　相干解调法

图中，带通滤波器的作用是抑制带外噪声并让 2ASK 已调信号顺利通过，低通滤波器的作用是滤除 f_{s} 以上频率的信号与噪声，让基带信号顺利通过，同时平滑波形，抽样判决器对信号进行抽样判决，就可以恢复出数字信号 a_n。但需要注意的是，相干解调中的载波必须与发端的载波同频同相，常常通过载波提取电路得到。

另一种包络检波法原理示意图如图 9.5.2 所示。

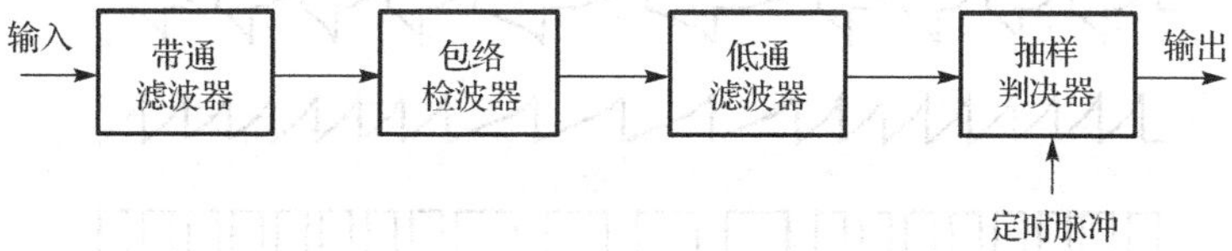

图 9.5.2　包络检波法

图中，包络检波器的作用是检出高频 2ASK 已调信号的包络，然后与相干解调法完全类似，得到数字信号，但与相干解调法不同的是包络检波器没有乘法器，不需要本地载波，因而不需要严格的载波同步，实现比较简单。

9.5.2 2FSK 的解调

2FSK 信号的解调方法有与 2ASK 信号解调类似的相干解调和非相干解调（包络检波），分别如图 9.5.3 和图 9.5.4 所示。另外还有一种被普遍采用的比较简单的过零检测法。

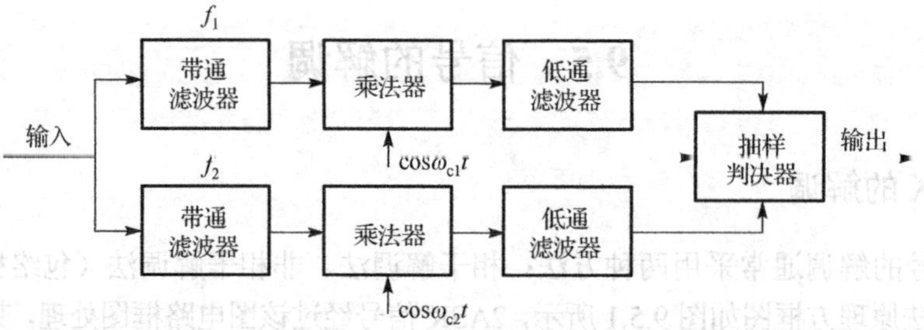

图 9.5.3 2FSK 的相干解调

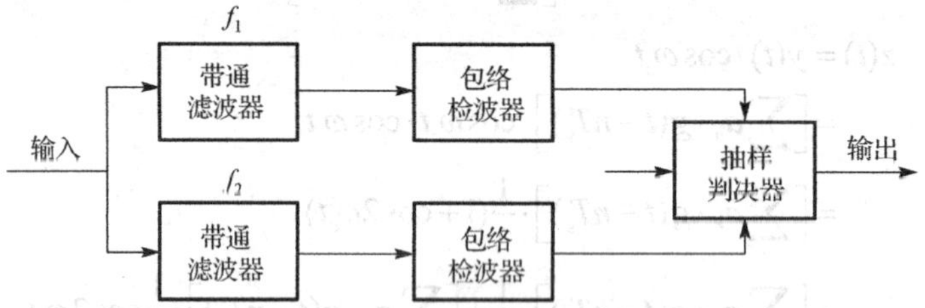

图 9.5.4 2FSK 的非相干解调

2FSK 相干解调和非相干解调与 2ASK 类似，所不同的是 2ASK 只有一路信号，而 2FSK 的信号有两路，分别有不同的载波频率，故用两套电路分别解调出信号合并就可以了。

过零检测法的基本思想是 2FSK 的信号波形有两种不同的频率分别代表“0”和“1”，不同的频率在一个码元宽度内过零点的数目一定不同，从而检测出信号，其原理及波形示意图如图 9.5.5 所示。

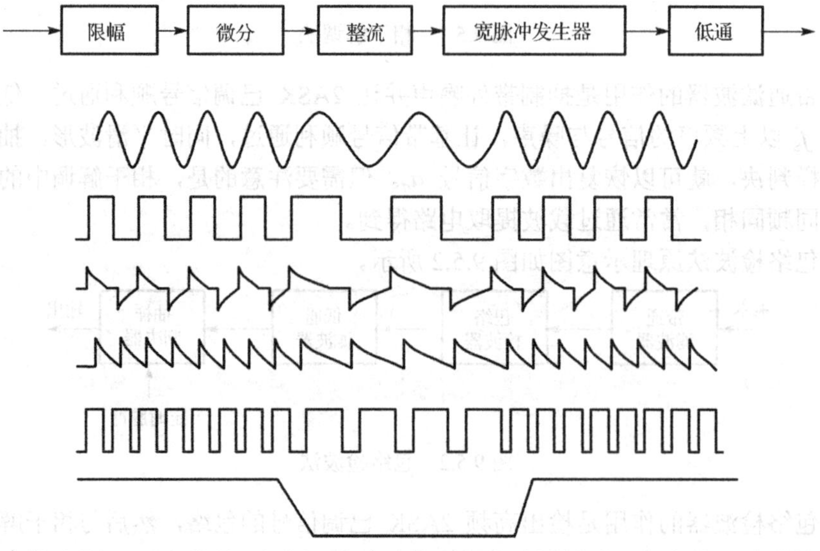

图 9.5.5 过零检测法

2FSK 是数字通信中用得较广泛的一种调制方式，话带内进行数据传输时，CCITT 推荐在低于 1200b/s 数据率时使用 FSK 方式。在衰落信道中也常常用 2FSK 传输数据。

9.5.3　2PSK 的解调

2PSK 的解调一般用相干解调，因为解调的过程实质上是输入已调信号与本地载波信号进行极性比较的过程，故又称为极性比较法，其解调示意图如图 9.5.6 所示。

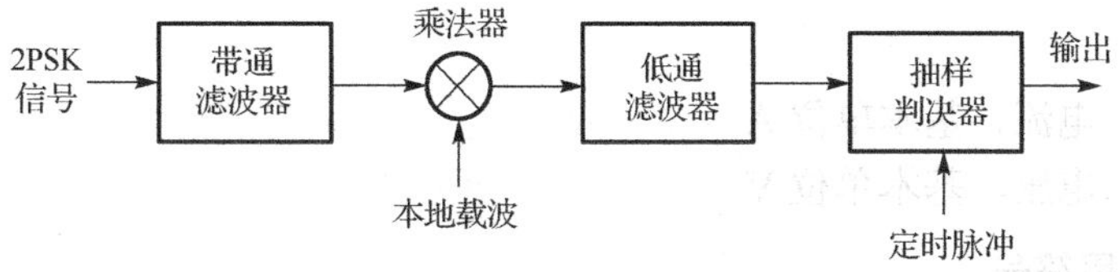

图 9.5.6　2PSK 的解调

2DPSK 的解调只要在 2PSK 解调后的输出后加一个差分译码就可以了，如图 9.5.7 所示。

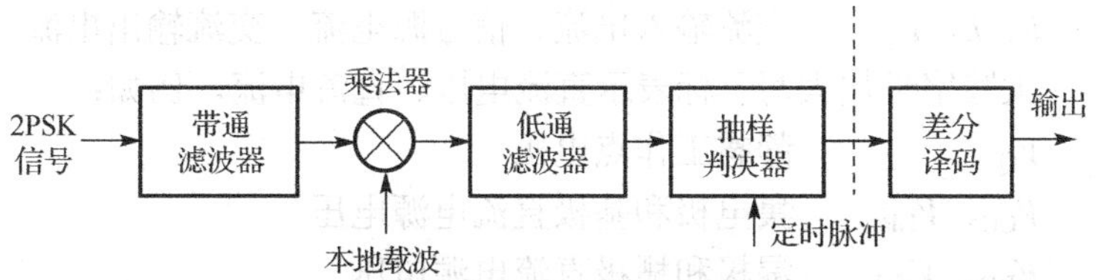

图 9.5.7　2DPSK 的解调

二进制移相键控系统在抗噪声性能及频带利用率等方面比二进制频移键控系统及二进制幅移键控系统要优越，被广泛应用于数字通信中，CCITT 建议在话带内中速传输数据时可选用此调制方式。另外，2PSK 方式有倒相现象，故它的改进型 2DPSK 日益受到重视。

思考题与习题

9.1　简述数字通信系统的组成模型及数字通信的特点。

9.2　简述模拟信号的数字传输过程。

9.3　常见的编码有哪几种？各有什么优缺点？

9.4　若要求从已抽样信号中正确恢复出原始信号，抽样速率应满足什么条件？

9.5　什么是量化？为什么要进行量化？

9.6　什么是均匀量化？它的主要缺点是什么？如何解决？

9.7　简述数字信号的几种调制方法。

9.8　FSK 信号的解调有几种方法？各有什么特点？

9.9　2DPSK 与 2PSK 相比较，可以解决的根本问题是什么？

9.10　设发送数字码为：010011、1000110，试画出 2ASK、2FSK、2PSK、2DPSK 的信号波形图。

9.11　已知数字基带信号为 1101001，如果码元宽度是载波周期的两倍，试画出绝对码、相对码、二进制 PSK 和 DPSK 信号的波形（假定起始参考码元为 1）。

附录A　本书常用符号表

一、电压、电流符号

1. 基本符号

I、i	电流，基本单位A
V、u	电压，基本单位V

2. 时域的常用符号

u、i	小写字母加小写下标表示交流电压、交流电流，例如：	
	u_i、u_s、u_o	交流输入电压、信号源电压、交流输出电压
	i_i、i_s、i_o	交流输入电流、信号源电流、交流输出电流
V、I	大写字母加大写下标表示直流电压、直流电流，例如：	
	V_Q	静态工作点电压
	V_{CC}、V_{BB}	集电极和基极直流电源电压
	V_{DD}、V_{GG}	漏极和栅极直流电源电压
u、i	小写字母加大写下标表示瞬时电压、瞬时电流，例如：	
	u_{BE}	三极管的发射结瞬时电压，含有直流和交流电压两部分
V、I	大写字母加小写下标表示正弦电压、正弦电流的有效值，例如：	
	V_f	反馈电压有效值

3. 习惯符号（注意下标的不同含义）

V_{ref}	直流基准电压
V_m	正弦电压的振幅
I_{clm}	集电极基波电流的振幅
I_o	直流电流
V_L、V_I	本振信号电压、中频信号电压
V_n	干扰信号电压

二、电功率与效率符号

P	平均功率
P_o	输出信号功率
P_c	集电极耗散功率
P_{sb}	边频功率
P_d	直流电源输出的功率
P_i	交流信号输入功率
P_{av}	高频信号的平均功率，如已被调波的时变功率
p	瞬时功率

$p_i(t)$	瞬时输入功率
η	效率

三、信号频率符号

1．基本频率符号

F、f	频率，基本单位 Hz
ω、Ω	角频率，基本单位 rad/s

2．常用频率符号

f_0	电路谐振频率
f_s	信号频率
f_{osc}	振荡器的振荡频率
ω_0	电路谐振角频率
F	调制信号频率
Ω	调制信号角频率
f_L	本振频率
f_I	中频频率，中频载波频率
f_c	载波频率（载频）
f_H	上限截止频率
f_n	干扰信号频率

3．常用频率范围符号

BW	带宽，频谱宽度
$BW_{0.7}$	3dB 带宽

四、元件符号

R	电阻器
L	电感器
Z_L	高频扼流圈
C	电容器
VD	二极管
VT	晶体管
VF	场效应晶体管
T	变压器
S	开关

五、元件参数符号

1．阻抗（基本单位 Ω）、导纳（基本单位 S）

（1）基本符号

R	电阻

G、g	电导
B、b	电纳
Z、z	阻抗
Y、y	导纳

（2）常见符号

R_g、R_s	信号源内阻
R_L	负载电阻
R_i	输入电阻
R_o	输出电阻
R_t	热敏电阻

2．晶体管参数

I_{CBO}	发射极开路时集电极反向饱和电流
I_{CEO}	基极开路时的穿透电流
I_{CM}	集电极最大允许电流
P_{CM}	集电极最大允许耗散功率
α	共基极短路电流传输系数
β	共发射极短路电流传输系数
f_α	共基极交流电流的截止频率
f_β	共发射极交流电流的截止频率
f_T	特征频率

y_{ie}、y_{re}、y_{fe}、y_{oe} 晶体管共发射极组态的输入导纳、反向传输导纳、正向传输导纳、输出导纳

六、常见信号符号

AM	普通调幅（简称调幅）
DSB	抑制载波的双边带调幅
SSB	抑制载波的单边带调幅
VSB	残留边带调幅
FM	频率调制（简称调频）
PM	相位调制（简称调相）
M	调制度或调制指数

七、其他基本符号

1．时间符号（基本单位 s）

T	信号的周期
t	时间

2．其他

t	摄氏温度，基本单位℃

T	热力学温度，基本单位K
A_v	电压增益
A_i	电流增益
Kr	矩形系数
Q	品质因数
Q_0	回路空载品质因数
Q_e	回路有载品质因数

附录 B　典型调幅收音机电路图（HX108-2 型）

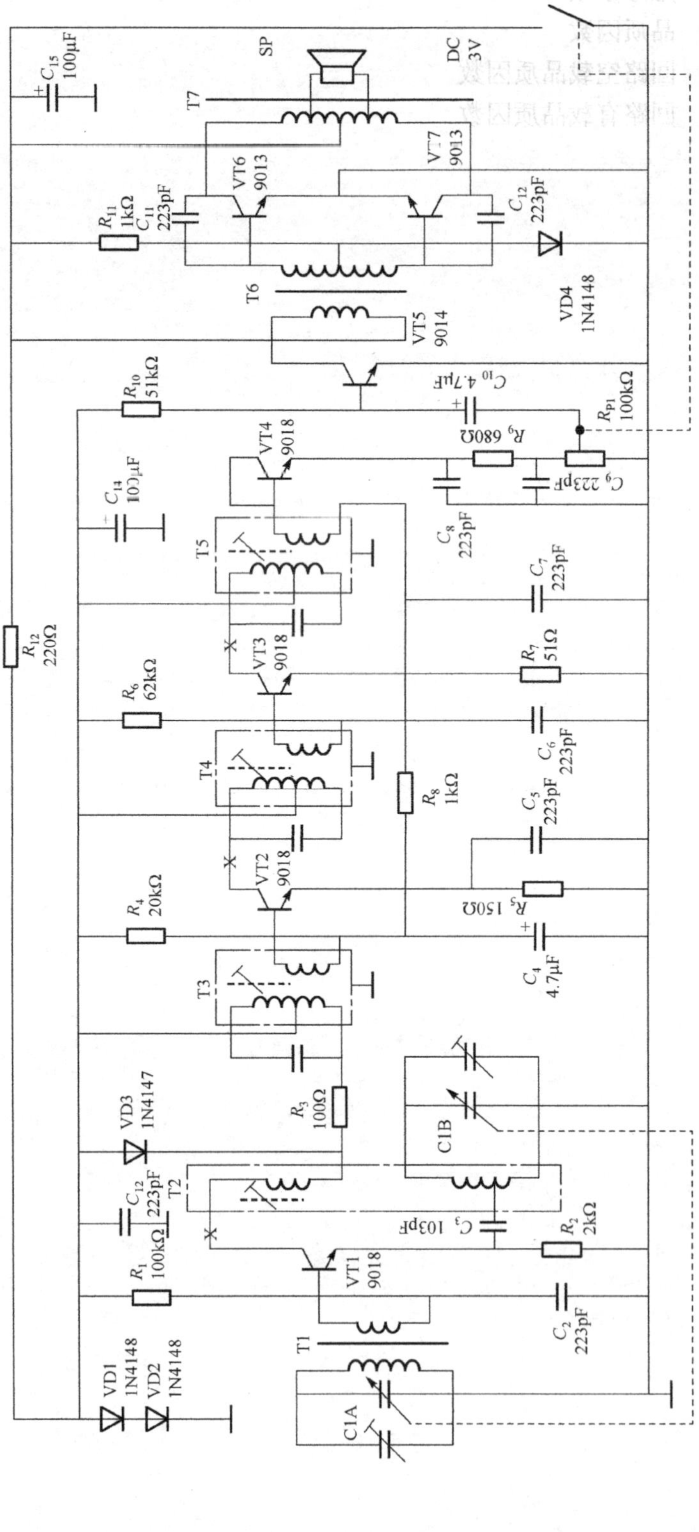

附录 C　各元器件型号规格与作用表

序　号	型号规格（参数）	作　用	备　注
R12	RT-1/8W-220Ω	电源退耦电路	限流电阻
C14、C15	CD-16V-100μF		滤除低频成分
C13	CC-63V-0.22μF		滤除高频成分
VD1、VD2	1N4148	获得+1.4V 的电压，为小信号电路供电	简易稳压电路
T1	输入高频变压器	L11、L12 绕在 B1 上，将输入回路选出的信号耦合到后级	包含高导磁率磁棒天线和输入初、次级线圈（含 B1、L11、L12）
C1	双联可调电容器	C1A 及其半可调电容与 T1 初级线圈构成输入选台回路，C1B 与 T2 初级线圈构成本振选频回路	含 C1A 和 C1B
T2	本振高频变压器	T2 初级线圈与 C1B 及半可调电容一起构成本振选频回路	T2 含磁芯和对应初、次级线圈（含 B2、L21、L22）T3、T4、T5、T6 类推
T3、T4、T5	混频后中频变压器	与对应回路电容一起形成 465kHz 的谐振回路，选出中频信号，并传送后级	中频选频，也称中周
C3	CC-63V-0.01μF		本振反馈电容
R1	RT-1/8W-100kΩ	高放及变频电路。C1B 及其半可调与 T2 初级构成本振回路，产生的本振频率 $f_{本}$随不同电台的高频信号 $f_{高}$的变化而变化，但总是比 $f_{高}$高 465kHz，以保证差频后输出 465kHz 中频信号	偏置电阻
R2	RT-1/8W-2kΩ		
R3	RT-1/8W-100Ω		
C2	CC-63V-0.022μF		交流旁路电容
VT1	9018		高放及变频管
D3	1N4148	提高收音机的灵敏度	可用 10～30kΩ 电阻器代替
R4	RT-1/8W-20kΩ	第 1 中频放大电路，对 465kHz 的中频信号进行幅度放大	偏置电阻
R5	RT-1/8W-150Ω		
C9	CC-63V-0.022μF		高频旁路电容
VT2	9018		第 1 中频放大管
R6	RT-1/8W-62kΩ	第 2 中频放大电路，对 465kHz 的中频信号进行幅度再次放大	偏置电阻
R5	RT-1/8W-51Ω		
C6	CC-63V-0.022μF		高频旁路电容
VT3	9018		第 2 中频放大管
C7	CC-63V-0.022μF	获得 AGC 控制电压，以保证输出信号幅度几乎不变	AGC 电路时间常数
R8	RT-1/8W-1kΩ		
C4	CD-16V-4.7μF		
C8	CC-63V-0.022μF	C8、R9、C9 构成低通滤波器。让 20Hz～20kHz 范围的音频信号通过，“π 形”滤波器，又与 VT4 一起构成检波电路	检波电路
R9	CC-63V-0.022μF		
C9	RT-1/8W-680Ω		
VT4	9018	作为非线性器件，与低通滤波器一起构成检波电路	
RP1	5kΩ	调节收音机声音大小	带电源开关的音量电位器
C10	CC-16V-4.7μF	隔直耦合	
R10	RT-1/8W-51Ω	低频放大电路，对 20Hz～20kHz 的音频信号进行幅度再次放大	偏置电阻
VT5	9014		低频放大管

续表

序　号	型号规格（参数）	作　　用	备　注
T6、T7	低频变压器	阻抗匹配，同时隔直通交、输出信号	隔离直流、阻抗匹配，将检波后低频信号有效传送后级
R11	RT-1/8W-1kΩ	功率放大电路，对 20Hz～20kHz 的音频信号进行功率放大，以推动扬声器发声	偏置电阻
D4	1N4148		
VT6、VT7	9013		低频功放管
C11、C12	CC-63V-0.022μF		消除自激
DC	3V	供电	电池或电源
SP		电能与声能的转换	扬声器

附录 D 实验箱实验目录

实验 1 单调谐回路谐振放大器
实验 2 双调谐回路谐振放大器
实验 3 电容三点式 LC 振荡器
实验 4 石英晶体振荡器
实验 5 射随放大电路
实验 6 晶体三极管混频实验
实验 7 集成乘法器混频器实验
实验 8 中频放大器
实验 9 集成乘法器幅度调制电路
实验 10 振幅解调器（包络检波、同步检波）
实验 11 高频功率放大与发射实验
实验 12 变容二极管调频器
实验 13 电容耦合回路相位鉴频器
实验 14 4046 组成的频率调制器
实验 15 LM565 组成的频率解调器
实验 16 自动增益控制（AGC）
实验 17 发送部分联试实验
实验 18 接收部分联试实验
实验 19 发射与接收完整系统的联调
实验 20 高频电路开发实验

参考文献

[1] 陈永泰，等. 通信电子线路原理及应用[M]. 北京：高等教育出版社，2011.

[2] 张肃文. 高频电子线路（第 4 版）[M]. 北京：高等教育出版社，2004.

[3] 杨霓清. 高频电子电路[M]. 北京：机械工业出版社，2011.

[4] 陈良，等. 通信电子技术[M]. 北京：机械工业出版社，2006.

[5] 胡宴如，等. 高频电子线路[M]. 北京：高等教育出版社，2004.

[6] 高吉祥. 高频电子线路[M]. 北京：电子工业出版社，2003.

[7] 曹兴雯. 高频电子线路[M]. 北京：高等教育出版社，2004.

[8] 王卫东，等. 高频电子线路[M]. 北京：电子工业出版社，2004.

[9] 沈琴. 非线性电子线路[M]. 北京：高等教育出版社，2004.

[10] 何丰. 通信电子线路[M]. 北京：人民邮电出版社，2003.

[11] 董在望. 通信电路原理[M]. 2 版. 北京：高等教育出版社，2002.

[12] 谢沅清，等. 通信电子线路[M]. 北京：北京邮电大学出版社，2000.

[13] 严国萍，等. 通信电子线路[M]. 北京：科学出版社，2005.